博碩文化

廖述賢、溫志皓 著

資料探勘
人工智慧與機器學習發展

DATA MINING
Artificial intelligence and
Machine learning development

以SPSS Modeler為範例
In the case of SPSS Modeler

作　　者：廖述賢、溫志皓
責任編輯：魏聲圩

董 事 長：蔡金崑
總 編 輯：陳錦輝

出　　版：博碩文化股份有限公司
地　　址：221 新北市汐止區新台五路一段 112 號 10 樓 A 棟
　　　　　電話 (02) 2696-2869　傳真 (02) 2696-2867

發　　行：博碩文化股份有限公司
郵撥帳號：17484299
戶　　名：博碩文化股份有限公司
博碩網站：http://www.drmaster.com.tw
服務信箱：DrService@drmaster.com.tw
服務專線：(02) 2696-2869 分機 216、238
（週一至週五 09:30 ～ 12:00；13:30 ～ 17:00）

版　　次：2019 年 1 月初版一刷

建議零售價：新台幣 690 元
I S B N：978-986-434-367-6（平裝）
律 師 顧 問：鳴權法律事務所 陳曉鳴

本書如有破損或裝訂錯誤，請寄回本公司更換

國家圖書館出版品預行編目資料

資料探勘：人工智慧與機器學習發展以 SPSS
Modeler 為範例 / 廖述賢, 溫志皓著. -- 初版.
-- 新北市：博碩文化, 2019.01
　　面；　公分
ISBN 978-986-434-367-6(平裝)

1. 資料探勘 2. 統計套裝軟體

312.74　　　　　　　　　　　107023956

Printed in Taiwan

博碩粉絲團　歡迎團體訂購，另有優惠，請洽服務專線
　　　　　　(02) 2696-2869 分機 216、238

序言

1.寫作緣起

　　英國著名的唯物主義哲學家法蘭西斯‧培根 (Francis Bacon)，在 1620 年的著作《偉大的復興》(Instauratio magna) 的第二部分中說道：「人的知識和人的力量結合為一」，又說「達到人的力量的道路和達到人的知識的道路是緊挨著的，而且幾乎是一樣的」這兩句話，被後人解釋成「知識就是力量」 (knowledge is power)，這也是人類第一次提出知識投入與力量產出的概念。再者，1965 年彼得‧杜拉克 (Peter F. Drucker) 針對當時科技的發展熱潮 (美國登陸計畫與核子武器發展成功) 提出他對知識的看法：「未來知識將占企業重要的地位，它將取代企業原本賴以為生的土地、勞力、資本以及設備等傳統生產要素。」這也是首位預測知識將是人類生產資源的第一位學者，從而改變了過去傳統經濟學中生產要素的法則。故知識的探勘與獲得，便成為未來人類生存與發展的重要因素。

　　資料探勘 (Data mining)，便是一種探索知識與發覺知識的方法與工具。換而言之，資料探勘是從大型資料集中探索有趣 (interesting) 及有價值 (valuable) 的問題，並可付諸行動之方案的一個過程。故資料探勘可以衍生 / 呈現存在於資料 (data) 中的某一種模式 (model) 和趨勢 (trend)。這些模式和趨勢可收集在一起，並定義為資料探勘的模型，藉著不同的模型，來協助人類去發現問題、定義問題、以及解決問題。人工智慧 (Artificial Intelligence, AI) 指由人類製造出來的機器所表現出來的智慧。人工智慧的研究可以分為幾個技術問題。其分支領域主要集中在解決具體問題，其中之一是，如何使用各種不同的工具完成特定的應用程式。機器學習 (Machine learning) 則是人工智慧的一個分支。人工智慧的研究歷史有著一條從以「推理」為重點，到以「知識」為重點，再到以「學習」為重點的自然、清晰的脈絡。顯然，機器學習是實現人工智慧的一個途徑，即以機器學習為手段解決人工智慧中的問題。

從法蘭西斯‧培根「知識就是力量」的初始概念，人類知識的投入經過商業與市場活動的發展與驗證之後，知識的探勘與管理已然發展成一個兼具學術與實務的學術領域。隨著工業、科技、與管理環境的改變，知識的探勘與管理也不斷地在理論、方法、與工具方面，提供學術界與實務界研究與驗證的題材，因此，二十一世紀將是一個人類重視知識的世紀，而除了資料探勘在各個領域的蓬勃發展，人工智慧與機器學習也將是人類探索與運用知識的重要工具。本書以資料探勘的理論與方法為基礎，同時以資料探勘的應用與發展為導向，探討資料探勘在人工智慧與機器學習未來的發展，企望提供讀者對於相關主題的發展能夠一窺堂奧。

2.本書特色

資料探勘是一門結合統計學與資訊科學相關理論的方法學，藉由各種功能與模式的導入與實踐，使得資料探勘的應用遍及各個領域，成為研究與實務工作者重要的研究方法，尤其是運用在人工智慧及機器學習的未來發展。再者，隨著知識經濟的發展，以資料探勘為基礎，創造個人、組織競爭優勢、與經營績效的管理理論及工具，也就成為資料探勘發展及應用的趨勢。故資料探勘理論與工具方法的學習與導入於組織、企業，就成為知識探勘、運用與管理的重要工作。因此，我們也可以說資料探勘，對於學術界與實務界而言，是一門兼具問題、理論、與方法的學科。這本書所要提供給讀者的內容，即嘗試以不同資料探勘的理論為經，演算方法為緯，在經、緯的架構中，藉著個案實例，以及 SPSS Modeler 系統實際的操作，來說明資料探勘模式與功能所能提供問題解決的方法，以及在人工智慧及機器學習未來的發展。

3.本書的內容架構

本書共區分為十六個章節。第一章是資料探勘概論，將資料探勘的概念、定義、流程、與應用作說明。第二章是資料探勘的功能，將資料探勘的不同功能作介紹，包括分類、推估、預測、集群、關聯、順序等功能，以提供資料探勘不同分析模式的基礎。第三章是資料庫與資料探勘—大數據Ⅰ，說明大數據與資料庫間的關係，將不同資料庫的類型做介紹，說明資料庫與資料探勘的關

係。第四章是資料與資料探勘的方式與功能—大數據 II，說明大數據與資料的關係，並探討的是資料庫架構與資料預處理，以提供資料格式、資料庫、與資料探勘系統聯結的基本概念。

接著的內容共十二章，為資料探勘分析功能，目的在於提供讀者資料探勘相關功能與模式的發展。因此，第五章是決策樹—C5.0，說明決策樹—C5.0 的基本概念與演算法。第六章是分類與迴歸樹—C&R Tree，說明分類與迴歸樹—C&R Tree 的基本概念與演算法。第七章是因數分析—PCA/Factor，說明因數分析—PCA/Factor 的基本概念與演算法。第八章是類神經網路—Neural Net，說明類神經網路—Neural Net 的基本概念與演算法。第九章是貝氏網路 (Bayesian Networks)，說明貝氏網路— Bayesian Networks 的基本概念與演算法。第十章是支援向量機 (Support Vector Machine)，說明貝氏網路—Support Vector Machine 的基本概念與演算法。第十一章是關聯法則—Apriori，說明關聯法則—Apriori 的基本概念與演算法。第十二章是次序分析—Sequence，說明次序分析—Sequence 的基本概念與演算法。第十三章是集群分析—K-Means，說明集群分析—K-Means 的基本概念與演算法。第十四章是類神經網路—Kohonen neural networks，說明類神經網路—Kohonen neural networks 的基本概念與演算法。第十五章是資料探勘與人工智慧發展。第十六章是資料探勘與機器學習發展。

上述十個資料探勘的分析功能除了基本概念與演算法的說明之外，每一個主題分別以 SPSS Modeler 的資料格式與設定，結合實際的例子作分析，並展示相關的分析步驟及系統功能，藉此；使得學習者能夠實際操作不同資料探勘的功能與模式，達到理論與實作兼具的學習目的。

4.本書教學配件

本書教學配件共有兩部份。一是資料探勘十個分析功能的課間實作的實作範例及資料，課間實作功能之一為提供教師各分析功能的範例教學，同時提供教師與學者 SPSS Modeler 資料格式、使用環境、與建模注意事項，因此本書

的課間實作也可以說是 SPSS Modeler 最佳的操作手冊，藉著課間實作的範例與資料，教師可以教授學生不同資料探勘實例的實習與實作。另一方面，第二部份本書配件包括各章教學投影片 PowerPoint 檔案的提供，根據每一章節的內容，本書製作投影片檔案供教師教學時使用。

5.致謝詞

　　一本教科書的製作，從綱要規劃、審核、資料蒐集、寫作、圖形處理、尋找實例、完成文字內容、校稿、定稿、到出版，實在是工程浩大，個人獨立是無法完成的。首先，感謝本書共同作者溫志皓博士的協助，尤其在資料探勘分析實作範例部分，分享他的系統操作知識與經驗，並提供不同資料探勘分析模式的實例說明，使得本書能夠兼具理論與實務功能。再者，感謝博碩文化總編輯陳錦輝先生，在前一本書：資料探勘理論與應用—以 IBM SPSS Modeler 為範例的基礎上，再度邀請我及溫志皓博士來負責本書的寫作，使得這本書能夠如期完成並重新上市。因此，這本書如果能夠對讀者有所助益，要歸功於上述的協助者。本書中的任何缺失以及錯誤，則是個人的疏忽與能力不足，尚祈各位先進不吝指導！

廖述賢

序言

本書是銜接由博碩出版社出版之「資料探勘理論與應用－以 IBMSPSS Modeler 為範例」之改版內容。由於前述書籍問世以來受到廣大的迴響，不斷有讀者經由 email 寫信鼓勵及提問。因此，這次大幅反映了這些年來讀者的建議和指正，同時也因應 IBM SPSS Modeler 的軟體改版而做了必要的更新。

IBM SPSS Modeler 是一套非常適合進行資料探勘及數據科學的軟體。在軟體設計之初，即考量使用者進行資料探勘時，需聚焦於相關的理論知識。因此，對於使用者來說，軟體的使用非常友善。當然，目前市場上有許多軟體或是平台都能夠進行資料探勘的專業工作。不過，就筆者長年在學術研究與實務分析的經驗來看，IBM SPSS Modeler 時為一套具備教學、研究、實務的最佳工具。

為了切合讀者的需要，本書採取簡明易懂的敘述方式，並透過精心設計的許多範例及插圖，讓使用者可以逐步完成不同領域資料的資料探勘。本書的資料領域涵蓋了生物資訊、醫學診斷、學術量表分析、電力設備狀態監測、鐵達尼號乘客存活率分析、公共行政管理、零售業購物籃分析、零售業的需求推估、城市汙水處理廠的水質分析資料，以及天文星體辨識等領域。

這次改版承蒙廖述賢教授的大力協助與意見提供，讓本書在設計、撰寫與編輯的過程中能夠更加順利。此外，尤其感謝內人羅月涓女士及宸澧寶貝、宸均寶貝的配合，才能讓我在撰寫本書的過程中，無後顧之憂。謝謝晏伊。

本書在教學研究之餘寫成，恐難免疏漏。若讀者有任何指正，當在再版時更正。

温志皓　謹誌

Chapter 04　資料與資料探勘－大數據Ⅱ

Chapter 05　決策樹：C5.0

Chapter 06　分類與迴歸樹: C&RT

Chapter 07　因數分析: FA/PCA

Chapter 08　類神經網路: Artificial Neural Networks

Chapter 09　貝氏網路 –Bayesian Networks

Chapter 10　支援向量機 – Support Vector Machine

Chapter 11　關聯規則 – Association rules

Chapter 12　次序分析 – Sequence analysis

Chapter 13　集群分析 – Clustering analysis

CHAPTER 01

資料探勘概論

・・學・習・目・標・・

- 瞭解資料探勘的概念
- 瞭解何謂資料探勘
- 瞭解電腦資訊系統的演進過程
- 瞭解資料探勘與統計的差異
- 瞭解何謂資料庫中的知識發現
- 瞭解資料探勘的特性
- 瞭解資料探勘的定義
- 不同資料探勘定義的比較
- 瞭解資料探勘的流程
- 不同資料探勘流程的比較
- 瞭解資料探勘的應用
- 瞭解資料探勘的發展

1-1 資料探勘概念

　　資料探勘 (Data mining) 是從大型資料集中探索有趣 (interesting) 及有價值 (valuable) 的問題，並可付諸行動之方案的一個過程。換而言之，資料探勘可以衍生 / 呈現存在於**資料 (data)** 中的某一種**模式 (model)** 和**趨勢 (trend)**。這些模式和趨勢可收集在一起，並定義為資料探勘的模型。當我們看到一個現象，例如：新上市的飲料銷售的情形很好，為什麼會很好？我們能不能從資料當中，找出是哪些原因導致這個現象的發生？如果要找出導致這個現象發生的原因，當資料量非常的大而且相關的變數很多時，例如：跟飲料銷售相關的有消費者、季節 / 天候、產品配方、品牌、廣告、價格、通路等等變數，如何從這些變數與資料當中，找到跟銷售有關的訊息，來說明為何飲料銷售的很好？當描述問題的資料量很大 (具有資料庫管理與建置的需求) 且複雜度高 (相關的因素或者變數多) 的情形下，資料探勘就可以協助我們發覺、分析、以及獲得我們所關切某個特殊現象或者問題的答案。

　　所以，我們也可以說，資料探勘並不純粹只是一種技術或是一套軟體，而是一種結合數個不同**問題領域 (problem domain)** 的**專業技術 (technologies)**，並且將之運用來找出資料中資訊的一個**流程 (procedure)**。在一個企業或是組織中，資料是最重要的資產之一。資料經由各種不同的型態以展現並儲存，例如文字、紙張、聲音、數據、影像…等等，藉由資料的儲存，讓企業或組織的知識得以遞嬗、傳遞，因為資料除了記錄整個企業活動的歷史 (包括交易過程、決策過程等等)，更能經過統計或是資料探勘的處理過程後，成為可茲利用的資訊或知識，以利決策者做出正確的判斷。

　　但是資料在累積的過程是十分可觀及驚人的速度，以躍進式的方式大幅成長。所以企業對於資料的態度，普遍是「患多」，而不是「患不足」。企業若是未提前做好資料儲存硬體擴充的規劃，將被資料爆炸所淹沒。然而相對的，對於巨量成長的資料集來說，若掌握龐大的資料，卻無法有效處理資料時，將產生**資料傾銷 (data dump)** 的情形 (Zavala et al., 2019)。

1-2 何謂資料探勘？

隨著資訊科技的快速進展，讓即時處理大量資料已不再成為天方夜譚的困難任務。電腦資訊系統對資料高速處理的能力，讓資料的儲存更具有價值，而不再僅是一堆欄位與位元的組合而已，表 1.1 說明了電腦資訊系統的演進過程。

表1.1 電腦資訊系統的演進過程

演進步驟	目前企業問題	應用技術	系統供應商	系統特性
檔案系統 (1960年代)	「2002年12月筆記型電腦的銷售明細為何？」	電腦、磁帶、磁碟	IBM, CDC	傳遞歷史性的靜態資料
資料庫系統 (1970年代)	「IBM X31筆記型電腦目前的售價是多少？」	階層式資料庫(hierarchical database)、網路式資料庫(network database)、關聯資料庫(relational database)、結構化查詢語言(SQL)、開放性資料庫連結設定(ODBC)	Oracle, Sybase, Informix, IBM, Microsoft	傳遞即時性的單層次動態資料
資料倉儲系統 (1990年代)	「去年北部地區筆記型電腦的總銷售量是多少？其中台北市的銷售量是多少？」	線上分析處理(OLAP)、多維度資料模型(multidimensional data model)、資料倉儲(data warehouse)	Pilot, Comshare, Arbor, Cognos, Microstrategy, Microsoft	傳遞歷史性的多層次動態資料
資料探勘系統 (現代)	「明年筆記型電腦的預估銷售量為何？為什麼？」	進階演算法、多處理器電腦系統、大量資料儲存技術、人工智慧	Pilot, Lockheed, IBM, SGI	傳遞預知的、鑑往知來的資訊

資料來源： **資料探勘**(頁1-7)，曾憲雄、蔡秀滿、蘇東興、曾秋蓉、王慶堯，民94，台北：旗標出版社。

資料探勘的蓬勃發展雖是近期的事，背後藉由成熟進展的統計學支持，才能夠更具有說服力，即使如此，但資料探勘和統計學仍有諸多差異。

表1.2 資料探勘與統計的差異

比較項目	資料探勘	統計分析
資料處理量	處理大量資料 1,000,000,000 rows, 3,000 columns	處理大量資料 10,000 rows, 20 columns
使用資料型態	未經整理過的資料	有系統、整理過的資料
合理的軟體價格	約$2,000,000	約$79.99
使用者	企業末端者使用	統計學家檢測用
統計背景	無須太專業的統計背景	需要專業的統計背景
對分析資料屬性定義清楚	必須	必須
對解決問題目標明確	必須	必須
提供分析演算法	統計分析方法、人工智慧、決策樹、類神經網路	統計分析方法
模式建立	提供多種模型，可以在短時間內決定合適者。	需要分析者逐一分析變數重要性，模式才能建立。
相關變數	可以找出多個變數間之相關性。	一次只能檢查一個變數對結果的影響。
可以預期分析結果	不可以	可以
執行方式	不斷循環、不斷修正的過程	可以問題為導向，相關問題通常只需分析一次。

資料來源：廖述賢與溫志皓 (2011)。**資料探勘理論與應用：以*IBM SPSS Modeler*為範例**。台北：博碩文化出版社 (ISBN: 9789862015483)。

　　由於資訊科技的演進與人類的各種活動 (如商業行為) 倍加頻繁，現今資料的格式與內容已非完全使用統計方法可以處理。尤其許多的資料已經具有多達數十或數百種屬性的高維度資料，因此統計方法僅能使用抽樣的方法，選擇只用一小部分蒐集到的資料來分析。從表 1.2 中可以明白，資料探勘能夠處理的資料量非常龐大。目前處理器運算速度非常快，藉由資料儲存媒體的巨大儲存量，讓資料探勘的能力已遠遠超乎人類的計算能力，並在浩瀚且紊亂的資料流中找出有趣的類型，進而挖出有價值的金礦 (知識)。統計技術的能力，目前僅能處理以經過處理或整理過的資料格式，且在其中找出相關的因素與相關性，但是若資料量過多或過大時，將會造成各項的因素都呈現顯著，影響資料呈現。

　　此外，統計技術的使用，必須配合使用者具有專業的統計背景或經過專業的統計訓練，同時預先完成研究目的與假設，同時設定統計分析方法，並在完成資料蒐集後開始依選定的統計軟體分析資料，並解釋結果。否則對於統計應用的能力將會造成困擾與障礙。反觀資料探勘的使用，使用者無須具備專業的統計知識，因為目前的資料探勘已發展的較為平易近人，使用畫面與功能都較往昔更為友善，使用者僅需瞭解軟體的使用方式與演算法的特點，並將計算出來的結果加以適當的解釋，或以圖形介面與表單格式讓資料更加活潑與生動，相對於統計方法來說，資料探勘者較需要的是對於資料處理流程的邏輯概念與對分析目標的一種**直覺 (sense)**，讓資料探勘可以從令人驚豔的位置或方向挖出知識。

　　在一組織或單位中，日以繼夜的記錄並運用各種不同的媒體予以存儲，例如紙張、數據、聲音、影像等等，資料膨脹與成長的速度已是一日千里。在組織或單位中，如何從**原始資料 (row data)** 轉換成可用**知識 (knowledge)** 的重要過程，一般稱為**資料庫中的知識發現 (knowledge discovery in database, KDD)**。

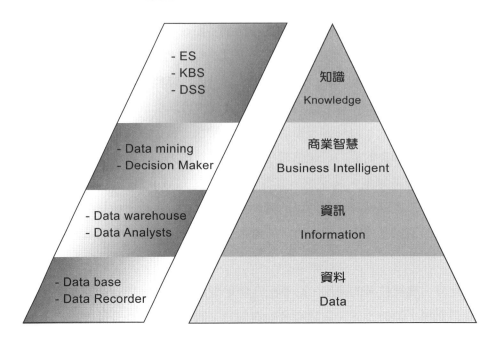

資料處理的金字塔

　　此外，資料庫系統中存放的是未經整理的原始資料，資料倉儲系統內則是經過整理大量現況與歷史資料所得的資訊，而資料探勘系統所儲存的則是經過整理大量資訊所得到的知識。資料、資訊、商業智慧（商業情報）和知識這四者間的關係如上圖這個金字塔所示。**「資料」(data)** 就是最原始蒐集的資料，如交易員完成一筆交易，即在資料庫中記錄了一筆資料；**「資訊」(information)** 則是把所得的資料視為題材，有目的地予以整理，藉以傳達某種訊息，如零售商統計單日的營業總額即是資訊呈現；**「商業智慧」(business intelligent, BI) 亦或稱為商業情報**。BI 是藉由資料處理的方式，找到潛藏在資料中的趨勢、樣是或是規則。在這過程中，強調的是一種藉由分析資訊來掌握先機的能力，也是開創價值所需的直接材料。如對交易的資料進行資料探勘，找到商品購買的關聯規則，則是商業情報的呈現。雖然商業智慧（商業

情報、商情) 可以提供決策支援的參考來源或依據，但是如何決策則會依照業種、業態以及管理者的實務經驗而有不同的實施方式。**「知識」(knowledge)的階段就是**以資料探勘的知識以及不同業種、業態領域知識為根基，運用個人的實務經驗及應用能力、實踐能力來創造價值的泉源。因此，在龐雜的資料中，如何挖掘出可用的資訊並加以利用，最後能夠轉換成智慧的流程中，資料探勘顯得十分重要。

　　資料探勘並不純粹只是一種技術或是一套軟體，而是一種結合數個問題領域 (problem domain) 的專業技術 (expertise technologies)，並將之運用來找出資料中資訊的一個流程 (procedure)。因此，資料探勘也就有了以下一些特性 (廖述賢，2007)：

1. 資料探勘不只能協助我們看資料表面的現象，也能進一步幫我們找出是什麼原因造成所看到的結果。

2. 和一般傳統社會科學研究過程不同的是，資料探勘不會先用統計假設檢定，來推論某個現象發生的機會是否存在，也因此不會侷限在自身先入為主的想法中。

3. 資料探勘沒有資料量的限制，不會因為資料量太大而造成一定顯著的盲點。同時，只要分析的工具與功能足夠，資料量與變數的限制，在資料探勘的過程中將會減少。

4. 資料探勘不單只是資料庫與分析工具及方法的概念，在描述現象與建構問題的過程中，必須特過某些專業的 (professional) 及專家的 (expertise)人員，來將問題領域 (problem domain) 之現象表徵建構出來，使得決策變數的形成能夠充分的描述現象及問題的核心，以及完成分析後資料的判讀工作。

1-3 資料探勘的定義

資料探勘是一門相當熱門的技術，應用範圍相當廣泛，包含行銷、金融、財務、製造、健康照護…等等 (Hui & Jha, 2000)，不同學者的看法各異：

Curt(1995) 指出資料探勘是一種資料轉換的過程，最初由沒有組織的數字與文字的資料集合，先轉換為資訊，再轉換為知識，最後產生相關的決策支援。Hall (1995) 則認為其是一種結合**資料視覺化 (data visualization)**、**機器學習 (machine learning)**、**統計 (statistics)** 以及**資料庫 (database)** 等多種技術，以便從龐大資料量中，從中擷取以規則形式或其他模式所表達的知識。Fayyad & Stolorz (1997) 定義資料探勘為知識發現的一個步驟，目的在於找出資料中有效的、嶄新的、潛在有用的、易於瞭解樣式之一個不繁瑣的過程。

Hui & Jha (2000) 指出新科技或技術可協助分析、瞭解以及使大量的儲存資料予以聚類。由**資料庫 (database)**，**資料倉儲 (data warehouse)** 或其他資訊的儲存庫中利用已經儲存之大量資料找到如**類型 (pattern)**、**關聯 (association)**、**改變 (change)**、**異常 (anomaly)** 和**重要結構 (significant structures)** 的知識過程，稱為資料探勘。

趙民德 (2002) 整理資料探勘的定義，舉出正、反面與中肯三種看法：

1. 「正面的說法」：分析報告提供**後見之明 (hindsight)**；統計分析提供**先機 (foresight)**；而資料探勘可以提供卓見 (insight)(Berry & Linoff, 2011)。

2. 「中肯的說法」：資料探勘是在巨大的資料庫中，尋覓感興趣或是有價資訊的過程 (Hand, Blunt, Kelly & Adams, 2000)。

3. 「負面的定義」：資料探勘僅是一種搜尋、挖掘資料的一種商業行為 (Friedman, 1997)。

以上正、反面與中肯等三者都是在既有的資料上做分析，在概念上應該並沒有太大的差異，差別只是手上的資料大小與性質。所以，方法不同定義也不同。

Zavala et al. (2019) 認為資料探勘即為從所觀察的資料中，淬取吾人感興趣的**類型 (pattern)** 或**模型 (model)**。因為在逐日迅速茁壯的龐大且紊亂的資料中，如何找出有價值的詳細資料，是極為困難的一件事。

綜合上述學者對於資料探勘的定義，我們將資料探勘的定義與內容，以整合及歸納的方式，說明如下 (廖述賢、溫志皓，2011)：

1. 資料探勘是一種資料轉換的過程，先將沒有組織的數字與文字集合的資料轉換為資訊，再轉換為知識，最後產生決策。

2. 資料探勘為知識發現的一個步驟，目的在於找出資料中有效的、嶄新的、潛在有用的易於瞭解之樣式的一個不繁瑣的過程。

3. 由資料庫、資料倉儲或其他資訊的儲存庫中，利用已儲存之大量資料找到知識的過程，稱為資料探勘。

4. 資料探勘是指尋找隱藏在資料中的訊息，如趨勢 (trend)、類型 (pattern) 及相關性 (relationship) 的過程，也就是從資料中來發掘資訊或知識。

5. 資料探勘，即為從資料庫中發現知識，因為近來大量商業化的資料湧入，故而需要此種技術以使得資料自儲存單元中分析、淬取，甚而能提供視覺化的決策支援。

1-4 資料探勘的流程

現在已經知道資料探勘是一項處理這種麻煩問題的優質解決方案，接下來則是要繼續介紹資料探勘的流程。資料探勘的流程，就是各家發展出的各種標準作業程序，目的都是希望藉由依循各自的概念與邏輯，以完成資料探勘的任務。最常被資料探勘師所使用的作業程序是 CRISP-DM 的挖掘流程約佔 42%，而由 SAS 公司所發展的 SEMMA，則約佔了 10%，其餘的方式，包括各企業的自訂流程、資料探勘師的自我喜好方式等等，約佔了 47% (如表 1.3 所示)。

表1.3 資料探勘流程使用頻率一覽表

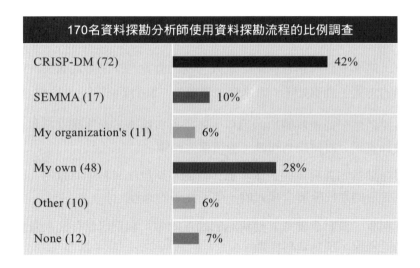

170名資料探勘分析師使用資料探勘流程的比例調查

CRISP-DM (72)	42%
SEMMA (17)	10%
My organization's (11)	6%
My own (48)	28%
Other (10)	6%
None (12)	7%

資料來源： ***Data Mining Methodology***. (2004, April). Kdnuggets. Retrieved April, 20, 2007, from the World Wide Web: http://www.kdnuggets.com/polls/index.htm

　　本書應用的分析軟體是 IBM/SPSS Modeler，因此首先介紹 SPSS 所參與設計的資料探勘流程－CRISP-DM。CRISP-DM 的英文全名為 Cross-Industry Standard Process for Data Mining (資料探勘交叉產業標準程序)。是由 SPSS、DaimlerChrysler、NCR、OHRA 等世界著名公司依其實務經驗與理論基礎所共同訂定出來的資料探勘的一套標準作業程序。處理的流程共計分為**商業理解 (business understanding)**、**資料理解 (data understanding)**、**資料預備 (data preparation)**、**塑模 (modeling)**、**評估 (evaluation)**、**部署 (deployment)** 等六個階段如下圖所示，此六個階段形成一個迴圈 (circle) 的過程，在處理的過程中隨時都可以修正，並適時回饋以修正探勘的內容。這六個階段涵蓋了資料探勘的全部過程。

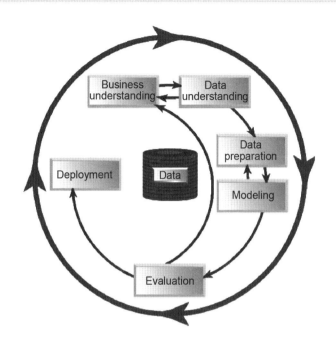

CRISP-DM過程模型

資料來源： 廖述賢、溫志皓 (2011)。**資料探勘理論與應用：以*IBM SPSS Modeler*為範例**。台北市：博碩文化。

上述的六個階段分別是 (廖述賢、溫志皓，2011)：

1. **商業理解 (business understanding)**：資料探勘最重要的部分。商業理解包括決定商業目標、形勢評估、決定資料探勘目標，及制訂一個專案計畫。

2. **資料理解 (data understanding)**：資料提供了資料探勘的原始材料。這個部分強調需要瞭解資料源是什麼，這些資料源的特徵是什麼。這個部分包括收集原始資料、描述資料、探索資料，及證實資料的質量。

3. **資料預備 (data preparation)**：將資料源分類後，需要準備用於探勘的資料。準備過程包括選擇、清理、重構、整合及格式化資料。

4. **塑模 (modeling)**：這是資料探勘中最引人注意的地方，成熟的分析方法將用於從資料中提取資訊。這個部分包括選擇模型技巧、產生測試計畫，及塑模和模型評估。

5. **評估 (evaluation)**：一旦選擇了模型，就應準備好對資料探勘的結果是否達到商業目標作評估。這部分也包括評估結果、回顧資料探勘過程，及確定接下來的步驟。

6. **部署 (deployment)**：這個部分著重於將新知識融會到每天的商業運作過程中，從而解答最初的商業問題。這個部分包括計畫發佈、監控與維護、產生最終報告，及回顧整個專案。

另外，SAS 公司在 1999 發表的文件中提到，資料探勘的過程為 (Kristin, 1999)：

1. 問題的定義：定義企業遭遇的問題，並且描述企業的目標。

2. 資料收集和整合：在資料探勘的過程中，模式建立和資料之間有很密切的關係，完整或是有偏差的資料往往會讓產生的模式有所偏差。

3. 建立學習策 (strategies)：資料探勘的策 分二 —監督式學習(supervised Learning) 和非監督式學習 (unsupervised learning)。

4. 模式的訓練、驗證和測試。

5. 結果分析。

因此 SAS 公司針對資料探勘的過程提出了 SEMMA 模型。這個過程包含**資料抽樣 (sample)**、**資料探索 (explore)**、**資料轉換 (modify)**、**模型建立 (model)** 與**模型評價 (assess)** 等五個階段 (謝邦昌，2014)：

1. **資料抽樣 (sample)**：針對企業的問題，從大型資料庫中，抽出一部份資料進行分析並建立模型，再透過資料庫中抽取一部份資料作為測試組以修正模型。

2. **資料探索 (explore)**：主要是對資料有所理解，認識變數間是否存在著某種關聯性。

3. **資料轉換 (modify)**：針對資料中的變數予以轉換，因為有些資料的變數並不存在於資料中，需藉由轉換而獲得，以確保模型的品質。

4.   **模型建立 (model)**：利用各種資料探勘技術以解決問題，建立模型、發現資訊。

5.   **模型評價 (assess)**：根據分析得到的結果與**專業知識 (domain knowledge)**結合，找出有用的資訊，建立有效的模型，並加以運用。更藉由新進的資料，作適當調整，延伸模型應用的廣度與深度。

Hui & Jha (2000) 認為程序由七個階段所組成如下圖所示：1. 設定目標。2. 選擇資料。3. 資料前處理。4. 資料轉換。5. 資料倉儲化。6. 資料探勘。7. 評估結果。Kantardzic (2003) 認為程序是由詳述問題、蒐集資料、進行資料前處理、模型評估、模型說明與結果描述等五個階段所組成。

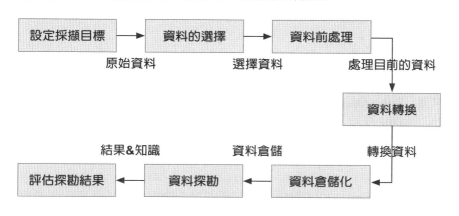

Hui & Jha的資料探勘流程圖

資料來源： From 「Data mining for customer service support.」 By Hui, S.C. & Jha, G., 2000, *Information & Management, 38, 5.*

此外，Fayyad & Stolorz (1997) 認為資料探勘程序包含六個步驟分別為如下圖所示：1. 資料選擇與抽樣。2. 資料預處理。3. 資料轉換。4. 資料探勘。5. 評估效益。6. 結果解釋與應用。Cabena et al. (1998) 認為資料探勘程序包含下面五個階段：1. 定義問題與挑戰。2. 資料準備。3. 選擇演算法。4. 解釋與評估模型。5. 分析結果並應用。

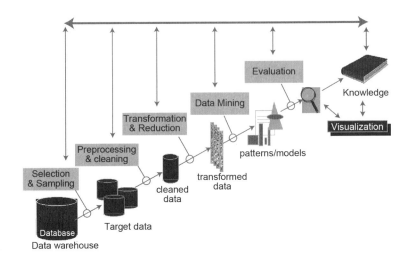

Fayyad等人的資料探勘流程

資料來源：From *Advances in knowledge discovery and data mining*(p.13), by Fayyad,

　　　　　U.M., Piatetsky-Shapiro, G., Smyth, P., & Uthurusamy, R. (Eds.), 1996,

　　　　　Cambridge, MA: The MIT press.

Han & Kamber (2001) 指出在資料庫知識的發現包含了下列七個步驟如下圖所示：

1. **資料清理 (data cleaning)**：移除雜訊和不一致的資料。

2. **資料整合 (data integration)**：整合不同的資料來源。

3. **資料選擇 (data selection)**：從資料庫或資料倉儲中選取與研究主題相關的資料。

4. **資料轉換 (data transformation)**：將目標資料透過摘要或集合的動作使其有利於挖掘進行。

5. **資料挖掘 (data mining)**：應用資料挖掘技術淬取資料的型樣。

6. **型樣評估 (pattern evaluation)**：利用衡量指標判定有用的型樣。

7. **知識呈現 (knowledge presentation)**：利用視覺化與其它技術，將挖掘出來的知識呈現給使用者。

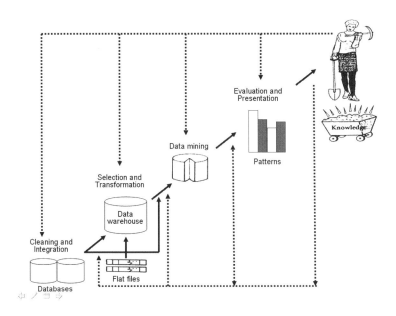

Han, Kamber & Pei 的資料探勘流程

資料來源： Han, J., Kamber, M., & Pei, J. (2011). *Data Mining: Concepts and Techniques* (3rd ed.). Waltham, MA: Morgan Kaufmann Publishers

綜合上述不同學者的描述，我們可以將資料探勘的流程，歸納成下列的步驟 (廖述賢、溫志皓，2011)：

1. **資料選擇 (selection)**：先瞭解該領域的知識，接著建立目標資料集，並在資料探勘的過程中專注於所選擇之資料子集。

2. **前置處理 (pre-processing)**：再從目的資料中做前置處理。資料庫中的資料可能會有些錯誤、遺失、不完整，需要去除錯誤或不一致的資料。

3. **轉換 (transformation)**：資料簡化與轉換工作。從一個巨大的資料庫中去發現有用的資訊，是一件非常困難的事，須適時縮減資料量。如使用多次元 (dimensionality) 縮減、轉換或編碼的方法減少有效的變數或資料。

4. **資料探勘 (data mining)**：在整個過程中，最重要的步驟莫過於此。包括去探勘有用、有趣的特徵或資料，以一個特別的形式呈現，像是分類規則、決策樹、統計迴歸、群聚方法、線性分析等演算法。

5. **解釋或評估 (interpretation / evaluation)**：最後把這些探勘出來的特徵或模式，用一些報告方法或圖形工具，轉換成可讓人輕易瞭解的圖示或報表，以提供決策支援之用。

1-5 資料探勘的應用

　　使用資料探勘強大的功能，都是希望能夠利用過去的資料，來分析過去的行為，並建立一個模型，去預測未來。因此各方學者與資料探勘人員無不設法將現有的模型與演算法套用到未涉足的領域，或是發展新的模型與演算法，解決前所未見的問題。資料探勘的應用可以分為學術面與實務面，實務與學術兩方面相結合的應用則在下列概述。

警政

　　為有效維護國內治安及打擊犯罪，警政署刑事局資訊室自八十九年起開始研發「刑案知識庫」，並於在九十二年一月完成，也讓警方偵辦刑案再添一椿利器。這項「刑案知識庫」是應用最新資訊技術，整合司法院、法務部及警政署等機關之判決、執行、起訴及移送等刑案資料、前科相片、在監在所、同囚會客、通緝、流氓、幫派、典當、出入境及車籍等總計約五億筆的資料，提供警方在刑案發生後，僅掌握部分線索，如：地緣關係、犯罪手法、嫌疑犯年齡、性別等，即可利用**資料探勘 (data mining)**、**全文檢索 (full text information retrieval)** 及跨部門資訊整合等先進科技，立即分析過去發生的刑案資料，迅速將相關案件、可疑人犯、相片及其共犯結構，在第一時間內，提供給偵辦刑案員警參考，成為警方打擊犯罪最有效益的輔助工具，可媲美美國聯邦調查局 (FBI) 所使用的電腦系統，也是亞洲第一個完成開發的國家。

「刑案知識庫」另成立偵查專卷區，系統主動運用資料探勘的聚類分析，將刑案內含犯罪手法的同質資料如：「侵入住宅竊盜」、「破壞車窗竊盜」及「超商搶案」等以專卷方式全面提供員警參考。而為了預防少數不肖員警不當使用犯罪資料，「刑案知識庫」採取創新作法，設立查詢紀錄預警稽核機制 (謝明俊，民 92 年)。

行銷

通路廠商 HOLA 在 2005 年導入微軟 SQL Server 2005 資料探勘，提供其他如商品端、銷售趨勢、顧客消費行為等較高階的交叉決策分析資訊，並作為決策主管針對任何未來策略變化的重要參考依據。整個資料探勘系統對 HOLA 而言，最大效益在於導入型錄分析，精準挑選型錄寄送對象。根據統計，光是型錄印製與寄送費用便節省 20％，庫存成本降低達 3％，整個系統建置的投資，在第一年的 ROI 則超過 100％。

資料探勘最終的功能在於，進行客戶的採購籃分析，「未來希望能夠做到，當客戶到店採購時，能夠針對客戶採購需求提供採購建議」劉家淼說，「或者透過即時提供折扣方式，讓客戶可額外採購所需商品，達到顧客與 HOLA 雙贏的目的。」資料探勘系統也同時提供供應鏈廠商，知道其產品在 HOLA 的銷售分析資料，讓這些供應商了解目前整個貨品銷售狀況，甚至於也提供未來的商品流行趨勢，讓供應商與 HOLA 能同時掌握產品流行脈動，生產製造出更符合消費者喜愛的產品，提升銷售業績，達到雙贏的局面。

目前 HOLA 還不能做到完整的採購籃分析，只有透過資料探勘，依照客戶的基本資料 (Profile) 及消費行為進行客戶分群，再依照分群的客戶做區隔行銷，以達到分眾行銷的目的。不過，這樣的客戶分群方式，比以往單純用某段期間的消費金額，或單純用會員填寫資料 (例如年收入、年紀……等) 的分類方式，更較具有行銷的參考價值 (黃彥荼，民 96 年)。

金融服務

美國匯豐銀行 (HSBC-Bank-USA) 是匯豐全球集團的一份子，擁有 350 億的資產，服務超過 140 萬的客戶 (retail-banking-customer)。在紐約，它利用分佈在鄰近的 380 家銀行，提供了支票、投資、借貸、和其他財務的產品和服務。除了一般民眾的服務外，也為企業和商業上的顧客提供服務。

在過去，HSBC-Bank-USA 對新顧客或舊有顧客所運用的促銷方式並無太大差別。然而在今日，HSBC 有了不一樣的作法：利用資料探勘的方式進行精準且差異化的行銷。它從市場研究中心所購得所需的資訊，利用「生活方式 (lifestyle)」來區隔顧客，以進行行銷活動。依據 HSBC-Bank-USA 的經理 Somma 表示：「外部區隔方式在吸引新客戶時相當有用。在我們儲存了 140 萬個顧客資料庫中，隱藏了許多有用的資訊，這些資訊可以讓我們了解顧客購買的習性和需要。而我們只需要進行資料探勘和型態分析。利用所得到的資訊，可以協助我們更深一層的了解到：誰在什麼時候、需要怎樣的商品或服務。這樣的預測分析幫助我們在適當的時間下，提供適當的商品給適當的顧客。就是因為利用資料探勘的工具與軟體，始允許我們完成這樣的工作。」

Somma 使用 SPSS 提供的資料探勘工具，來發掘那些在過去有特殊購買行為的顧客。以投資產品為例子來說，到底哪一種特徵或類型的存款顧客可能會對金融商品投資有興趣呢？在過去，購買行為可能已經發生過上千次了，如果能夠從購買行為中獲得有用的資訊，就可以明確預測未來顧客的購買行為。Somma 指出：「利用 SPSS 資料探勘工具，我們可以分析銷售資料，然後得到**統計上的關聯性 (statistical-relationships)**。更重要的是，資料探勘可以告訴我們這些關聯的強度，從而了解挖掘出來的關聯是否具有實務參考。這可以幫助我們將投注在行銷策略的資源做最佳化規劃」。

利用資料探勘軟體所提供的預測模式，Somma 和他的工作夥伴建立起成功的市場策略，在此三年中，HSBC-Bank-USA 的銷售量提高了 50%。靠著更精準的目標顧客區隔，不僅能發現某個特殊產品行銷的方式，而且還能節省那些不適合推銷給某類客戶的行銷成本。舉例而言，當在進行 DM 的直銷行為

時，HSBC-Bank-USA 只寄給那些分析出來的目標客戶。這樣一來，不僅可以得到較高的回應率，而所獲得的利潤不會因為只寄給目標客戶而有所減少。有別於過去亂槍打鳥的方式，這樣的方式可以節省大量的郵資和印刷成本。雖然這種方式所得到的利潤和過去比起來少了 5%，但加上所節省的成本，就大幅的改進了企業的投資報酬率 (邱昭彰，2001)。

網路應用

　　當顧客或潛在的客戶經由網際網路的介面來到企業所設計的網頁瀏覽時，使用資料探勘的工具去分析藉由 CRM 資訊軟體蒐集的資料。企業可以藉分析資訊認識顧客行為模式。如：顧客鍵入的個人資料、顧客點選的網頁內容、經常搜尋的關鍵字，以及顧客瀏覽網站的時間點等。多數的企業都有這些相關的現成資料，但是缺乏意願去分析，以及缺乏解讀這些資料的技術人員。若是能夠讓顧客在瀏覽的過程更加愉悅以及流暢，增加停留的時間，或是即時提供適當的行銷建議，對於品牌的行銷與知名度，將會大有助益，例如亞馬遜線上書店 (Amazon) 的推薦書單功能。

　　只要登錄為 Amazon 的會員，在會員每次登錄網站時，就會在網站上產生一份為會員量身打造的推薦書單。這份書單是根據會員以往瀏覽的紀錄以及其他會員瀏覽的紀錄作交叉分析後，所產生的一份建議書單。例如瀏覽過「哈利波特七」的會員，同時也會瀏覽「總裁獅子心」以及「資訊管理」，並且會在這三本書中購買其中一本。因此將這些書單列成群組，作為推薦的組合之一。這樣的推薦書單不但讓產品曝光率提高，同時也讓交叉行銷發揮了效果，這就是資料探勘的應用之一。

　　表 1.4 概略的介紹了資料探勘在各產業中運用的概況，從表中的簡介可以一窺資料探勘的端倪。許多的產業都希望可以利用資料探勘來增加顧客回應率 (如 HOLA 的行銷方式)、提高獲利率 (如電話銷售及直銷)、降低誤差或詐欺 (如金融業與保險業)、給予客製化建議或差異化行銷 (如圖書介紹與電信業)、交叉銷售與異業聯盟等等。

表1.4 資料探勘在各行業的應用領域

行業	應用領域
信用卡公司	信用卡公司可使用資料探勘來增加信用卡的應用,做購買授權決定、分析持卡人的購買行為、偵測詐騙行為。
零售業	瞭解顧客購買行為及偏好對零售商的策略來說是必需的,資料探勘可以提供所需要的資訊,像購物籃分析(MBA)或採購籃分析(SBA),利用電子銷售點(EPOS)資料,並運用其結果來極力投入有效的促銷及廣告,有些商店也會應用資料探勘技術來偵測收銀員詐騙的行為。使用範圍如:分店設點區位分析、銷售產品組合、庫存管理、即時輔助購買決策、DM名單、生產排程等。
金融服務機構	証券分析師廣泛使用資料探勘來分析大量的財務資料以建立交易及風險模式來發展投資策略。許多公司的財務部門已經試著去使用資料探勘的產品,而且都有不錯的效果。
銀行	雖然資料探勘已經顯得對銀行有非常大的潛力但這仍是在起步而已,大約只有11%的銀行懂得使用資料倉儲來促進資料探勘的活動,銀行應該以他們自有的能力來搜集並分析詳細的顧客資訊,然後整合那些結果成為行銷策略,銀行也可使用資料探勘以識別顧客的貸款活動、調整金融商品以符合顧客需求、尋找新的顧客、及加強顧客服務,一個成功的案例像美國銀行,較小的銀行因其有限的資源及技術,可以委外來進行資料探勘及資料倉儲活動。
航空業	當航空業者不斷的增加,競爭也愈來愈激烈了,瞭解顧客需求已經變得極為重要,航空業者取得顧客資料以制定因應策略。
運輸業	在各條路線間確定配送計畫、分析裝載模式。
醫藥業	找出病人行為特徵,預測醫生工作量。找出各種病的成功醫療方法。
教育業	學生來源分析、課程規劃、學習評量、適性化教學、教學評鑑等。

電話銷售及直銷	電話銷售及直銷公司因使用資料探勘已節省許多金錢並且能夠精確的取得目標顧客，電話銷售公司現在不只能夠減少通話數而且可以增加成功通話的比率。直銷公司正依顧客過去的購買資料及地理資料來配置及郵寄他們的產品目錄，而直效行銷也可利用Data Mining 分析顧客群之消費行為與交易紀錄，結合基本資料，並依其對品牌價值等級的高低來區隔顧客，進而達到差異化行銷的目的。
製造業	資料探勘已廣泛的被使用在製造工業的控制及排程技術生產程序，LTV Steel Corp.全美第三大的鋼鐵公司，使用資料探勘來偵測潛在的品質問題，使得他們的不良品減少了99%。
電信業	利用資料探勘，電信公司可以提供更符合顧客需求的新服務。電信公司過去最有名的就是削價策略，但新的策略是瞭解他們的顧客將會比過去來得好，使用資料探勘，電信公司可以提供顧客 各種顧客想購買的新服務，電信巨人像AT&T 和GTE。
保險業	保險公司對資料的需求是極為重要的，資料探勘最近已提供保險業者從大型資料庫中取得有價值的資訊以進行決策，這些資訊能夠讓保險業者較瞭解他們的顧客並有效的偵測保險詐欺。
醫療生技業	預測手術、用藥、診斷或是流程控制的效率。預防醫學分析、院內感染分析、臨床病徵分析、基因圖譜比對、基因定序、演化分析等。
資訊科技業	資料庫、資料倉儲、以及雲端運算功能結合的發展與應用。

資料來源：1. 韋端 (主編) (2003)。***Data Mining概述：以Clementine7.0為例***。台北：中華資料探勘協會。

2. 謝邦昌 (2014)。***SQL Server資料探勘與商業智慧***。臺北：碁峰圖書。

3. 曾憲雄、蔡秀滿、蘇東興、曾秋蓉、王慶堯(2005)。**資料探勘**。台北：旗標。

參考文獻

1. Thurow, L. C. (2000)。**知識經濟時代** (初版) (齊思賢譯)。台北：時報。(原著出版年：1999年)

2. 邱昭彰 (2001.10)。資料探勘在金融業客戶管理之應用。**財金資訊雙月刊，*18*，**2-3。

3. 韋端 (主編) (2003)。***Data Mining*概述：以*Clementine7.0*為例**。台北：中華資料探勘協會。

4. 陳文華 (2000.03)。顧客關係管理基石－顧客知識取得與分析。**能力雜誌，*529*，**132-138。

5. 陳建豪 (2006, 9月)。YouTube價值來自於社群。**遠見雜誌，*243*，**239。

6. 陳鴻基、嚴紀中 (2004)。**管理資訊系統**。台北：雙葉書廊。

7. 曾憲雄、蔡秀滿、蘇東興、曾秋蓉、王慶堯 (2005)。**資料探勘**。台北：旗標。

8. 黃彥棻 (2006)。***HOLA*用*IT*提升庫存密度以拉抬業績**。民96年4月20日，取自：http://www.ithome.com.tw/itadm/article.php

9. 廖述賢、溫志皓 (2011)。**資料探勘理論與應用*：*以*IBM SPSS Modeler*為範例**。台北：博碩文化。

10. 趙民德 (2002,12)。***On CRISP-DM and Predictive Sampling***。中國統計學報，40(4)，419-436。

11. 謝邦昌 (2014)。***SQL Server*資料探勘與商業智慧**。臺北：碁峰圖書。

12. 謝明俊 (2003, 2月16日)。**刑案知識庫，情資*e*點靈**。中國時報，社會綜合版。

13. Berry, M. J. A., & Linoff, G. S. (2011). ***Data Mining Techniques: For Marketing, Sales, and Customer Relationship Management*** (3rd ed.). NJ, USA: John Wiley, Inc.

14. Cabena, P., Hadjinian, P., Stadler, R., Verhees, J. & Zanasi, A. (1998). ***Discovering data mining from concept to implementation.*** NJ: Prentice Hall Press.

15. Curt, H. (1995). The Deville's in The Detail: Techniques, Tool, and Applications for Data mining and Knowledge Discovery-Part 1. ***Intelligent Software Strategies, 6*** (9), 3.

16. DHS (2006, July 6), Data Mining Report: ***DHS Privacy Office Response to House Report 108-774.***

17. Fayyad, U. & Stolorz, P. (1997). Data mining and KDD: Promise and challenges. ***Further Generation Computer Systems, 13,*** 99-115.

18. Fayyad, U.M., Piatetsky-Shapiro, G., Smyth, P., & Uthurusamy, R. (Eds.) (1996).

Advances in knowledge discovery and data mining, Cambridge, MA: The MIT press.

19. Friedman, J. (1997). Data mining and statistics: What is the connection. *The 29th Symposium on the Interface,* Houston.

20. Hall, C. ed., (1995). The devil' s in the details: Techniques, tool, and application for database mining and knowledge discovery part II. *Intelligent Software Strategies, 6*(9), 1-16.

21. Han, J., Kamber, M., & Pei, J. (2011). *Data Mining: Concepts and Techniques* (3rd ed.). Waltham, MA: Morgan Kaufmann Publishers.

22. Hand, D. J., Blunt, G., Kelly, M. G. & Adams, N. M. (2000). Data mining for fun and profit. *Statistical Science, 15* (2), 111-131.

23. Hui, S. C. & Jha, G. (2000). Data mining for customer service support. *Information & Management, 38* (1). 1-14.

24. Kantardzic, M. (2003). Data mining: *concepts, models, methods and algorithms.* NJ: Wiley Press.

25. Kawano, S., Huynh, V. N., Ryoke, M., & Nakamori, Y. (2005). A context-dependent knowledge model for evaluation of regional environment, *Environmental Modelling & Software, 20,* 343-352.

26. Kdnuggets (April, 2004). *Data Mining Methodology.* Retrieved April, 18, 2007, from the World Wide Web: http://www.kdnuggets.com/polls/index.htm

27. Kristin, R. N. & Matkovsky, I. P. (1999). *Using Data Mining Techniques for Fraud Detection.* SAS inc. and Federal Data Corporation.

28. Kristin, R. N., & Matkovsky, I. P.(1999). *Using Data Mining Techniques for Fraud Detection,* SAS Institute Inc. and Federal Data Corporation.

29. Liao, S. H. & Chen, Y. J. (2004). Mining customer knowledge for electronic catalog marketing. *Expert Systems with Applications,* 27, 521-532.

30. Nonaka, I. (1994). A dynamic Theory of Organizational Knowledge Creation. *Organization Science, 15*(1), 14-37.

31. Peacock, P. R. (1998). Data Mining in Marketing: Part 1. *Marketing Management, 6*(4), 8-18.

32. Technology Review magazine, (January, 2001). *Emerging Technologies That Will Change the World-Ten emerging technologies that will change the world.* Retrieved April, 20, 2007, from the World Wide Web: http://www.technologyreview.com/Infotech/12265

33. Vipin K. & Mohammed J. Z. (2007), DATA MINING: Early Attention to Privacy in Developing a Key DHS Program Could Reduce Risks. *United States Government Accountability Office,* 07-293.

34. Zavala, E., Franch, X., & Marco, J. (2019), Adaptive monitoring: A systematic mapping. *Information and Software Technology, 105,* 161-189

CHAPTER 02

資料探勘的功能

・・學・習・目・標・・

- 瞭解資料探勘的方式與功能
- 瞭解分類的功能
- 瞭解決策樹分析
- 瞭解推估的功能
- 瞭解人工神經網路
- 瞭解預測的功能
- 瞭解何謂案例庫推理
- 瞭解集群的功能
- 瞭解兩階段方法
- 瞭解關聯的功能
- 瞭解Apriori演算法
- 瞭解順序的功能

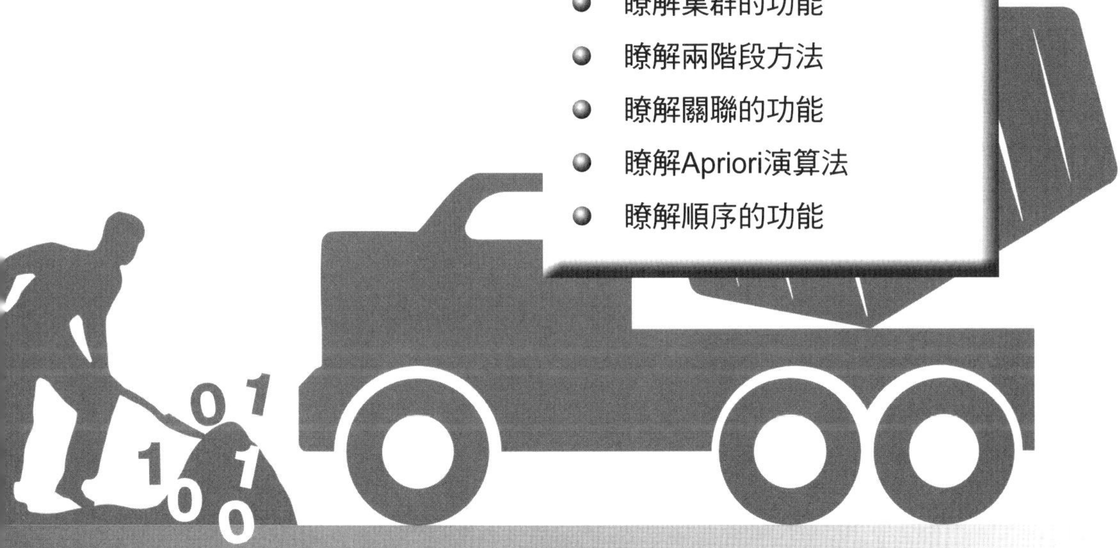

2-1 資料探勘的方式與功能

資料探勘的方式可概分為兩種方式：**監督式資料探勘 (supervised data mining)** 與**非監督式資料探勘 (unsupervised data mining)**。監督式的資料探勘，是使用在已經知道要挖掘的方向或是要尋找特定標的時，測試資料組所產生的模型就顯得較為重要，因為模型可以藉由一些如**受益值 (gain)**、**增益值 (lift)** 等數值來評估模型的好與壞以及實用與否，因此模型的建立與評估是流程的重點。換句話說，監督式的資料探勘需要藉由觀察自變數 (independent variable) 的變化，來找到對應的依變數 (dependent variable) 的數值、區間或類別之間的關係。監督是資料探勘的依變數，可以是類別 (名目尺度或順序尺度) 的標籤，亦可以是數值 (區間尺度、比例尺度) 的類型。非監督式的資料探勘則是去探尋一個問題的背後，究竟是被哪些變數所影響，並由資料的分析結果中去解釋和評估，再由解釋者去闡釋其中隱藏的意涵。因此，專業的 (professional) 及專家的 (expertise) 人員，來將問題領域 (problem domain) 之現象表徵建構出來則是重點。

此外，在資料探勘的領域中，包含了許多的功能 (如分類、推估、預測、聚類 / 集群、關聯規則、順序等六種) (如下圖所示) 及應用的方法 (method) (如關聯性法則、時間序列分析、序列類型、群組式法則、分類式法則、機率經驗分析等六種) (Mehta & Bhattacharyya, 2004)。這些資料探勘應用程式和技術的共同目標，包括偵測、解釋和預測資料的質化或量化樣式。要達成這些目標，資料探勘解決方案使用了多種**機械學習 (machine learning)**、**人工智慧 (Artificial Intelligence)**、**統計 (Statistics)**、和**結構性查詢語言 (Structural Query Language, SQL)** 處理的技術。

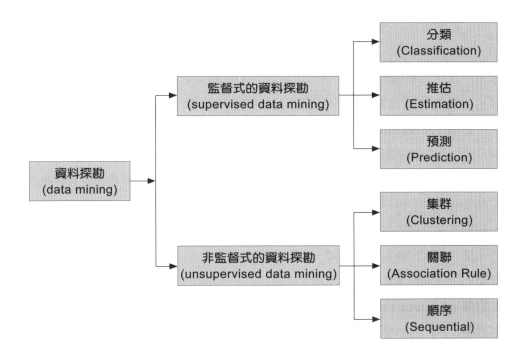

資料探勘的方式與功能

2-2 分類 (Classification)

　　「物以類聚，人以群分」，這句話乃出處於《戰國策‧齊策三》《惆易‧系辭上》。其中，「人以群分」這一句話，很清楚的說明了分類的意涵。分類的工作就是將每一個群集的特徵清楚定義，並且透過訓練組資料，建立出模型，將未歸類的資料分門別類 (Berry & Linoff, 2011)。透過分類得到的類別描述可以是顯性的 (例如描述每一個類別的一組規律) 或隱性的 (例如說對某類別的紀錄給一個數學函數，該記錄可作為函數的輸入)，這些類別描述可於給新紀錄加上標籤，以確定其所屬類別 (Cristin et al., 2019)。

人類習慣用分類的方式來瞭解我們所接觸與生活的這個世界,例如將生物用「界、門、綱、目、科、屬、種」七大等級來分類;軍隊則以「陸軍、海軍、空軍」等軍種來分類;將申請貸款者個人屬性資料予以分門別類,並加入其他的屬性加以比較與分析,再區分為高度風險者、中度風險者與低度風險者。**分類 (classification)** 是資料探勘作業中最普遍的一種,因此分類就是檢視、分析新物件的所有特性,然後將其指派到一個現有預先定義好的類別中,後續動作包含更新資料、標上類別編號。因為這些分類的事物通常是一組資料庫的交易資料,賦予每一筆資料用以區別群集的辨識碼,方能達到方便作業的功能。分類的工作就是將每一個群集的特徵清楚定義,且透過訓練組資料,建立模型,將未歸類的原始資料分門別類。分類的目的在建立可將未分類的資料加以分類的模型。所以分類是最常使用也最常接觸的到的一種功能,其特色在於處理**類別型的變數 (discrete variables)**,也就是不連續的一種數值,並預測類別型的數值為輸出。按照分析對象的屬性分門別類加以定義,建立**類別 (class)**。常使用的方法有**決策樹 (ID3、C4.5、C5.0、CART、隨機森林…等)**、人工神經網路、支援向量機、模糊集合、基因演算法…等。

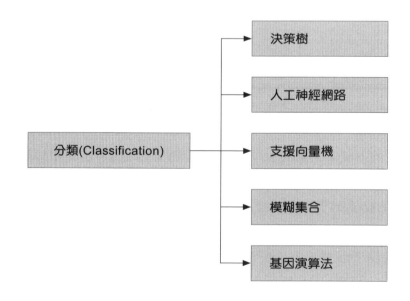

分類常使用的方法

決策樹分析 (Decision tree analysis)

　　決策樹是從一個或多個預測變數中，針對類別應變數的階級，預測案例或物件的關係；決策樹是**資料探勘 (Data Mining)** 其中一項主要的技巧。決策樹的目標是針對類別應變數加以預測或解釋反應結果，此模組分析技術與判別分析、區集分析、無母數統計，與非線性估計所提供的功能是一樣的，決策樹的彈性，使得資料本身更加具吸引人的分析選項，但並不意謂許多傳統方法就會被排除在外。實際應用上，當資料本身符合傳統方法的理論條件與分配假說，這些方法或許是較佳的，但是站在探索資料技術的角度，或者當傳統方法的設定條件不足，決策樹對於研究者來說，是較佳的建議技巧。

　　例如，假設我們想要設計硬幣收集時的排序系統，測量是依據硬幣的直徑長度，建立硬幣排序時的階級組織系統，首先我們可以將硬幣（一堆硬幣），以直立的方式，將硬幣邊緣向下滾動至一狹窄的孔中，依據設置不同幣值的投幣孔 (1 分、10 分、25 分、5 分) 那麼不同硬幣在滾動的同時，會依據不同的硬幣孔，落入不同的儲存盒中，如此一來，我們正是在建構一個決策樹，而依此結構，也正是在執行有效的決策過程，建立硬幣排序的分類標準，依此類推，我們可以延伸至其他更多元化的分類問題上。決策樹的結果能夠或者說有時候會相當複雜，然而，圖形程序可以協助使用者容易地對複雜的樹狀結果做出解釋，如果使用者的主要目的在於成就某資料反應值的特定階層時所給的條件，例如：呈現較高的反應結果，可以利用三維等高線圖的技巧，將最終節點中的較高反應呈現出來，我們以 IBM/SPSS Modeler 中決策樹 C5.0 的圖形為例，如下圖。

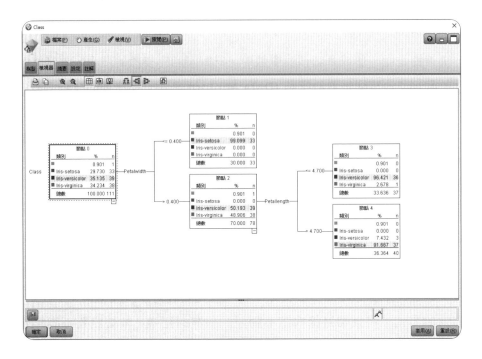

決策樹分析

詳細的決策樹 C5.0 方法與應用，請參考本書第五章。

2-3 推估 (Estimation)

　　分 類 出 來 的 結 果 是 類 別 的 標 籤 (如 布 林、 名 目、 順 序)，而 **推估 (estimation)** 所得的結果則是連續性的數值。例如：以一個顧客喜好的書籍資料與評分紀錄來推估該顧客偏好的書籍評分。憑著一些輸入資料，我們可利用推估，來得知某未知連續性變數的值，例如高度、收入、信用卡結餘。如將每個顧客的紀錄，依照其有興趣的程度加以排序，可判定哪些顧客有可能不再是顧客的，亦可依此順序給予分類 (廖述賢，2007)。對於分類這種僅能推斷類別型變數的方式，推估能夠針對連續型數值進行預測，同時輸出為連續型的數值

來說,顯得較易為分析者使用,但是對於終端使用者來說,則需給予較為明確的數值,才能夠易為使用。推估的問題重點在於如何透過已知的屬性來推估未知連續數值的走向與趨勢 (尹相志,2006)。

在實際應用上,推估也常被應用在分類的作業上,像是信用卡公司想在帳單信封上的空白處,賣廣告給雪橇的製造商,那麼他們必須要將顧客分為兩類:滑雪或是不滑雪。還有一種作法是建立一模型賦予每個持卡人「滑雪指數」。這個指數可能是介於 0~1,用來推估該名持卡人會滑雪的機率,我們只要定下判定滑雪指數的門檻分數,只要達於門檻標準者就是滑雪者,那就能夠完成分類的工作。這種推估的方式對於某些需要將資料排序的產業來說,是相當有用的。舉例來說,假設這家雪橇製造商有預算要寄出 50 萬封廣告郵件,但是事實上,從卡友中篩選出來的名單卻有一百五十萬人,有一種簡單的作法是從這批名單中隨機抽選五十萬人,但是透過「滑雪指數」,我們可以挑選其五十萬名最有可能滑雪的人來寄有限的廣告郵件 (Berry & Linoff, 2011)。使用的方法包括統計方法上之**相關分析**、**人工神經網路**、**線性迴歸**、**分類迴歸樹**及**線性支援向量機** …等。

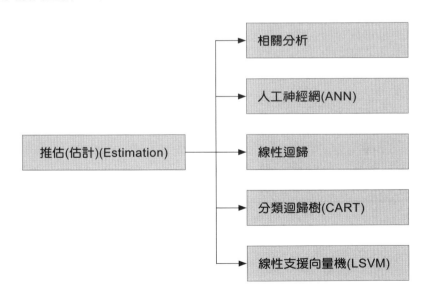

推估常使用的方法

人工神經網路 (Artificial Neural Networks)

1. 人工神經網路的基本概念

人工神經網路 (Artificial Neural Network)，又名為**平行分散處理器** (Parallel Distributed Processors)、**自我組織系統** (Self-organizing Systems)、**適應系統** (Adaptive Systems) 等，它使用大量簡單的相連人工神經元來模仿生物神經網路的能力。人工神經元是生物神經元的簡單模擬，它從外界環境或者其它人工神經元取得資訊，並以非常簡單的運算，將輸出其結果到外界環境或者其它人工神經元，以便用於推估、預測、決策、診斷。

人工神經網路是基於腦神經系統研究所啟發的一種資訊處理技術，它由巨量的神經細胞 (或稱神經元) 組成，包括 (如下圖)：

(1) 神經核 (soma)：神經細胞呈核狀的處理機構。

(2) 軸索 (神經軸) (axon)：神經細胞呈軸索狀的輸送機構。

(3) 樹突 (神經樹) (dendrites)：神經細胞呈樹狀的輸出入機構。

(4) 突觸 (神經節) (synapse)：神經樹上呈點狀的連結機構。

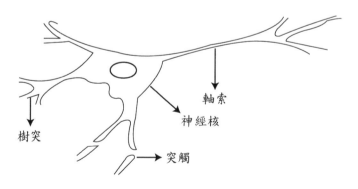

神經元模型

當一個神經元被輸入的訊號所激發時，經過神經核處理神經元會產生一個

新的脈波訊號，如果脈波訊號是經過興奮神經節，則增加脈波訊號的速率；如果脈波訊號是經過抑制神經節，則會減少脈波訊號的速率，因此脈波訊號的強弱視同時取決於輸入訊號的強弱與突觸的強度。人工神經網路通常利用一組範例資料建立系統模型，在依據此模型進行推估、預測、診斷及決策。而人工神經網路由許多人工細胞 (又可稱為類神經元、人工神經元及處理單元) 組成，每一處理單元的輸出則成為其他許多處理單元的輸入 (如下圖)。

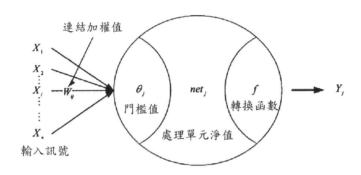

人工神經元模型

處理單元其輸出、入值計算式，可用下列函數表示：

$$Y_j = f\left(\sum W_{ij} X_i - \theta_j\right)$$

其運算符號說明如下：

Y_j：　類神經元模型的輸出訊號。

f：　類神經元模型轉換函數，其目的係將從其他處理單元輸入的輸入值之加權乘積轉換為處理單元輸出值。

W_{ij}：　類神經元模型的神經節強度。

θ_j：　類神經元模型的**門檻值 (Threshold)**，亦稱Bais。

因人工神經網路的組成是由多個神經元組成，而每一鏈結有一個加權值

W_{ij}，用以表示第 i 個輸入單元對第 j 個輸出單元影響強度。

2. 人工神經網路的類型

　　一般神經網路依其學習特性的差異區可以分成為監督式學習 (Supervised)、非監督式學習 (Unsupervised)、聯想式學習 (Associate Learning Network) 及最適化應用網路 (Optimization Application Network)，以下將介紹其網路特性：

(1) 監督式學習網路 (Supervised Learning Network)

從問題領域中取得訓練範例 (包括輸入變數值及輸出變數值)，網路從中學習輸入變數與輸出變數的內在對應規則，以應用於新的範例 (只有輸入變數值而需推論輸出變數值的應用)；此種學習方式有如老師指導學生對問題做正確的回答，常見應用於圖形辨認和預測領域，如：倒傳遞網路、學習向量量化網路、機率神經網路、反傳遞網路 (CP) 等。

(2) 非監督式學習網路 (Unsupervised Learning Network)

相對於監督式學習網路而言，必須有明確的輸入與輸出範例資料訓練網路，然而非監督式學習只需要從問題域中取得輸入變數值範例資料，並從中學習範例內在聚類規則，以應用於新範例 (有輸入變數值，而需推論它與那些訓練範例屬同一聚類的應用)，如：競爭式學習、自適應共振理論網路 (ART)、Kohonen學習法則 (SOM) 等。

(3) 聯想式學習 (Associate Learning Network)

從問題領域中取得訓練範例 (狀態變數值)，並從中學習範例的內在記憶規則，以應用新的案例，意即在現有資料不完整狀態之下，而需推論其完整的狀態變數值之應用，如霍普菲爾網路 (HNN)、雙向聯想記憶網路 (BAM) 等。

(4) 最適化應用網路 (Optimization Application Network)

人工神經網路除了「學習」應用外，還有一個特殊應用，那就是最適化應用，意即對一問題決定其設計變數值，使其在滿足設計限制條件下，使設計目標達到最佳狀態的應用，如霍普菲爾—坦克網路 (HTN)、退火神經網路 (ANN) 等。

詳細的人工神經網路 Neural Net 與 Kohonen 方法與應用，請參考本書第八章及第十四章。

2-4 預測 (Predication)

利用一個或多種獨立變數來找出某個**標準 (criterion)** 或依變數的值就叫**預測 (predication)**。其實預測與分類和推估是相當接近的，只不過預測是去推估「未來」的數值以及趨勢，所以預測是包含時間維度在內的演算，重視因為時間的推移，對於不同期別產生的數值變化。其概念為將目前新的數值輸入到此模型中，運算結果就是未來狀態的預測。可再根據某些未來行為的預測來分類，或推估某變數未來可能的值。要預測的某個變數，只要將此變數的某些已知值當成訓練集，再加上這些訓練集的歷史資料即可。歷史資料可用來建立模型，以檢視近來觀察值的狀態及變化。像是「購物籃分析」就可以預測在零售業中，哪些商品總是會被同時購買，經過修正後，也可透過最新的資料來預測未來的購買行為，或者例如預測哪些電話用戶會申請加值服務，像是三方通話或語音信箱，都是預測的運用案例 (廖述賢，民 96)。其他如使用顧客過去的刷卡行為與消費量，來預測顧客未來的刷卡額度等等。使用的相關方法包括**迴歸分析 (regression analysis)**、人工神經網路 **(neural network)**、**案例庫推理 (case-based reasoning)**、**時間序列分析 (time series analysis)** 及**指數平滑分析法 (exponential smoothing)**…等 (如下圖所示)。

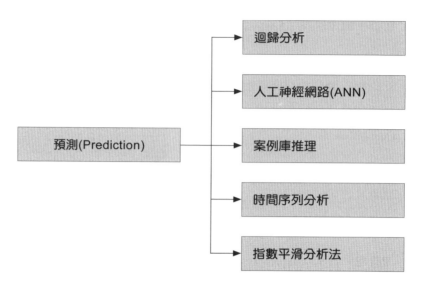

預測常使用的方法

案例庫推理 (Case-based Reasoning, CBR)

1. 案例庫推理的基本概念

　　案例推理 (Case-based Reasoning, CBR) 是 1977 年由 Schank 及 Abelson，自人工智慧領域中所分支出來的一套新理論與研究方法 (Schank, & Abelson, 1977)。簡單來說，CBR 是藉由過去解決問題的方式來處理新的問題 (Watson& Marir, 1994)。其主要的精神在於，如何把過去解決問題所得到之知識與經驗，作有系統地處理及儲存，使得可以用來對新的或者重複性之問題解決提供幫助，以減少資訊大量且重複的處理負荷。同時，CBR 可以累積經驗，每當解決一個問題之後，新的經驗隨之被保存下來。不論成功或者失敗，問題的解決過程即視為一個新的個案，將成功或失敗的結果儲存於系統中，對下一個問題提出解決的決策支援，或者對可能的失敗提出警訊，以作為**機器學習 (machine learning) 或人類學習 (human learning)** 之用 (Kolodner, 1993)。在建置案例推論我們必須先了解到所面臨的問題情境，根據該情境加以評估，定義出這類

案例的表達方式及案例所包含範圍。在案例式知識表達中，案例的基本構成要素有包含案例名稱、案例的屬性集合及與其相關的屬性值。

2. 案例庫知識推理方式

案例式知識運作的方式，為充分利用過去發生過的每一個案例和經驗中所包含的問題情況來解決問題，所以案例式推論是重視過去的每一個案例和經驗的獨特性，而不像是其他人工智慧上的問題解決方式，必須在問題的情況和解決問題的方式之間，找出所謂整體性的關聯，然後再利用這些整體性的關聯來找出問題的解決方式。CBR 的運作是一循環的過程，主要包括四個部份 (Watson& Marir, 1994)：

(1) 擷取 (Retrieve)：

由案例庫中擷取出最相似的個案。當有新的案例發生時，推論引擎會從案例式知識庫中根據相似 計算公式來計算出最相似的案例再給它擷取出來，並利用案例式知識庫中的案例**索引 (Index)** 搜尋出與新案例最相似的案例，而案例之間是如何來判斷之間的**相似性 (Similarity)**。

(2) 再使用 (Reuse)：

將擷取出的案例重新用於新問題的解決上。倘若新的案例在原本的案例式知識庫中是沒有的，系統或專家可以評估是否要將這新的專家知識與資存入到案例式知識庫中，讓這些案例可以反覆的使用。當案例知識庫中的案例越來越多時，所找出來的案例也就更為精確，更能夠幫助使用者解決問題。

(3) 修改 (Revise)：

如需要則對擷取出之最相似案例進行修改。有些新案例是案例式知識庫中所沒有的，系統或專家可以評估是否要將新的案例加入到案例式知識庫中時，可能要對此案例做一些的修正，因為有些案例過於特殊，無法描述問題。

(4) **保留 (Retain)**：

將新的解決方案保存於案例庫中，以供將來使用，並完成學習的功能。將所得到的解決之道與其它相似的方案來做比較，透過應用後的結果，形成案例式推理的**學習機制 (learning mechanism)**，不論是正確或是錯誤的學習，以形成新的經驗或是將新案例存入案例式知識庫中。案例不斷地累積且運用案例索引儲存於案例式知識庫中，以提供使用者在新案例查詢。

下圖說明了整個 CBR 循環的過程：一開始將問題描述定義為新的**案例 (case)**，與個案庫中的舊個案進行比對，擷取出最相似的一個或數個案例，將新舊案例合併，經由再使用程序產生建議之解決方案。接著透過修改程序，將建議之解決方案應用於目前的問題，並由該領域之專家評估測試，刪除失敗無法再使用的案例，或者另外儲存以防重蹈覆轍。最後將可用之經驗案例儲存保留於案例庫中，以供未來再使用 (廖述賢，2008)。

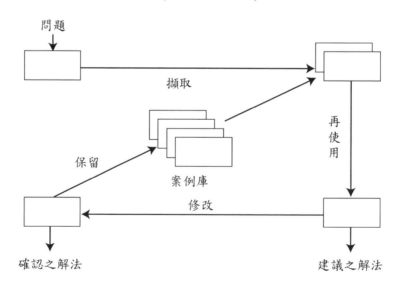

CBR推理的過程

2-5 集群 (Cluster or Segmentation)

　　集群 (cluster)，也稱為同質分組或是群集。集群分析是在檢驗某種相互依存關係，主要是顧客間特性的相似或是差異關係，透過將顧客特性進一步分割成若干類別而達到市場區隔目的 (謝邦昌，2014)。集群與分類操作中輸入一組監督式的紀錄不同，在集群中輸入的是非監督式的紀錄集。在進行集群操作時，不存在任何已知類別。事實上，集群功能的目的就是要對輸入的紀錄集根據某種標準進行合理的劃分 (Cristin et al., 2019)。因此集群是將許多異質的群體區隔，分成一些同質性較高、更相似的子群組或群集，這與分類不同的是，集群化並沒有依靠事先定義明確的類別來進行分類，在分類的作業裡，資料是將訓練組資料，透過某個定義好的類別來進行的。而在集群化的作業中，不需要事先定義好該如何分類，同時也不需要訓練組資料。資料是依靠自身的相近性來群集在一起的，而集群的意義也是要靠事後的闡釋才能得知。集群化通常是其他資料探勘以及模型化的前導作業。如市場行銷調查前，會先根據客戶基本資料將顧客集群化，再分析每群類似的顧客各自最喜歡哪一類促銷，以擬定不同的行銷策略 (廖述賢，2007)。

　　集群的分析可以用「物以類聚」這句話來表示。其間的「組間異質，組內同質」的特色，則可以用演算法來呈現資料的特性與內容。物件是根據最大化類別內的相似性與最小化類別間的相似性這兩原則來進行集群。也就是物件的集群之形成，會使得同一集群中的物件看起來有很高的相似性，而與其他集群內的物件會很不相似 (Han, Kamber & Pei, 2011)。也就是說，一個好的集群方法是可以產生高品質的群集，以確保**集群間 (inter-clustering)** 資料相似度是最低的，而**集群內 (intra-clustering)** 資料相似度是最高的 (陳鴻基和嚴紀中，2004)。集群分析最常使用的範圍就是在市場區隔的應用上。對於顧客的特性予以集群分析後，將顧客一屬性作市場區隔，並以區隔的特徵來提供不同的行銷方式及內容，增加行銷的效益與獲利率。一般常使用的方法包括以圖形為基礎的 **K-means 法**、以階層為基礎的方法以及**以密度為基礎的 DBSCAN 法**。

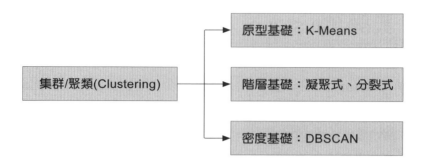

集群分析常使用的方法

兩階段方法 (Two steps)

　　如果要求的更精確的分類結果，可以同時使用分層法與非分層法。第一階段以華德法做分群，以決定群組個數，第二階段再以 K-means 進行群集，以二階段方法目的是由於第一階段華德法是屬於分層式群集分析，當二個個體一旦被分在一群，則其後永遠就在同一群，而此時在第二階段所使用 K-means 就是彌補此種缺點，以達到最佳組內同質、組間異質的群數。此種分析的手法就是透過兩階段分群方法，修正了分層式集群法中對於集群分析一旦形成，就無法對併入不適當集群觀察值進行重新分群的缺點。同時也克服了分層級式集群法需事先決定集群數目與集群中心點的問題。

　　詳細的集群分析 K-means 分析方法與應用，請參考本書第十三章。

2-6　關聯 (Association rules analysis)

　　關聯分析 (association rule analysis) 的功能就是去發掘哪些事物總是同時發生，最典型的案例就是去分析在超級市場的購物籃，也因此我們有時候會稱之為**購物籃分析 (Basket purchases analysis)** (Berry & Linoff, 2011)。

這項技術會辨識資料之間的關聯性，並以規則來表示。目的是在於判定哪些事物會一起出現。如判定超市中哪些物品會一起被購買，可讓公司掌握交叉銷售 (cross-selling) 的機會，或規劃店內的商品擺設。同時，可以將要分析的不同變數間的關聯，例如：顧客、產品、品牌、通路、行銷方法等，探討是否存在獨特的區隔，藉此企業可以作**市場區隔 (Market segmentation)** 與**目標市場 (Market targeting)** 的規劃與運用 (廖述賢，2007)。零售連鎖商可以利用關聯分組規劃貨架的擺放方式，或是型錄編排的方式，讓總是同時銷售的商品能夠同時被消費者看見。

對於關聯分析我們最常聽到的案例就是美國威瑪 (Wall-Mart) 超市，對於到其消費的顧客進行購物籃分析。也就在顧客所交易的紀錄中，找尋屬性不同，種類繁多的各種商品間銷售的連帶關係。結果發現尿布與啤酒的關聯極為強烈，並再深入探究其背後的關係。發現來購買尿布又購買啤酒的顧客，通常是父親來負責購物的重責大任，而母親可能還在家中照顧幼兒，因此父親為了抒解照顧小孩的壓力，常常會順手購買慰勞自己的啤酒。這樣的結果只是告訴我們一個關聯規則的概念，因為實務上，我們不太可能將這兩樣東西組合成一項促銷商品，但是這項分析的概念，是希望將顧客常買東西的擺放位置能夠接近，讓銷售量增加，同時更深入去探詢其他商品合理的組合可能。關聯分組也可以用來確立交叉銷售的基礎，並藉此設計吸引消費者的促銷方案 (Berry & Linoff, 2011)。一般常使用的方法包括 **Apriori 演算法**以及 **FP-trees 演算法** 。

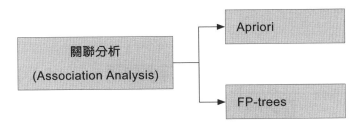

關聯常使用的技巧

Apriori演算法

在關聯式法則之使用中，Apriori 是最為著名且廣泛運用的演算法。最早是由 Agrawal & Srikant 等兩位學者於 1994 年首先提出，而在這之後許多應用的相關演算法，僅是修正 Apriori 中的部分概念而來，例如 DHP 演算法、DLG 演算法、DIC 演算法與 FP-Tree 演算法等，其處理程序說明如下：

(1) 定義**最低支持度 (Minimum Support)** 及**最低可靠度 (Minimum Confidence)**。

(2) Apriori 演算法使用了**候選項目集合 (Candidate Itemsets)** 的觀念，若候選項目集合的支持度大於或等於最低支持度(Minimum Support)，則該候選項目集合為**高頻項目集合 (Large Itemsets)**。

(3) 首先由資料庫讀入所有的交易，得到第一候選項目集合(Candidate 1-Itemset) 的支持度，再找出第一高頻項目的集合 (Large 1-Itemset)，並利用這些高頻單項目集合的結合，產生第二候選項目集合 (Candidate 2-itemset)。

(4) 再掃描資料庫，得出第二候選項目集合的支持度以後，再找出第二高頻項目集合，並利用這些第二高頻項目集合的結合，產生第三候選項目集合。

(5) 反覆掃描整個資料庫，再與最低支持度相比較，產生高頻的項目集合，再結合產生下一層候選項目集合，直到不再結合產生出新的候選項目集合為止。

　　以下則利用簡單的例子，來看 Apriori 演算法的處理過程。若資料庫中有四筆交易，每筆交易都具有不同的 ID 作代表，而交易中都包含了有數種物品，如下所示：

表2.1 資料庫中交易記錄

ID	Items
001	ACD
002	BCE
003	ABCE
004	BE

則 Apriori 產生候選項目集合和高頻項目集合的計算流程如下：首先在掃瞄完整個資料庫後，將所有出現商品的次數予以計數，如此即得 C1 表 (第一候選項目集合)，將不符合最小支持度之項目剔除後，即得 L1 表 (第一高頻項目集合)。藉此反覆遞迴的過程，依次產生第二高頻項目集合與第三高頻項目集合 (如表 2.2)。

表2.2 Apriori 演算法產生的候選項目集合和高頻項目集合

C1

Itemset	Support
{A}	2
{B}	3
{C}	3
{D}	1
{E}	3

Scan Database →

L1

Itemset	Support
{A}	2
{B}	3
{C}	3
{E}	3

C2

Itemset
{AB}
{AC}
{AE}
{BC}
{BE}
{CE}

Scan Database →

C2

Itemset	Support
{AB}	1
{AC}	2
{AE}	1
{BC}	2
{BE}	3
{CE}	2

→

L2

Itemset	Support
{AC}	2
{BC}	2
{BE}	3
{CE}	2

C3

Itemset
{BCE}

Scan Database →

C3

Itemset	Support
{BCE}	2

→

L3

Itemset	Support
{BCE}	2

資料來源：Cózar ct al. (2018)

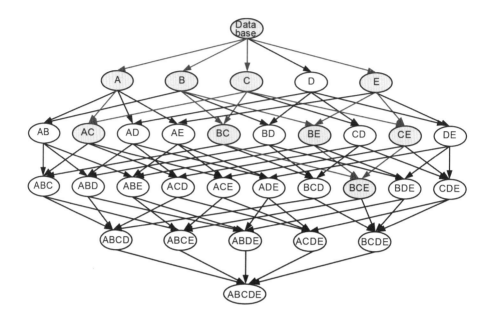

五個項目的晶格圖

資料來源：Coenen, F., Goulbourne, G., & Leng, P. (2004)

當我們想要產生第三候選項目集合時，所產生的集合項目中，必須皆已產生於第二高頻項目集合中，由上圖可以很清楚的看到整個演算的路徑。因此第三候選項目僅剩 {BCE}，無法再產生 C4，所以演算法就此終止。

詳細的關聯法則 Apriori 方法與應用，請參考本書第十一章。

2-1 順序 (Sequential)

根據既有連續性數值之相關屬性資料，以獲致某一屬性未知之值，這項技術會辨識過去的樣式，如分析客戶過去數次的購物行為 (廖述賢，2007)。此模型與關聯法則的探勘很相似，所不同的是，循序樣式探勘中相關的**項目 (item)**

是以時間區分開 (曾憲雄等，2005)。舉例來說，以自行車產業為例，若在研究的結果中發現購買公路跑車款式的自行車消費者，有 25% 的人會在五年後會購買登山越野車，同時有 53% 的人也會增購周邊附加的相關商品，這樣的分析就是「順序」的研究結果 (溫志皓，2005)。

　　循序樣式探勘主要是用在分析一些與序列相關的資料，這些資料也包含離散的序列。通常在序列中的屬性值都有特定的次序，在這些包含次序的資料中進行關聯法則探勘，找出事件發生順序間的關聯性，這便是循序樣式探勘的目的。循序樣式探勘所得到的結果往往可以用來作為銷售趨勢預測的依據之一。例如：從目前客戶購買筆記型電腦的數量，預測三個月後隨身碟的銷售量，以便準備足夠的隨身碟庫存量，以免屆時面臨無貨可賣的窘境 (曾憲雄等，2005)。一般常使用的方法如時間序列法以及時序分析等演算法。

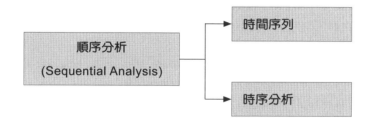

順序常使用的方法

　　順序提供我們最大的功能，是針對客戶客製化行銷的預測以及顧客生命週期的掌握。當一位顧客購買了一項商品後，就已經預告在將來的某個時點會再次需要我們的附加產品或是服務。例如一位購買保險的顧客，他在不同的年齡對於保險會有不同的需求，針對不同的年齡與顧客生命週期推出壽險、意外險、醫療險…等等，主動出擊並面對顧客，將行銷權掌握在手中，這就是順序對我們來說的最佳功能。又如顧客購買了一輛自行車，在五個月後他會需要更換輪胎，九個月後他會需要更換煞車，既然是已知並循序發生的事件，若能掌握良機，將可讓廠商與顧客創造雙贏的局面。

　　詳細的次序分析 Sequence 方法與應用，請參考本書第十二章。

參考文獻

1. 尹相志 (2006)。*SQL2005資料探勘聖經*。台北：學貫。

2. 陳鴻基和嚴紀中 (2004)。**管理資訊系統**。台北：雙葉書廊。

3. 曾憲雄、蔡秀滿、蘇東興、曾秋蓉、王慶堯 (民94)。**資料探勘**。台北：旗標。

4. 溫志皓 (2005)。**資料探勘應用需求鍊協同設計與新產品開發之研究**。國防大學資源管理研究所碩士論文，未出版，台北。

5. 廖述賢 (2007)。**資訊管理**。台北：雙葉書廊。

6. 廖述賢 (2008)。**知識管理**。台北：雙葉書廊。

7. 謝邦昌 (2014)。*SQL Server資料探勘與商業智慧*。臺北：碁峰圖書。

8. Agrawal, R., Imilienski, T., & Swami, A. (1993,). Mining Association Rules between Sets of Items in Large Databases．*Proceedings of the ACM SIGMOD Int'l Conf. on Management of Data,* 207-216.

9. Agrawal, R. & Srikant, R. (1994). Fast Algorithms for Mining Association Rules. *Proceedings of the 20th International Conference on Very Large Databases,* pp.487-499.

10. Berry, M. J. A., & Linoff, G. S. (2011). *Data Mining Techniques: For Marketing, Sales, and Customer Relationship Management (3rd ed.).* NJ, USA: John Wiley, Inc.

11. Coenen, F., Goulbourne, G. & Leng, P. (2004). Tree Structures for Mining Association Rules. *Data Mining and Knowledge Discovery,* 8, 25-51.

12. Cózar, J., delaOssa, L., & Gámez, J. A. (2018). Learning compact zero-order TSK fuzzy rule-based systems for high-dimensional problems using an Apriori + local search approach. *Information Sciences,* 433-434, 1-16.

13. Cristina C. L., Fátima, B., & Nunes, L. S. (2019). Intelligent retrieval and classification in three-dimensional biomedical images - A systematic mapping. *Computer Science Review,* 31, 19-38.

14. Han, J., Kamber, M., & Pei, J. (2011). *Data Mining: Concepts and Techniques (3rd ed.).* Waltham, MA: Morgan Kaufmann Publishers.

15. Kolodner J. L. (1993) *Case-Based Reasoning,* Morgan Kaufmann Publishers, Inc.

16. Mehta, K. & Bhattacharyya, S. (2004). Adequacy of training data for evolutionary mining of trading rules. *Decision Support Systems,* 37, 461-474.

17. Schank, R. C. & Abelson, R. P. (1977) *Scripts, Plans, Goals and Understanding,* Erlbaum, Hillsdale, New Jersey, US.

18. Watson, I. & Marir, F. (1994) Case-Based Reasoning: A Review. *The Knowledge Engineering Review,* 9 (4), 355-381

資料庫與資料探勘－
大資料 I

3-1 大資料與資料庫

　　大資料 (Big data) 是一個術語 (term)，又稱為大數據、海量資料或是巨量資料。這指的是傳統資料處理應用軟體不足以處理它們的大或複雜的資料集的術語，乃用於指傳統資料處理應用分析過於龐大或複雜的資料集，以便充分處理。大資料具有許多情況 (行) 的資料提供更大的統計功率，而具有更高複雜度 (更多屬性或列) 的資料可能導致較高錯誤的發現率。大資料包括獲得資料，資料存儲，資料分析，搜索，共享，傳輸，視覺化，查詢，更新，資訊隱私和資料儲存。大資料與四個關鍵的概念相關聯：數量 (volume)，變異 (variety)，速度 (velocity)，和精準 (Veracity)。數量 (volume) 指的是：產生和存儲的資料量。資料的大小決定了價值和潛在的洞察力，以及它是否可以被視為大資料。變異 (variety) 指的是：資料的類型和性質。 這有助於分析它的人有效地使用由此產生的洞察力。 大資料來自文字，圖像，音頻，視頻；加上它藉由資料融合完成缺失的部分。速度 (velocity) 指的是：產生和處理資料的速度可以滿足增長和發展道路上的需求和挑戰。 大資料通常是實時可用的。 與小資料相比，大資料不斷產生。 與大資料相關的兩種速度是產生頻率和處理，記錄和發布的頻率。精準 (Veracity) 指的是：資料的質量和資料值。資料的質量可能差異很大，質量的良窳會影響分析的準確與否 (Elshawi et al., 2018)。

　　大資料是用於某些資料庫系統的術語，它用於許多有助於組織資料庫的技術。大資料的當前用法傾向於指使用預測分析，用戶行為分析或從資料中提取價值的某些其他高級資料分析方法，並且很少涉及特定大小的資料集 (data set)。對於政府組織以及企業而言，現在使用的資料量確實很大，但這並不是資料生態系統最相關的特徵。從資料科學 (data sciences) 的觀點而言，對資料集的分析可以找到新的且實用的相關性，例如發現商業趨勢，預防疾病，打擊犯罪等等。科學家，企業高管，醫學等等專業工作領域，都面臨了大型資料集的困難。大資料由巨型資料集組成，這些資料集大小常超出人類在可接受時間下的收集、運用、管理和處理能力。大資料的資料單位大小經常改變，截

至 2018 年，單一資料集的大小從數太位元組 (TB) 至數十兆億位元組 (PB) 不等。大資料牽涉到的問題，是資料量非常大，變數非常多，超過人類對於資料處理的能力，也就是說，大資料在進行分析之前，必須要先將大量且複雜的資料，建構一個完備組織的資料庫結構。

大資料幾乎無法使用大多數的資料庫管理系統處理，而必須使用數十、數百甚至數千台伺服器上同時平行執行的軟體才能支援巨量資料的資料庫。巨量資料的定義取決於持有資料組的機構之能力，以及其平常用來處理分析資料的軟體之能力。對某些組織來說，第一次面對數百 GB 的資料集可能讓他們需要重新思考資料管理的選項。對於其他組織來說，資料集可能需要達到數十或數百 TB 才會對他們造成困擾 (Roger & Ben, 2009)。巨量資料需要特殊的技術，以有效地處理大量的容忍經過時間內的資料。適用於巨量資料的技術，包括大規模並列處理 (MPP) 資料庫、分散式檔案系統、分散式資料庫、雲端運算平台、網際網路和可延伸的儲存系統。也就是說，大資料的建構，是大資料分析 (big data analysis) 重要的前置工作，有了完備的大資料資料庫，才能做進一步的資料分析與運用，例如資料探勘 (data mining)，人工智慧 (artificial intelligence)，以及機器學習 (machine learning) 等。

3-2 資料與資料庫

資料的儲存與取用，都是藉由資料庫的協助方得以事半功倍。一個設計完整的資料庫，能夠讓資料探勘的工作阻礙減少許多；反之，若是一個粗心大意設計出來的資料庫，將會在後續資料分析時，造成莫大的後遺症。何謂資料庫呢？資料庫就是把一群相關的資料集合在一起，其中有很多類型，從最簡單的儲存有各種資料的表格，到能夠進行海量資料儲存的大型資料庫系統，都在各個方面得到了廣泛的應用 (廖述賢，2007)。資料的來源大多是由資料庫中擷取資料來使用，但是若能在一開始設計資料庫時，就把資料庫的一些概念匯入並銜接在一起，讓後續處理時能夠將精力集中在資料分析的那一段，相信是更有

意義與價值的一部份，以下我們簡單的介紹資料庫在設計時應該注意的重點，也就是正規化的部分。

設計資料庫的時候，欄位的考量非常重要，因為這會影響到日後資料庫膨脹的速度以及資料查詢時的速度。尤其是設計不良的資料庫，會造成日後分析的極大障礙。在資料探勘的任務中，約有 80% 的時間花費在**資料選擇 (data select)**、**資料清理 (data clean)** 與**資料轉換 (data transformation)** 的過程中。因此，在完成了資料表的設計後，一般都會使用正規化的方式來消除冗餘性和不協調的從屬關係，最佳化資料表的結果 (王鴻儒，2005)。一般而言，資料庫可以透過正規化的實施，將資料庫完成最佳化資料結構的工作。

資料庫正規化的理念包括下列四點 (林六明，2000)：

1. **欄位唯一性 (field uniqueness)**：設計一個資料庫系統基本上要符合正規化原則，首先資料表設計時欄位內容一定要求簡單明確，第一個條件「欄位唯一性」是指一個欄位之中只能儲存一個資料值。

2. **主關鍵欄位 (primary key)**：資料庫在結構方面應避免欄位資料重覆儲存，而且資料表設計一定要考量有唯一識別記錄的欄位，也就是要確定存在一個主索引欄位。

3. **功能關聯性 (function dependence)**：所謂功能關聯性是指設計時應檢查資料表中是否存在部份欄位與主索引欄位功能上並沒有直接相關性，反而與資料表中另一個非主索引欄位具有密切相關性，這種現象就表示設計資料表時欄位放置的位置不適當應該採取分割處理。

4. **欄位獨立性 (field independence)**：另外也可以從欄位獨立性來檢驗資料表設計是否正確。欄位獨立性就是除了主索引欄位外，修改任何欄位值都不應該影響其它欄位。

再者，資料庫正規化的內容包含 (劉仁宇，2007)：

1. 第一正規化 (First Normal Form，簡稱 1NF)：由 E. F. Codd 提出，重點在於消除重覆性資料。

2. 第二正規化 (Second Normal Form，簡稱 2NF)：由 E. F. Codd 提出，重點在於消除功能相依。

3. 第三正規化 (Third Normal Form，簡稱 3NF)：由 E. F. Codd 提出，重點在於消除遞移相依。

4. Boyce/Codd 正規化 (Boyce/Codd Normal Form，簡稱 BCNF)：由 R.F. Boyce 與 E. F. Codd 共同提出，重點在於從多個候選鍵中挑出一個決定因子作為主鍵。

5. 第四正規化 (Fourth Normal Form，簡稱 4NF)：由 R. Fagin 提出，重點在於去除多值相依性。

6. 第五正規化 (Fifth Normal Form，簡稱 5NF)：由 R. Fagin 提出，重點在於克服合併相依性。

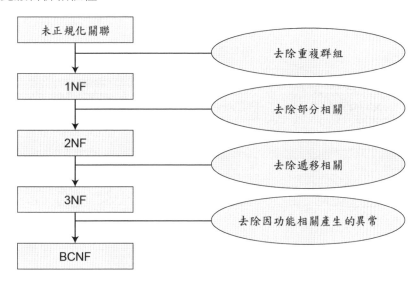

資料庫正規化的步驟

資料來源： **淺談資料庫正規化**，劉仁宇 (2007)。民96年4月21日，取自：http://enews.
         tpc.edu.tw/backup/15.htm

　　大部分的資料庫設計，是以一種資料庫為主，在單純的設計環境之下，開發者只要直接為其所用的資料庫系統處理介面就可以了。這個方法雖然簡單有效率，但是當一個機構擴展至相當規模之後，發展者要擴充其應用

層次常會帶來一些問題。因為單一資料庫的設計，必須發展各種不同版本的應用。當組織不斷的成長、改變、合併時，應用系統必須在不同的平台上存取各式各樣不同的資料庫系統。**開放性資料庫連結 (Open Data Base Connectivity, ODBC)**，就是在提供一個共同的介面，以存取異值的**關聯性資料庫 (Relational database)**，ODBC 以結構化搜尋語言 **(Structural Query Language, SQL)** 為資料存取的標準，其架構如下圖所示 (廖述賢，2007)。

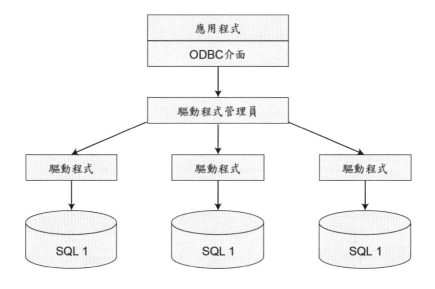

開放性資料連結架構圖

資料來源：**資訊管理** (頁219)，廖述賢，民96，台北：雙葉書廊。

3-3 資料庫架構

　　資料庫中的格式，是由許多的由小至大的單元所組成。以 Office Access 的關聯資料庫為例，資料依大小分為 Bit (位元) → Byte (位元組) → Field (欄位) → Record (紀錄) → Table (資料表單) → Database (資料庫)。資料庫內

包含了許多的資料表單，依需求而建立其中的內容。表單則是由許多的紀錄所構成，例如交易紀錄表中含括多次的交易紀錄於其中。每次的交易紀錄中也同樣的是由諸多欄位所構成，可能包含公司編號欄位、交易日期欄位、交易員編號欄位、交易內容欄位等資料。欄位中又包含了許多的位元組或是位元所構成的資料，就這樣形成了整體的 **資料結構 (data structure)** (廖述賢，2007)。

在我們現行所使用的資料庫模型中，依發展的流程以及語意的含度可概分為五種架構：**階層式資料庫架構 (hierarchical structure)**、**網路式資料庫架構 (network structure)**、**關聯式資料庫架構 (relational structure)**、**實體關聯資料架構 (entity relationship structure)** 以及 **物件導向資料庫架構 (object-oriented structure)** 等 (如下圖所示)，以下就依這五種結構作資料庫架構的說明 (Coronel, 2004)。

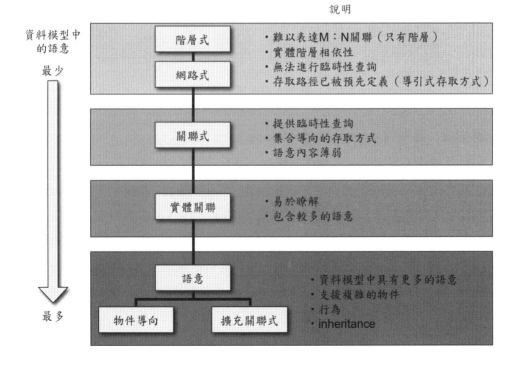

資料庫架構的發展

資料來源： **資料庫系統設計實務與管理** (頁1-51)，Coronel, R.，2004，台北市：學貫行銷股份有限公司。

階層式資料庫架構 (hierarchical database structure)

　　階層式資料架構的方法認為，企業的資料通常可以階層的方式來呈現 (如下圖所示)。只要從最上層開始存取資料，階層式的方式很快，但是從階層的中間或底部搜尋項目則較為困難 (Post, 2004)。

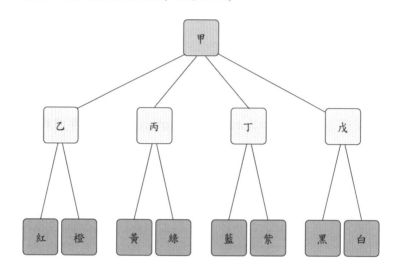

階層式資料庫架構

網路式資料庫架構 (network database structure)：

　　這個架構的命名是來自資料元素間的連結網路，網路模式的主要目的，是從不同角度來解決階層式搜尋資料的問題 (Post, 2004)。網路式架構可以代表更複雜的邏輯關係，且目前還有許多大型電腦之 DBMS 軟體使用此結構，它可以表示紀錄間多對多的關係 (many-to-many relationship)。在網路式結構中，可由多個不同的路徑來存取資料紀錄，任一資料紀錄都位於其上層或下層之其他紀錄相連結 (如下圖所示)。

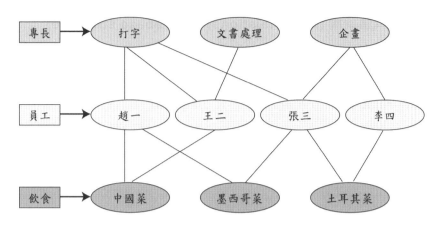

網路式資料庫架構

關聯式資料庫架構 (relational database structure)

關聯式架構是目前資料庫結構中最流行的一種 (陳鴻基與嚴紀中，2004)。關聯式資料庫中有三個主要設計的模式：概念性資料庫、邏輯性資料庫以及實體資料庫的設計 (如下圖所示)。概念性資料庫是設計關聯式資料庫的第一步，藉著觀念模型來描述資料庫應用的摘要 (Liao & Chen, 2004)。

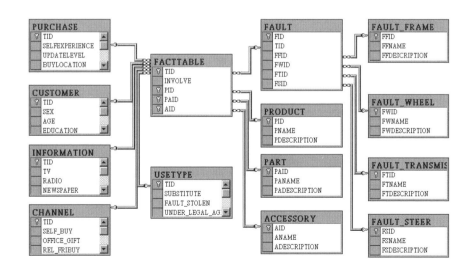

關聯式資料庫架構

實體關聯資料庫架構 (entity relationship database structure)

　　實體關聯式模型產生了資料庫結構中，各個實體與它們之間關聯的圖形化表達方式 (如下圖所示)。這個圖形化表達方式非常明確，使得以**實體 - 關聯圖 (entity-relationship diagram, E-R diagram)** 作為針對概念層次資料塑模的工具非常普及。再者，E-R 模型與關聯式資料模型概念十分相配，因而對緊密的結構化資料庫設計環境提供了基礎，以確保正確的關聯式資料庫設計 (Coronel, 2004)。

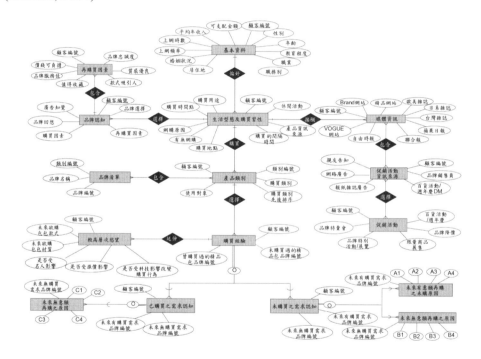

實體關聯資料庫架構

物件導向資料庫架構 (object-oriented database structure)

　　物件導向架構是一個發展中的組織資料新方式，也是一個全新的程式開發方法，主要在定義可以被許多程式反覆使用的物件，因此可以節省時間、減少錯誤 (Post, 2004)。因為階層式、網路式與關聯式資料結構無法表示動態之

物件，也無法表示與物件有關之資料，於是引發物件導向資料結構的發展。此結構下，每一物件包含用來描述個體的屬性資料值，和其資料操作的介面程式 (陳鴻基與嚴紀中，2004)。每一個物件都有屬於自己的屬性和方法，物件與物件間則靠著方法來傳遞物件的訊息。一個程式內包含有物件本身、物件的屬性、物件引發的事件、處理事件的方法、以及對於驅動處理事件的方法 (廖述賢，2007)。

3-4　IBM SPSS Modeler 資料來源

由於 E 化時代的驅使，致使企業或組織皆必須藉由電子化的資料儲存媒體來將每次活動的過程予以記錄，但由於後端作業平臺的不同，因此造成資料的格式、內容、媒體的架構差異甚大，但是對於資料探勘者來說，這些都是必須要瞭解並加以克服的第一步。IBM SPSS Modeler 的軟體的設計與畫面呈現方式對使用者來說非常友善，在許多地方都已經幫使用者預先設想，也為後續的使用方式預留空間，提供使用者更多的發揮空間。

IBM SPSS Modeler 在資料導入方式，分別有【Analytic Server】、【資料庫】、【變數檔案】、【固定檔案】、【Statistics 檔案】、【Data Collection】、【IBM Cognos BI】、【TM1 匯入】、【SAS 檔案】、【Excel】、【XML】、【使用者輸入】、【Sim Gen】、【資料檢視】、【地理空間】等 15 種方式。

IBM SPSS Modeler資料來源節點一覽

　　以下則分述 IBM SPSS Modeler 資料來源 15 種類型，將資料匯入方式簡要說明如下：

一、Analytic Server

　　Analytic Server 來源節點讓使用者可以在 Hadoop 分散式文件系統 (Hadoop Distributed File System, HDFS) 上執行串流。在 Analytic Server 中的資訊，可以從各種不同的來源及位置匯入資料，例如文字檔案和資料庫。預先透過 IBM SPSS Modeler Server 版本，建立 Analytic Server，就可以選擇使用資料的資料來源。資料來源包含與該來源相關的文件和元資料 (metadata)。點擊【選取】即可顯示可用資料來源清單。

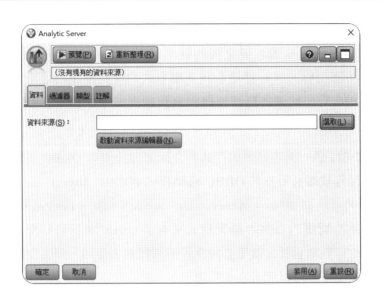

【Analytic Server】節點畫面

二、資料庫檔案 (Database Source)

【資料庫】節點的特色在於可藉由連結微軟視窗作業系統 (Microsoft Windows OS) 的 ODBC，將相容於微軟視窗作業系統的 22 種資料儲存格式鏈結到 IBM SPSS Modeler 的操作介面中，讓使用者可執行後續的處理動作。因此讓使用者先來介紹 ODBC 的內容與連結方式。ODBC 的位置在「開始功能列」→「Windows 系統管理工具」。

開始功能列畫面

系統管理工具中的許多功能對使用者來說都相當重要，但是對於 IBM SPSS Modeler 的使用來說，最重要的就是 ODBC 這個選項。藉由 ODBC 介面的連結，讓應用程式能夠輕易地和多種形式的資料庫連結並取得資料。換句話說，ODBC 是一種讓各種資料庫都具有相同的存取資料介面的應用程式介面。

　　因為 ODBC 是一個連結應用程式的介面，因此使用 ODBC 的功能時，在用戶端的應用程式端必須安裝 ODBC 驅動程式 (ODBC driver)，一般熟知的幾種資料庫形式，例如 dBase、Access、Oracle、MS SQL、FoxPro，以及 Excel 等等，都有本身對應的 ODBC 驅動程式。有了 ODBC 後，資料探勘人員在連結不同形式的資料庫程式，就不必將重新撰寫程式去連結，只要變動與 ODBC 連結中的選項即可，可以節省許多問題。

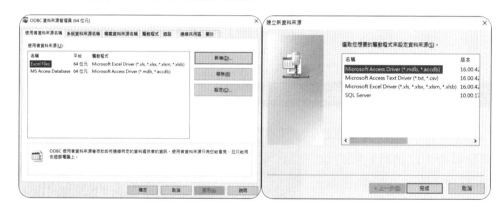

ODBC資料來源管理員 (64位元)

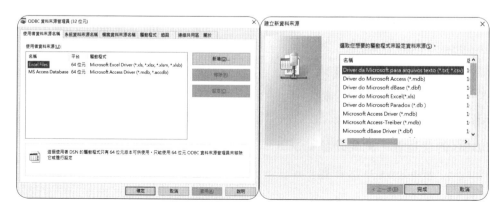

ODBC資料來源管理員 (32位元)

在這個範例中，本章以 Access (.accdb) 的連結為例。點選 ODBC 的選項後，選擇「使用者資料來源名稱」的頁籤後，再點選新增鈕，建立一個使用者要連結的資料來源。

進入「建立新資料來源」後，拉動右側的上下移動棒選擇使用者所要連結的資料庫形式，連結 Access 檔案，所以請點選「Microsoft Access Driver (*.mdb, *.accdb) 」的這個項目後，按下完成鈕，完成選定的資料來源形式。

建立新資料來源

選擇完資料來源形式後，就要把資料所在的位置告訴 ODBC，因此透過選定磁碟機 (C、D 或 E) 以及目錄，將資料點選後，按下確定即可。

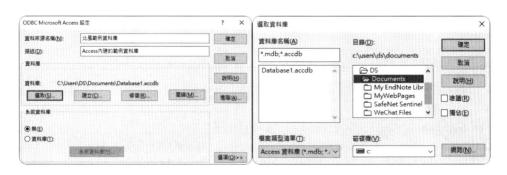

選取Access的北風範例資料庫檔案

依循上述的步驟，即可輕易完成 ODBC 的連結與設定，若要連結其他形式的資料類型，僅需在【建立新資料來源】的位置選擇適當的類型。

使用【資料庫】節點選擇資料庫的來源。首先開啟連結的選項，選擇所欲使用的資料庫名稱，並按下連線。按下連線後，就可以看到在「連線」的位置中出現已經完成連結的資料庫名稱。

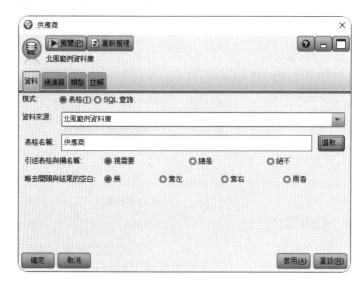

【資料庫】節點畫面

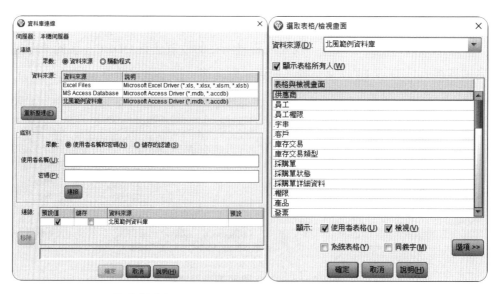

選取資料來源　　　　　　　　　選取指定表單

三、變數檔案 (Variable File)

　　【變數檔案】節點是處理無限制欄位的 ASC II 格式檔案。【檔案】的位置
將無限制欄位的 ASC II 檔案匯入節點中即可。【從檔案取得欄位名稱】從檔中
讀取欄位名。【跳過頁首字元】是跳過的標題字元數。【分隔符號】的形式則如
圖所列，通常是使用「,」作為欄位分隔的符號。

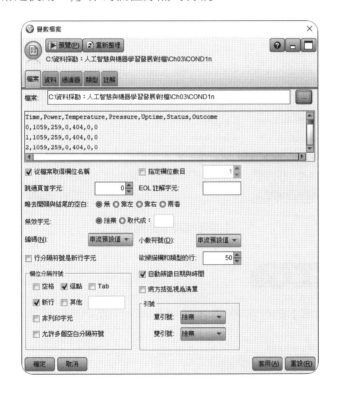

【變數檔案】節點畫面

四、固定檔案 (Fixed File)

　　【固定檔案】節點是處理有固定欄位的 ASC II 格式檔案。由圖所示，由
【檔案】將資料匯入節點中，並可依需求設定在紀錄的開始行數、想忽略的行
數以及明確地指定每個紀錄的行數等。

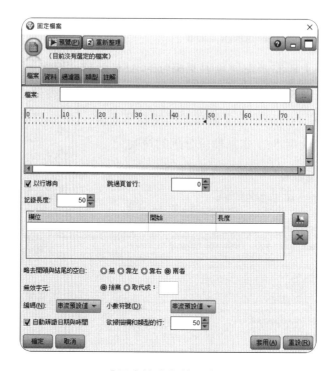

【固定檔案】節點畫面

五、Statistics 檔案

在【匯入檔案】的位置將 *.sav 的檔案匯入節點中即可使用。

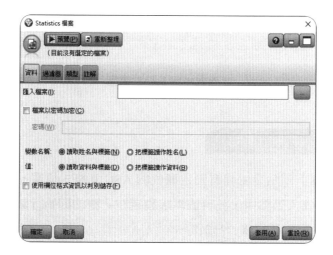

【Statistics檔案】節點畫面

六、Data Collection

【Data Collection】節點根據 SPSS Inc. 的市場調查軟體中使用的 Data Collection 資料模型導入調查資料。此格式可以從說明如何收集並組織觀測值資料的中繼資料中區分觀測值資料 (對調查中所收集問題的實際回應)。中繼資料包括問題文字、變數名稱和說明、多回應變數定義、文字字串的變換以及案例資料結構的定義等資訊。

【Data Collection】節點畫面

七、IBM Cognos BI Source

　　IBM Cognos BI 是 IBM 針對商業智慧所開發出來的一種應用軟體 (系統)。藉由【IBM Cognos BI 】節點可將 Cognos BI 資料庫資料導入資料串流之中。這樣，可將 Cognos 的商務智慧功能與 IBM SPSS Modeler 的預測分析能力融為一體。從 Cognos 伺服器連接，首先選擇從其導入資料的資料包。資料包包含 Cognos 模型和所有資料夾、查詢、報告、視圖、快速鍵、URL 以及和該模型關聯的作業定義。要導入的資料必須為 UTF-8 格式。

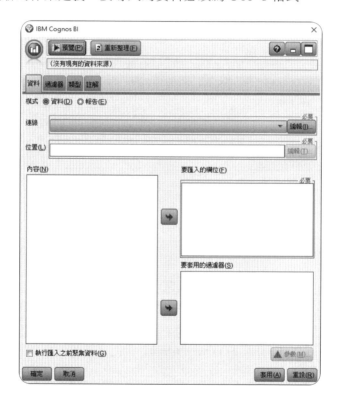

【IBM SPSS Cognos BI】節點畫面

八、TM1匯入 (IBM Cognos TM1 Source)

藉由 IBM Cognos TM1 來源節點，可以將 Cognos TM1 資料匯入資料探勘。藉由這種方式，可以將 Cognos 的企業規劃功能與 IBM SPSS Modeler 的預測分析功能相結合。要導入的資料必須採用 UTF-8 格式。連接 IBM Cognos TM1 管理主機，先選擇要從中導入資料的 TM1 伺服器；伺服器包含一個或多個 TM1 多維度資料集。然後，選擇所需的多維度資料集，並在多維資料集中選擇要匯入的列和行。

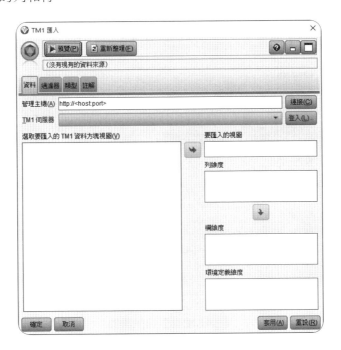

【TM1匯入】節點畫面

九、SAS檔案 (SAS Source)

在【SAS 檔案】這個節點中，可已將 SAS 的四種檔案導入予以分析，這四種檔案分別是：

1.　SAS for Windows/OS2 (.sd2)

2.　SAS for UNIX (.ssd)

3.　SAS Transport (.tpt)

4.　SAS version 7/8 (.sas7bdat)

在【匯入檔案】的位置將所選擇的檔案匯入節點中即可。

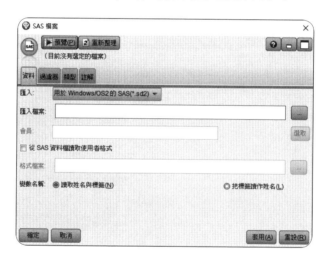

【SAS檔案】節點畫面

十、Excel檔案 (Excel Source)

　　使用【Excel 檔案】節點可以從 Microsoft Excel 的任何版本中導入資料。導入時需指定 Excel 版本 (*.xls 或是 *.xlsx)、工作表的位置，以及資料的行、列位置。

【Excel】節點畫面

十一、XML檔案 (XML Source)

　　【XML 檔案】節點允許使用者將 XML 格式檔中的資料導入到 IBM SPSS Modeler 分析串流中。XML 是資料交換的標準語言，許多組織選擇該格式來進行資料交換。例如，政府稅務機構可能需要分析線上提交的 XML 格式的退稅資料。藉由將 XML 資料導入 SPSS Modeler 分析串流，允許使用者針對資料來源執行多種預測分析功能。XML 專案以 XPath 格式進行顯示。

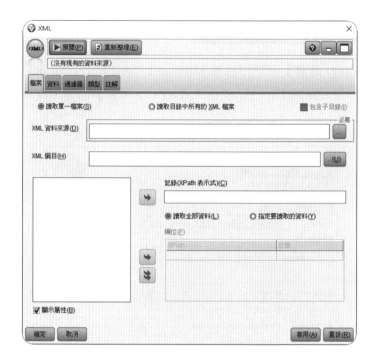

【XML】節點畫面

十二、使用者輸入 (User Input)

　　這個節點是來協助使用者能夠自行創建資料以供分析，在使用者點選這個節點時，內容完全是一片空白，但是藉由使用者自行定義變數值和資料的結構，也就是自行定義欄位名稱 (例如：身高、體重與性別)、欄位中資料的型態 (例如：實數、實數、字串) 以及其中組成的變數內容 (例如：身高為150~199，體重為 35~90，性別分為男女)，於是即可產生所設定變數的排列組合 5600 筆資料以供利用。

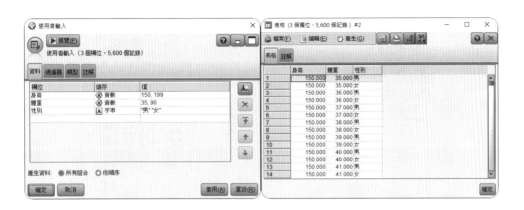

【使用者輸入】節點畫面　　　　　使用者輸入節點產生之資料表

十三、Sim Gen (Simulation Generate)

　　Simulation Generate 節點提供了一種產生模擬資料的簡便方法。使用者可指定的統計分配或是藉由歷史資料，都可以產生模擬資料集。當使用者要藉由歷史資料產生模擬資料時，可以配合【Simulation Fitting 節點】獲得歷史資料的統計分配。當使用者想要在模型輸入不確定評估預測模型的結果時，產生模擬資料非常有用。

　　當使用者要建立沒有歷史資料的資料時，從【來源面板】中連結【Simulation Generate 節點】，點選對話框並指定字串、儲存類型、統計分配和分配參數。當使用者要從現有歷史資料產生模擬資料時，可以藉由執行【Simulation Fitting 終端節點】來建立【Simulation Generate 來源節點】：

⊙　點選【輸出面板】的【Sim Fit (Simulation Fitting) 節點】，然後從選項中選擇執行。

⊙　【Sim Gen (Simulation Generate) 節點】即會顯示在串流工作區上。

⊙　產生後，【Simulation Generate節點】將繼承【Simulation Fitting節點】中的所有字串、儲存類型和統計分配資訊。

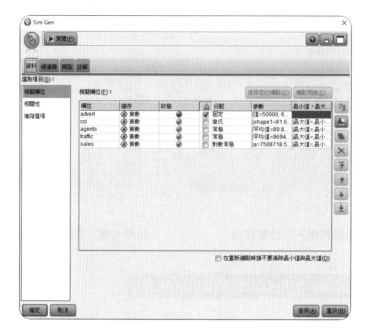

【Sim Gen】節點畫面

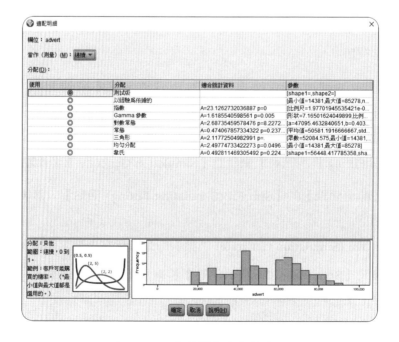

【Sim Gen】節點指定參數畫面

十四、資料檢視 (Data View)

使用【資料檢視節點】包括串流中 IBM SPSS Collaboration and Deployment Services 分析資料檢視中定義的資料。分析資料檢視定義用於存取資料的結構,該資料描述預測模型和業務規則中使用的實體。資料檢視將資料結構與實體資料來源相關聯以進行分析。

預測分析需要在表格中組織資料,每一行對應於進行預測的實體。表中的每一列表示實體的可測量屬性。可以藉由合併另一個屬性的值來導出一些屬性。例如,表格的行可以顯示具有顧客名稱、性別、郵遞區號以及客戶在過去一年中購買超過 2000 元的相對應的顧客。

預測分析過程涉及在模型的整個生命週期中使用不同的資料集。在預測模型的初始開發過程時需要使用歷史資料,這些資料通常具有已預測事件的已知結果 (標籤)。要評估模型的有效性和準確性,則需要根據不同的資料驗證候選模型。驗證模型後,就可以將模型部署到實際應用的資料中。如果在決策管理過程中將模型與業務規則組合在一起,則可以使用模擬資料來驗證組合的結果。雖然在模型開發過程階段使用的資料不同,但每個資料集都必須具有相同的屬性 (欄位) 集合。

【資料檢視】節點畫面

十五、地理空間 (Geospatial Source)

您可以使用地理空間來源節點匯入地圖或空間資料。匯入資料的方式包含以下兩種方式：

⊙ ESRI Shape檔案 (*.shp)

⊙ 連接到包含分層文件系統的ESRI伺服器，該系統包括地圖文件。

　　如果使用的是 Shape 檔案，請輸入檔案名稱和檔案路徑，或瀏覽以選擇該檔案。該檔案必須位於本機目錄中或從對映的 URL 取得。Shape 資料需要 *.shp 和 *.dbf 文件。這兩個文件必須具有相同的名稱並且位於同一文件夾中。選擇 *.shp 文件時會自動匯入 *.dbf 文件。如果使用的是地圖服務，請輸入服務的 URL，然後點選【連接】。連接到伺服器後，伺服器中的圖層將顯示在【對映服務】視窗中樹狀結構的對話框底部。展開並選擇所需要的樹狀圖層。

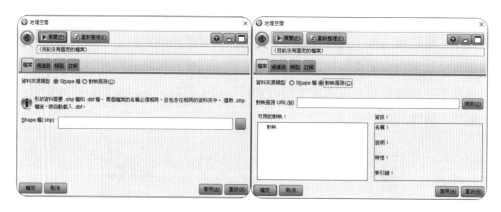

【地理空間】節點畫面

3-5 資料品質

資料的品質對使用者來說非常重要，因為輸入何種品質的資料，將造成何種結果的輸出，通常使用者所說的 GIGO (garbage in, garbage out) 正是這種狀況。使用者開始分析資料之前，善加利用節點來預先檢視資料的品質或表單的內容，可以提供使用者分析時參考的依據，並連結適當的節點來處理資料。

因此，當使用者連結了資料庫的檔案時，可以先用「表格」這個結點先預覽檔案中目前資料的狀態、概略的格式內容，以及根據預覽的狀態，先行構思分析的方式與技巧，這只是先瞭解資料的第一步，實際上在分析資料時還會因資料的特性各有不同而需再做細節的調整。

連結【表格】節點

首先，使用者可以在資料處理的畫面中，將【資料來源】節點與【表格】節點做連結。另外必須一提的是，IBM SPSS Modeler 各節點間的連結，是依靠箭頭來表示，依照箭頭的方向來表示資料被處理時流動的方向。連接兩節點的方式有四種，第一是用滑鼠的上的中鍵（上方的滾輪），壓下中鍵後連接兩個節點。第二是用滑鼠左鍵加上鍵盤的「Alt」鍵，來連結兩個節點。第三是用按下滑鼠右鍵，點選「連線（或 F2）」來連結。第四則是點選上方工具列的「編輯」→「節點」→「連線」來連結節點。在表格節點的畫面內容，使用者可以選擇將表單輸出的位置（螢幕或是檔案）；在【檔案名稱】的位置鍵入表單輸出的名稱（檔名）；同時在【檔案類型】的位置選擇表單輸出的類型（如 *.html 或是 *.dat)。

【表格】節點畫面

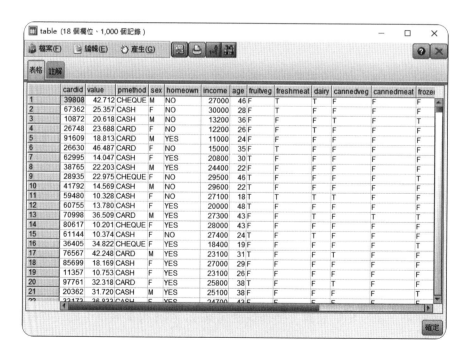

【表格】節點輸出之畫面

　　使用者也可以使用【資料審核】節點來做資料的敘述性統計評估。連結【資料審核】節點後，在節點的【設定】頁籤中選定要分析的欄位資料，可以使用預設或是自行設定兩種方式，一般使用預設，也就是匯入全部的資料。【顯示】的項目可以選擇資料展示的項目，包含圖形、基礎統計、中位數與眾數等三個選項。【資料審核】節點可以產生的畫面內容包括欄位名稱、圖形、資料型態、最小值、最大值、平均數、標準差、峰態、波態與紀錄筆數等。

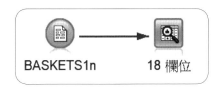

連結【資料審核】節點

【資料審核】節點畫面

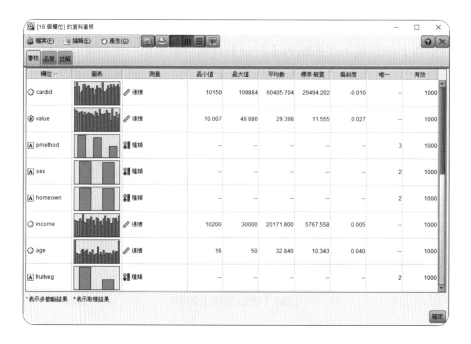

【資料審核】節點產生之結果

點選【品質】頁籤可以協助使用者以很快的速度知道各個資料表中，每一個的欄位是否有 null 值、blank 值空白位元及空的字串等不利分析工作的數值。在資料庫中，常會因為初始設計的緣故或是人員 key in 資料粗心大意的關係，造成資料有跳過欄位的雜訊 (noise) 或是遺漏值 (missing values)，在分析的過程，不但因為這個緣故可能會造成分析的串流無法繼續外，更有可能會成為離群值 (outlier)，影響分析的結果。

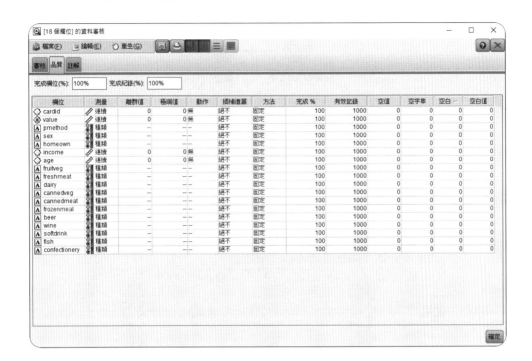

【資料審核】節點之【品質】頁籤畫面

3-6 資料預處理

在概略瞭解資料中的狀態後，使用者即可開始為資料的處理先做好一部份的清理作業，讓後續分析的過程能夠更加順利並節約分析時間，增加分析帶來的效益。

【類型】節點的功能，在於協助使用者明確定義表單中的每個欄位，其資料的屬性與內容為何，因此【類型】節點大多直接連接在資料來源節點之後。【類型】節點中的欄位、測量、值、遺漏、檢查、角色等欄位的詳細內容，本書在第四章將有更深入的介紹。

連接【類型】節點

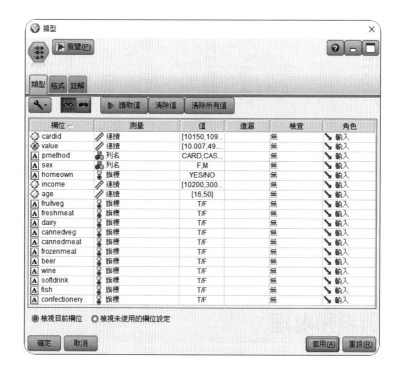

【類型】節點畫面

　　透過【過濾器】節點可以讓使用者直接對來源節點或是下一個連結的節點先過濾欄位元，避免不需要的欄位元在後續階段成為資料處理的負擔或畫面的雜亂。使用方式是很直覺式的應用，只要在不需要的欄位元箭頭上用滑鼠點選一次，箭頭就會出現「X」的符號，若要恢復原狀態，再點選一次即可。

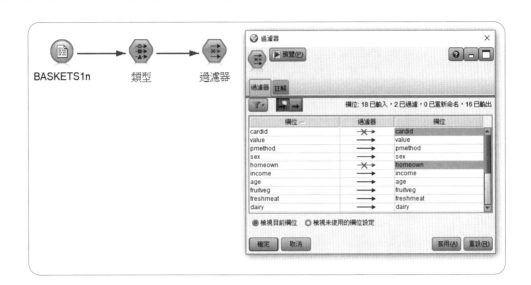

【過濾器】節點畫面

　　【導出】這個節點不管是在欄位處理或是在列處理的範圍中，可以說是提供最大的彈性與支援，但是須搭配 CLEM 語法的使用，並配合表示式建構器中的諸多函數，才能發揮其效益。【導出】節點連接的示意圖如下。在圖中的【導出欄位】，使用者可以為這個節點自行設定名稱，中英文都可以顯示，但是在同一串流中，名稱不得重複。【設定導出類型】為設定轉換後的資料型態，可依需求作細部設定。【公式】是設定選擇條件的位置，使用者可以在這個位置中，設定使用者所要求的條件，除了一般加、減、乘、除的簡易計算外，可以利用 IBM SPSS Modeler 中的條件撰寫語法－ CLEM 語法來處理資料。【 ■ 】是能協助使用者撰寫運算式的小幫手，「表示式建構器」。

連結【導出】節點

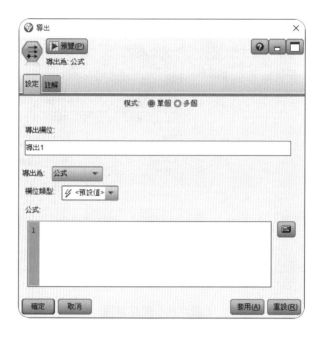

【導出】節點畫面

表示式建構器

下圖為連結【樣本】節點的示意圖以及【樣本】」的節點內容。當使用者需要對匯入執行抽樣的動作時，使用者可以使用【樣本】節點來處理資料。【模式】的選項表示使用者打算要將抽樣後的資料留下或丟棄。在【抽樣】的項目則表示抽樣的方式。方式有三種，首先【第一個】表示從第一筆紀錄到所設定的位置為止，例如設定值為 10000 時，即表示抽出第 1 至第 10000 筆紀錄。【n 中取 1】則表示要抽出多少分之一的紀錄，例如使用者選擇 2 的話即表示抽出紀錄的 1/2，也就是每兩筆記錄中會選出一筆紀錄。【隨機 %】則表示隨機抽出紀錄的百分比，例如設定為 50，即表示抽出紀錄 50% 的數量。【最大樣本大小】表示使用者設定要抽出資料的最大值為多少。【設定隨機種子】，隨機開始抽樣的位置，讓抽樣能夠更接近隨機。

系統在設置亂數種子時，每次都會設成同樣的數值，所以經過固定的運算，得到的數值就會相同。這個選項最主要是希望能夠讓使用者使用【抽樣 (sampling)】或【分割區 (partition)】節點時，每一次抽樣或是切割都能夠抓取相同的紀錄以產生相同的結果，否則即便都是從同一個母體中抽出，抽樣 100 次，每次內容都不完全相同，還是會增加實驗的誤差值。因此在資料匯入時，除非是使用 100% 的資料作分析，否則建議選用這個功能才能夠讓結果的數值每次都相同。輸入適合的種子值，或點選按鈕來自動產生亂數值。如果未選擇這一項功能，在每一次的抽樣將會產生不同的結果。這個選項的背後是以亂數產生器作為支援，因此與樣本大小無關，亦與自變數的多寡無關。

連結【樣本】節點

【樣本】節點畫面

　　【選取】節點可以幫助使用者選擇符合條件或規則的紀錄。在下圖中的【模式】表示使用者打算要將選擇後的資料留下或丟棄。【條件】則是設定選擇條件的位置，使用者可以在這個位置中，設定使用者所要求的條件，除了一般加、減、乘、除的簡易計算外，可以利用 IBM SPSS Modeler 中的條件撰寫語法－CLEM 語法來處理資料。【表示式建構器】是寫運算式的小幫手。

連結【選取】節點

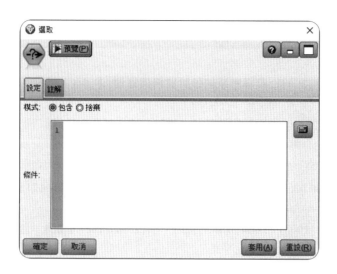

【選取】節點畫面

　　搭配【選取】節點與【樣本】節點可以達到分層隨機抽樣的效果。如圖所示，將資料匯入後連結【類型】節點將資料的類型明確定義，運用【選取】節點選擇符合不同標準的資料，例如可以將資料分為國小學生、國中學生、高中（職）學生以大專院校學生等類別作為選擇的標準，再以【樣本】節點對符合標準的資料做抽樣，抽樣的方式同前，此處不再贅述。

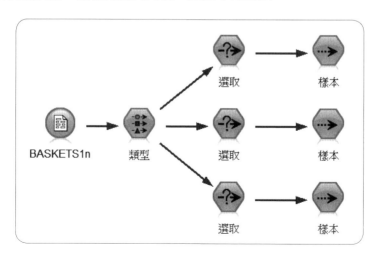

分層隨機抽樣示意圖

參考文獻

1. Coronel, R. (2004). **資料庫系統設計實務與管理** (初版) (鍾俊仁與劉漢山譯)。台北：學貫。(原著出版年：2002年)

2. Post, G. V. (2004). **資料庫管理系統－設計及建立商業系統** (第二版) (廖尼玉與劉俞志譯)。台中：滄海書局。(原著出版年：2001年)

3. 王鴻儒 (2005)。*SQL Server 2005資料庫設計建置管理實務*。台北：金禾。

4. 林六明 (2000.02.18)。**資料庫系統設計－系統設計**。民96年4月21日，取自：http://ccis.nou.edu.tw/access/item02-3-10.htm

5. 韋端 (主編) (2003)。*Data Mining概述：以Clementine7.0為例*。台北：中華資料探勘協會。

6. 張丁才 (2005)。**資料庫系統應用與設計**。台中：滄海書局。

7. 陳鴻基和嚴紀中 (2004)。**管理資訊系統**。台北：雙葉書廊。

8. 廖述賢 (2007)。**資訊管理**。台北：雙葉書廊。

9. 劉仁宇 (2007)。**淺談資料庫正規化**。民96年4月21日，取自：http://enews.tpc.edu.tw/backup/15.htm

10. Elshawi, R., Sakr, S., Talia, D., & Trunfio, P. (2018). Big Data Systems Meet Machine Learning Challenges: Towards Big Data Science as a Service. *Big Data Research, 14,* 1-11.

11. Liao, S. H. & Chen, Y. J. (2004). Mining customer knowledge for electronic catalog marketing. *Expert Systems with Applications, 27,* 521-532.

12. Roger, M., & Ben, L. (2009). Introduction to Big Data. Release 2.0, Sebastopol CA: O'Reilly Media.

CHAPTER 04

資料與資料探勘－大數據 II

・・學・習・目・標・・

- 大數據與資料的關係
- 瞭解何謂資料
- 瞭解何謂資料衡量的方式
- 瞭解IBM SPSS Modeler 在處理資料時的格式
- 瞭解IBM SPSS Modeler 在處理資料時的設定
- 瞭解IBM SPSS Modeler 在處理資料時的資料自動準備
- 瞭解IBM SPSS Modeler 在處理資料時的遺漏值處理

4-1 大數據與資料

　　資料的戰爭早已在企業之間揭開序幕，當一切人類與非人類活動都可以被量化，能掌握並善用大量資料數據的人等於掌握優勢。正如奈米科技一般，因為分子尺寸的變化導致特性上的轉變，相同地，大數據也因為資料的格式 (format) 發生了變化，於是我們可以觀察到過去難以發現的相關性、趨勢或是模式，更甚至是以大量資料最為後盾，訓練機器模型提供新型態或細緻的商業手段與服務。隨著資料累積量的大幅成長，龐大而雜亂的資料使得人們對於其掌握越來越困難，使數據分析的思維必須跳脫傳統的統計分析框架：結合資料探勘 (Data mining)，改以母體來取代樣本分析，以相關分析取代因果分析，並透過整合、連結各種不同來源的資料，從中得到洞見並發掘隱含於其中的價值，再進一步結合其他技術，如機器學習，更可以達到不同的商業目標 (Szyma ska, 2018)。

　　資料科學 (data sciences) 是一門利用資料學習知識的學科，其目標是通過從資料中提取出有價值的部分來生產資訊或知識的產品。資料科學是一種「統計，資料分析，人工智慧，機器學習及其相關方法的概念」，以便用資料「理解和分析實際現象」，結合了諸多領域中的理論和技術，包括應用數學、統計、模式識別、機器學習、數據可視化、數據倉庫以及高性能計算。資料科學通過運用各種相關的資料來幫助非專業人士理解問題。資料科學技術可以幫助我們如何正確的處理資料並協助我們在生物學、社會科學、人類學等領域進行研究，現在則經常與其他資料處理與分析概念 (如商業智慧) 互換使用。然而，資料科學既是關於思維方式，也是關於巧妙使用工具的思維方式 (Elshawi et al., 2018)。

　　資料科學家 (data scientist) 是一名專業人員，負責收集，分析和解釋大量資料，以確定幫助企業改善運營並獲得競爭優勢的方法。資料科學家是一種新型的分析數據專家，從問題中建立資料的能力，從資料中找到決決問題的可能性，具備解決複雜問題的技術技能，以及探索需要解決的問題的好奇心。

許多資料科學家開始從事統計學家或數據分析師的職業生涯。但隨著大數據 (以及 Hadoop 等大數據存儲和處理技術) 開始發展和發展，這些角色也在不斷發展。資料不再只是資訊科技需要處理的事後的想法，而是去探勘及建立問題領域 (problem domain) 的專業，從而建立問題領域知識管理 (knowledge management) 的專業知識能力 (Rodrigues et al., 2019)。因此，從學校教育的觀點，我們希望讓學生在進行學習或研究的過程中，就能夠開始接觸，全面地學習資料科學，並成為成熟的資料科學家。

目前資料科學家的專業工作包括：1. 能收集大量不同格式的資料，並將其轉換為有用的資料格式；2. 將資料格式以正規化 (normalization)；3. 使用資料驅動技術解決與業務相關的問題；4. 掌握統計數據，包括統計測試和分佈；5. 掌握機器學習，深度學習和文字探勘 (text mining) 等分析技術；6. 與資訊和業務部門進行溝通和協作；7. 尋找資料中的順序和模式，以及發現可以幫助組織及企業解決問題與實現獲利的趨勢 (Rahim et al., 2018)。

4-2 資料

資料是使用在從事分析工作時首先會面對的問題。為何稱為問題呢？因為資料分析師面對的資料庫，都是為了**管理功能 (For Administrative)** 而建置的格式，不論是為了查詢更快速、回應更快速或是讓資料膨脹速度最慢，資料的內容通常無法符合資料分析師的需求。尤其面對日新月異的各項主管需求或商業回應，需要從現有的資料中去挖掘有價值的知識。此外，資料庫的內容經常處於 " 慘不忍睹 " 的現況，可能是第一線的操作人員輸入錯誤，也可能是初始設計不當，這些都要由資料分析師全部概括承受。

資料是資訊系統中最基本的單元，也是資料分析師與研究者最常接觸的最小處理單元。若由資料取得的方式，可以簡單將資料分為**初級資料 (Primary Data)** 與**次級資料 (Secondary Data)**。初級資料是資料取得時最原始的樣

貌，包含市場調查回來的資料、戶口普查的資料、或是大賣場收銀機上傳的交易資料等。保留了資料最初始的狀態，需要經過處理之後才能符合分析的標準。次級資料則是相對於初級資料而言，表示經過處理的資料，已經符合了資訊的標準，相對的，取得的代價也較高 (Coronel, 2004)。

以資料衡量的方式來看，資料也可以分為**名目尺度資料 (Nominal Scale Data)**、**順序尺度資料 (Ordinal Scale Data)**、**等距尺度資料 (Interval Scale Data)** 與**比率尺度資料 (Ratio Scale Data)**。名目尺度資料僅能表示類別，數值對名目尺度資料沒有意義。例如居住地、性別、職業等。順序尺度資料僅能對資料進行排序，可以表示順序、大小、高低或前後，但是這些順序間的距離並不相等。例如考試成績的名次。等距尺度資料也可以稱為區間尺度資料，這種資料可以相加減，是用來表現資料之間的距離程度，但是不能表示資料之間的比例或倍數。比率尺度資料可以表現資料之間的大小、倍數、比率等等的實質差異程度，可以進行加減乘除的運算。例如薪資所得、購買商品價格等。

IBM SPSS Modeler 在處理資料時，對於資料除了涵蓋上述的內容之外，更為分析的精確性，對於可以使用資料的格式則分為以下的類別：

⊙ 整數 (Integers)

⊙ 實數 (Reals)

⊙ 字元 (Characters)

⊙ 字串 (Strings)

⊙ 列表 (Lists)

⊙ 欄位 (Fields)

⊙ 日期/時間 (Date/Time)

⊙ 時間戳記 (Timestamp)

1. **整數 (Integers)**

   欄位當中的數值為整數,例如1234、999、77。可以在數字前用負號來表示負數,例如-1234、-999、-77。

2. **實數 (Reals)**

   欄位當中的數值為可能包含小數 (不限於整數) 的數字,例如1.234、0.999、77.001。可以在數字前用負號來表示負數,例如-1.234、-0.999、-77.001。

3. **字元 (Characters)**

   字元 (通常顯示為CHAR),僅使用在運算式中用於對字串進行檢驗,對於欄位而言,沒有CHAR 存儲類型。在使用的時候,必須用英文反單引號 `character` 括起來表示,例如 `A`、`Z`。

4. **字串 (Strings)**

   欄位當中不是用來表示數值的資料。字串可以包含任何字元,例如fred、Book 2 或1357。在使用的時候,必須用英文雙引號 "Strings" 括起來表示。例如,字串 "c35product2" 和 "referrerID"。要在字串中表示特殊字元,則要使用反斜線—例如 "\\\$65443"。

5. **列表 (Lists)**

   一個列表是一個元素的有序序列,其中的元素可以是混合類型。列表以方括號 ([]) 框出範圍。例如,列表[1 2 4 16] 和["abc" "def"]。列表僅做為提供參數之用。

6. **欄位 (Fields)**

   運算式中的名稱,如若不是函數名稱,則視其為欄位名稱。這些名稱可以簡單地寫作Power、val27、state_flag 等。

7. **日期 (Dates)**

   標準格式表示的日期值,比如年月日 (例如26.09.07)。具體格式在【工具→串流特性】對話方塊中指定。

8. **時間 (Time)**

   指的是持續時間。例如，某個服務電話持續1 小時26 分38 秒，該時間可以根據【工具→串流特性】對話方塊中指定的當前時間格式表示為：01:26:38。

9. **時間戳記 (Time Stamp)**

   同時包含日期和時間部分的值，例如2007–09–26 09:04:00，具體取決於【工具→串流特性】對話方塊中當前的日期和時間格式。請注意，需要用雙引號將時間戳記值括起來，以確保將此值解釋為單個值而非單獨的日期和時間值。(同樣適用於在使用者輸入節點中輸入值時的情況。)

10. **使用規則**

   ⊙ 字串 (Strings)：編寫字串時始終用英文雙引號，如"Type 2"。

   ⊙ 欄位 (Fields)：只有需要將空格或其他特殊符號括入時才使用單引號，如'Order Number'。

   ⊙ 參數 (Parameters)：使用參數時始終用英文單引號，如'$P-threshold'。

   ⊙ 字元 (Characters)：始終使用反單引號，如stripchar (`d`, "drugA")。

4-3　IBM SPSS Modeler 資料格式及設定

　　資料的來源與設定是資料探勘的第一步驟，尤其瞭解系統的設定及軟體的格式，將會讓後續的分析工作更為順利。IBM SPSS Modeler 對於資料的類型及設定有許多的節點可以使用，但是最初始的資料格式判定及檢核，則以【資料欄位處理】面板的【類型】節點最為重要，因此本節將針對如何使用【類型】節點進行資料的設定 (IBM SPSS, 2016)。

Step 1：

從下載檔中開啟本章練習檔案，選擇 Ch04.csv 檔，並選擇資料來源節點面板上的【變數檔案】節點。在檔案欄位中建立檔案連結的路徑。勾選「從檔案取得欄位名稱」，表示檔案中的第一列為欄位名稱。在此節點中同樣也可以使用【類型】頁籤來設定資料的類型，但是在【類型】節點中有較完整的功能，且此頁籤的功能與類型節點重疊，所以這一部分本章將結合後續的解說一併說明。

Step 2：

　　欄位屬性可在【來源面板】中的各個節點中指定也可單獨使用【類型節點】指定，兩種節點的功能相似。

⊙　【欄位】：欄位名稱 (標籤)。

⊙　【測量】：描述給定欄位中資料的特徵。

⊙　【值】：從資料集讀取資料值的選項。

⊙　【遺漏】：指定欄位遺漏值的處理方法。

⊙　【檢查】：使用者可以設定選項以確保欄位值符合指定的值或範圍。

⊙　【角色】：用於告知建模節點欄位將成為用於某個機器學習過程的輸入 (預測變數欄位) 還是目標 (預測欄位)。

⊙　【測量】欄資料的儲存類型必須在將資料讀入 Modeler 時在來源節點中確定，可以使用以下測量值：

　　⊙　【預設值】：表示資料儲存的類型和值未知，亦即未完成實體化。

　　⊙　【連續】：用於描述一個區間或範圍之內的數值，如範圍 0 - 100 或 0.75 - 1.25。連續值可以是整數、實數或日期/時間。

　　⊙　【種類】：這是一種未完成實體資料類型，表示有關資料存儲類型和用法的所有可用資訊均未知。讀取資料後，測量級別將為旗標、列名無類型。

　　⊙　【旗標 (flag, Boolean)】：用於具有兩個不同值以指示特徵存在與否的 (例如 true 與 false、Yes 與 No、 0 與 1) 的布林資料。

　　⊙　【列名 (nominal)】：用於描述具有多個不同值的資料，例如男女。

　　⊙　【序數 (ordinal)】：用於描述具有固定順序的類別的資料。例如，大、中、小或高、中、低。

　　⊙　【無類型】：用於不屬於任何上述類型的資料，具有單個值的欄位元，或集合的成員數超過定義的最大值的列名 (nominal) 資料，例如記錄 ID。預設集合的最大容量為 250 個類別。

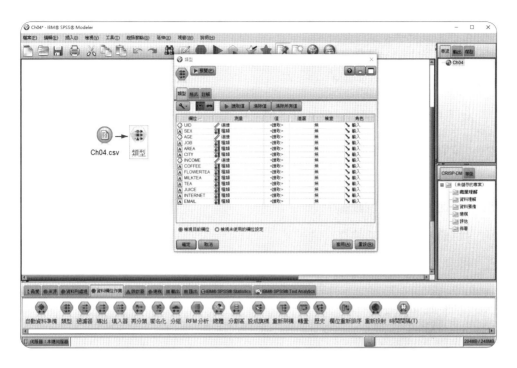

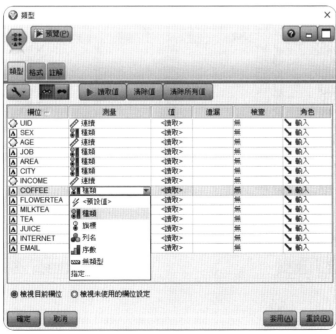

Step 3：

【值】欄可自動讀取資料的值，也可以在單獨的對話方塊中指定測量級別和值。

此下拉清單中的選項提供了以下可用於自動歸類的指令：

⊙ <讀取>　　將在執行節點時讀取資料

⊙ <讀取+>　 將讀取資料並將其附加到當前資料 (如果存在)。

⊙ <傳送>　　未讀取數據。

⊙ <目前>　　保留當前資料值。

⊙ 指定...　　啟動單獨的對話方塊，用於指定值和測量級別選項。

Step 4：

【遺漏】欄的目的在定義遺漏值，相關設定為：

⊙ 【開 (*)】：指示已為此欄位定義遺漏值處理。可使用下游填充節點，或使用「指定」選項通過明確規範來進行此操作。

⊙ 【關】：欄位沒有定義遺漏值處理。

⊙ 【指定】：選擇此選項顯示對話方塊，使用者可在其中聲明將明確值視為此欄位的遺漏值。

Step 5：

【檢查】欄在確定資料的內容是否符合當前類型設定或已在「指定值」對話方塊中指定的值，可用的設定如下：

⊙ 【無】：僅傳遞值而不進行檢查。這是預設設定。

⊙ 【取消】：將超出限制的值更改為系統 Null 值 ($null$)。

⊙ 【強制】：將針對測量已完成實體化的欄位檢查超出指定範圍的值。

⊙ 【捨棄】：找到非法值時，將丟棄整條紀錄。

⊙ 【警告】：讀取所有資料後，會在對話方塊中計算並報告非法項數。

⊙ 【放棄】：遇到第一個不允許值時，便會終止串流的運行。

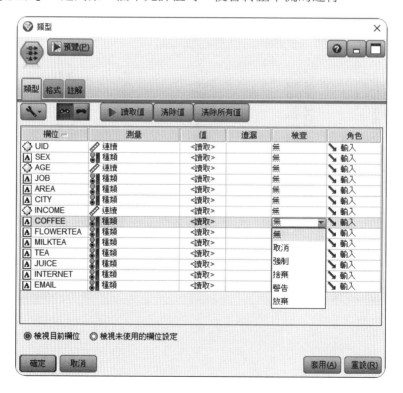

Step 6：

　　【角色】欄的設定用於指定其在模型建構過程中的用法。例如，欄位是輸入還是目標。請注意，分割區、頻率和記錄 ID 只能分別應用到單一個欄位，亦即表示在單一資料集中僅能各出現一個欄位角色設定為分割區、頻率和記錄 ID，可用的角色如下：

⊙　【輸入】：欄位將用作對機器學習的輸入 (預測變數、自變數)。

⊙　【目標】：欄位將用作機器學習的輸出或目標 (依變數)。

⊙　【兩者】：Apriori 節點專用。

⊙　【無】：此欄位將被忽略。

⊙　【分割區】：指明欄位用於將資料分區為單獨的樣本 (用於訓練、測試，也可用於驗證)。此欄位必須屬於產生實體集合類型，具有兩個或三個可能值 (在「欄位值」對話方塊中定義)。第一個值表示訓練樣本，第二個值表示測試樣本，第三個值 (如果存在) 表示驗證樣本。所有其他值都將被忽略，且不能使用旗標欄位。

⊙　【分割】：(僅列名 (nominal)、序數 (ordinal) 和旗標欄位) 指定為欄位的每個可能值各別建構一個模型。

⊙　【頻率】：(僅數值欄位) 設定此角色允許將欄位值用作記錄的頻率加權因數。僅 C&RT、CHAID、QUEST 和線性模型支援此功能。

⊙　【記錄 ID】：此欄位將用作唯一記錄識別字。僅線性模型支援此功能。

Step 7：

⊙ 【格式】頁籤可以顯示目當前欄位或未用欄位的列表，以及每個欄位的格
　　式設定選項。

⊙ 【欄位】：所選欄位的名稱。

⊙ 【格式】：通過按兩下此列中的儲存格，可以使用打開的對話方塊指定各
　　個欄位的格式設定。

⊙ 【整理版面】：使用此列指定應如何對齊表列中的值，亦可依使用者自行
　　調整設定。

⊙ 【直欄寬度】：預設情況下，列寬度將根據欄位值自動計算，亦可依使用
　　者自行調整設定。

4-4　自動資料準備

　　開始進行資料的分析之前，必須經過大量的資料整理與轉換的工作，才能在後續建模的過程當中，讓模型更臻穩定並獲得較佳的效能。往往，整理資料是極為耗費人力及時間的工作之一。IBM SPSS Modeler 在資料整理的過程，提供使用者一個非常便利的資料整理方式，可以協助資料分析人員在開始進行整理資料之前，先對資料有一個完整的認識、尋找鑑別度最大的資料欄位以及提供資料轉換的建議。當然，這個步驟只能就資料的結構進行分析，資料分析師在進行實務工作時，仍須針對各業種或資料內容的專業領域知識 (Domain know-how) 進行判斷，以避免損失專業領域中資料的真實價值。

【資料欄位處理】面板的【自動資料準備 (ADP)】節點能夠分析使用者的資料並識別修正，篩選出存在問題或可能無用的欄位，並在適當的情況下產生新的屬性，通過智慧篩選技術改進性能。使用者可以通過完全自動的方式使用演算法，這種方式可以允許選擇並應用修正；或者也可以通過互動式方式使用演算法，這種方式可以在做出更改前對其進行預覽，並按照需要進行接受或拒絕。

Step 8：

　　評估的目標可以依據使用者的需求來進行評估，選項包含了

⊙　平衡速度和準確度

⊙　速度最佳化

⊙　準確度最佳化。

⊙　自訂分析：如果使用者希望手動修改「設定」頁籤的內容，請選擇此選項。

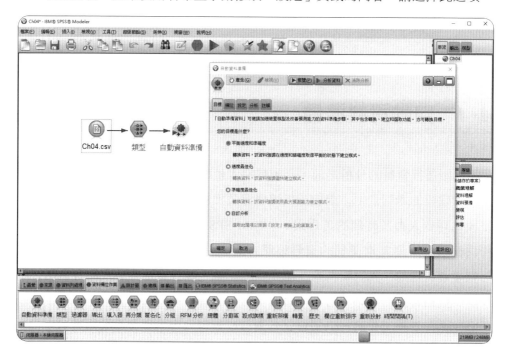

Step 9：

在構建模型之前，需要指定要將哪些欄位用作目標和輸入。如果使用【類型】節點選擇輸入和目標欄位，則不必在此頁籤上做任何更改。

⊙　【使用預先定義的角色】：使用來自上游【類型】節點的欄位資訊。

⊙　【使用自訂角色】：勾選此選項後，請根據需要指定下面的欄位內容。

⊙　【目標 (選用) 】：對於需要一個或多個目標欄位元的模型，請選擇目標欄位。

⊙　【輸入】：選擇輸入欄位。

Step 10：

1. 【設定】頁籤中的【欄位設定】：

   ⊙ 【使用頻率欄位】：讓使用者選擇一個頻率欄位。

   ⊙ 【使用加權欄位】：讓使用者選擇一個欄位作為個案加權 (Weight)。

   ⊙ 【如何處理建模所排除的欄位】：指定如何處理排除的欄位。

   ⊙ 【如果接收欄位與現有分析不匹配】：指定欄位不符合現有分析後的動作。

2. 【準備日期和時間】：允許使用者從現有資料中的日期和時間產生新的持續時間資料，以用作模型輸入。

3. 【排除輸入欄位】：品質較差的資料會影響到預測的準確性，因此需要為輸入特徵指定可接受的品質等級。

4. 【準備輸入和目標】：由於沒有資料處於適合處理的完美狀態，使用者可能希望在進行分析之前調整一些設定。例如，這可能包括刪除離群值，指定如何處理遺漏值或調整類型。

5. 【建構和選取功能】：為提高資料預測能力，使用者可以根據現有欄位轉換輸入欄位或建構新的欄位。

6. 【欄位名稱】：為方便識別新的和轉換後的特徵，ADP 可以建立並應用基本新名稱、首碼或尾碼。使用者可以更改這些名稱，以使其與使用者的要求和資料更相關。

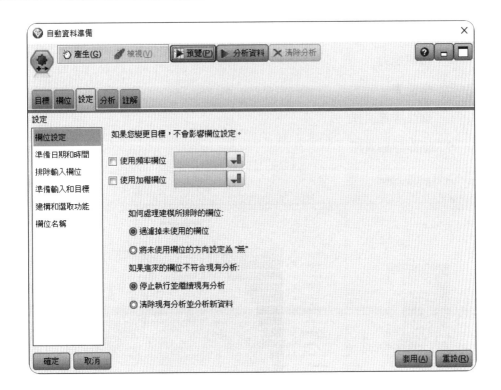

Step 11：

在完成對 ADP 的設定後，按一下上方的分析資料。演算法將在【分析】頁籤上顯示結果。【分析】頁籤包含表格和圖形輸出，其中顯示資料處理概要，並顯示有關如何修改或改進資料以提高得分的建議。使用者可以審核這些建議，並加以接受或拒絕。

【分析】頁籤包含兩個面板，主視圖位於左側，連結或輔助視圖位於右側。有三個主視圖：

- ⊙ 欄位處理概要
- ⊙ 欄位
- ⊙ 操作摘要

有四個連結 / 輔助視圖：

⊙　預測能力

⊙　欄位表

⊙　欄位詳細資訊

⊙　操作詳細資訊

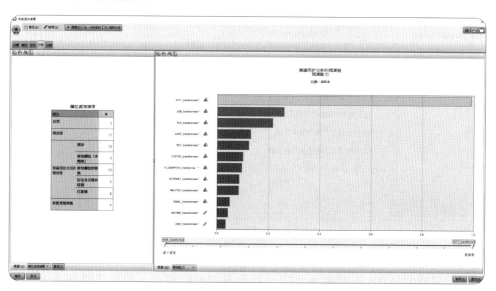

4-5 遺漏值的處理

在建立資料探勘的模型之前，需要先檢視資料品質來發現資料當中存在的遺漏值、空值、離群值等問題。遺漏值是資料集中未知、未收集或輸入不正確的值，這些都會影響建立模型時的精確度。例如，欄位性別應包含值 M 和 F。如果在該欄位中發現值 Y 或 Z ，則需要與校正或將其解釋為空值。同樣地，年齡欄位出現負值也毫無意義，應將其解釋為空值。此類明顯錯誤通常是由於問卷過程中人為輸入或保留欄位為空以示拒絕回答造成。

Step 12：

使用者可以連結【資料審核】節點，檢視資料的品質，並擬定插補遺漏值的規劃。在畫面中，勾選了統計圖、基本統計量以及進階統計量三種內容。

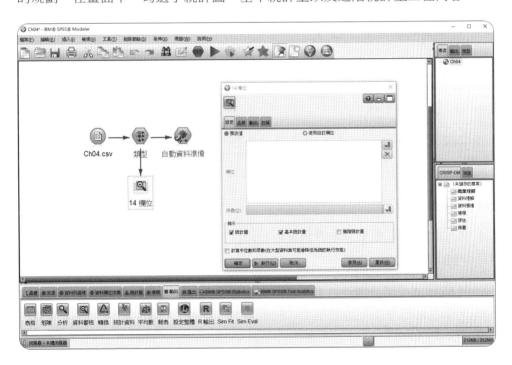

Step 13：

點選執行後，即可在畫面中出現對輸入資料審核的結果。包含了欄位名稱、圖表、測量及各式統計測量值。其中的標準裝置，應為原廠翻譯差異，此欄位是為我們所熟悉的標準差。

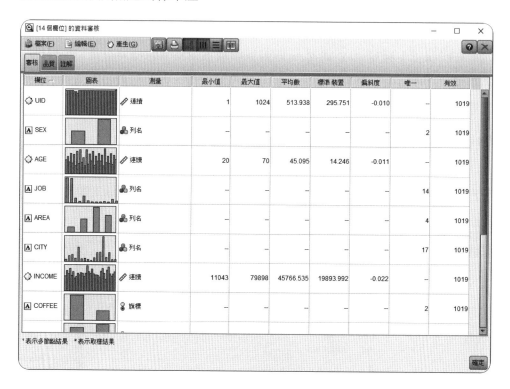

Step 14：

在【品質】頁籤中可以看到資料的品質。系統對於是否為空值或空白等資料的內容可分為以下幾種：

⊙ 【Null 值或系統遺漏值】：這兩種類型是資料庫或原始檔案中留空、並且尚未在源節點或類型節點中專門定義為「遺漏」的非字串值。系統遺漏值顯示為 $null$。

⊙ 【空字串和空白】：空字串值和空白 (帶有不可見字元的字串) 不被視為 Null值。對於大多數用途，空字串都視為相當於空白。例如，如果使用者選擇在源節點或類型節點中將空白視為空值的選項，則此設定也應用於空字串。

⊙ 【空值或用戶定義的遺漏值】：這些是在源節點或類型節點中被明確定義為缺失的值 (如unknown、99 或 –1)。使用者還可以以將Null 值和空白視為空值，這樣將使得它們被標記為進行特殊處理並排除在大多數計算之外。例如，使用者可以使用 @BLANK 函數將這些值及其他類型的遺漏值處理為空值。

使用者可以依據這些判定的結果，來決定僅要插補空白值、僅要插補空值或都執行插捕的動作。

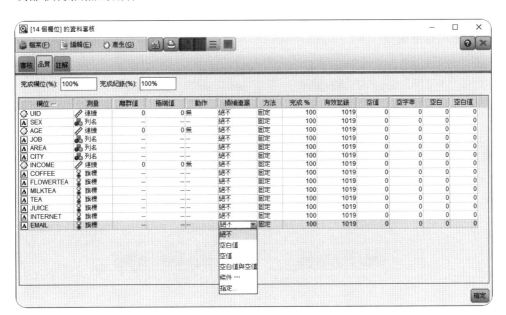

Step 16：

在僅有幾個遺漏值的情況下，可以用插入值替換空值。可以在資料審核報告中完成上述操作，在此報告中使用者可以為特定欄位指定相應選項，然後生成一個超級節點採用多種方法對值進行插補。下列方法可用於輸入遺漏值：

⊙ 【固定】：替換為固定值(可用欄位平均數、中間範圍、眾數、常數等)。

⊙ 【隨機】：替換為基於常態分配或均勻分配產生的隨機值。

⊙ 【運算式】：用於指定固定的運算式。例如，使用者可以使用【設定整體】節點建立的全域變數替換值。

⊙ 【演算法】：C&RT 演算法為基礎替換為模型預測的值。對於使用此方法輸入的每個欄位，都會有一個單獨的 C&RT 模型，還有一個填充節點會使用該模型預測的值替換空白值和Null 值。然後使用過濾節點刪除該模型生成的預測欄位。

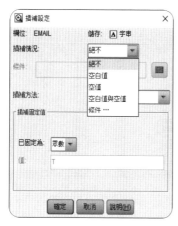
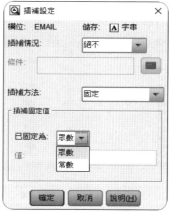

Step 17：

　　亦可以使用 CLEM 運算式的函數去替換遺漏值，有多個函數可用於處理遺漏值。【選取】節點和【填入器】節點中經常會用以下函數來放棄或填充遺漏值：

⦿　count_nulls (LIST)

⦿　@BLANK (FIELD)

⦿　@NULL (FIELD)

⦿　undef

@ 函數可以與 @FIELD 函數一起使用來識別一個或多個欄位中是否存在空值或 Null 值。當出現空值或 Null 值時，一般會對此類欄位進行標記，也可以用替換值填充或者在各種其它操作中使用此類欄位。

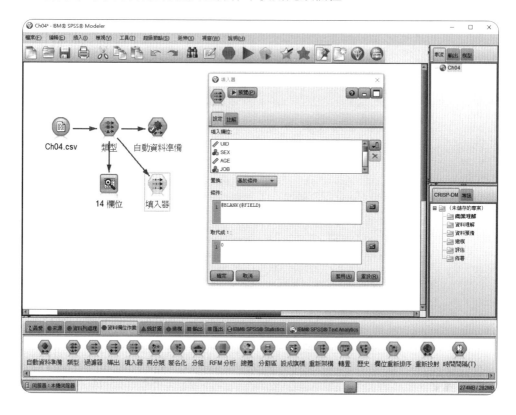

參考文獻

1. Coronel, R. (2004). **資料庫系統設計實務與管理** (初版) (鍾俊仁與劉漢山譯)。台北市：學貫。(原著出版年：2002年)

2. Elshawi, R., Sakr, S., Talia, D., & Trunfio, P. (2018). Big Data Systems Meet Machine Learning Challenges: Towards Big Data Science as a Service. *Big Data Research, 14,* 1-11.

3. IBM SPSS, (2016). *IBM SPSS Modeler 18.0 Algorithms Guide.* USA: Integral Solutions Limited.

4. IBM SPSS, (2016). *IBM SPSS Modeler 18.0 Node Reference.* USA: Integral Solutions Limited.

5. IBM SPSS, (2016). *IBM SPSS Modeler 18.0 User's Guide.* USA: Integral Solutions Limited.

6. Rahim, A., Meskas, J., Drissler, S., Yue, A., & Brinkman, R. (2018). High throughput automated analysis of big flow cytometry data. *Methods, 134-135,* 164-176.

7. Rodrigues, J., Folgado, D., Belo, D., & Gamboa, H. (2019). SSTS: A syntactic tool for pattern search on time series. *Information Processing & Management, 56,* 61-76.

8. Szyma ska, E. (2018). Modern data science for analytical chemical data - A comprehensive review. *Analytica Chimica Acta, 1028,* 1-10.

CHAPTER **05**

決策樹：C5.0

··學·習·目·標··

- 瞭解決策樹基本概念
- 瞭解決策樹C5.0方法的優點
- 瞭解決策樹C5.0演算過程
- 瞭解決策樹C5.0演算法
- 瞭解決策樹C5.0資料格式與設定
- 瞭解IBM SPSS Modeler C5.0資料格式與設定
- 瞭解何謂將資料切割成訓練\測試資料集的功能與意義
- 瞭解為何IBM SPSS Modeler C5.0資料的方向亦會影響分析的結果
- 瞭解IBM SPSS Modeler C5.0個案實作的步驟
- 實際IBM SPSS Modeler C5.0個案分析與實作

目前較常被使用的決策樹家族演算法大致有 C5.0、CART、CHAID 與 QUEST 等四種方法 (Han, Kamber & Pei, 2011)。分類與迴歸樹 (CART) 在每一個節點上都是採用二分法，也就是一次只能夠有兩個子節點的分岔，以 Gini 值作為亂度的標準；C5.0 則在每一個節點上可以產生不同數量的多元分枝。CART 模型適用於目標變數為連續型和類別型的變數，如果目標變數為類別型變數，則可以使用分類樹 (classification trees)，目標變數為連續型變數者，則可採用迴歸樹 (regression trees)。CHAID 與 QUEST 會防止資料被過度套用並讓決策樹停止繼續分割，依據的衡量標準是計算節點中類別的 P 值大小，以此決定決策樹是否繼續分割，所以不需修剪樹枝。

5-1　決策樹基本概念

Quinlan 在 1986 年所提出的 ID3 演算法後，因其無法處理連續屬性的問題且不適用在處理大的資料集，因此發展了現在所使用的 C5.0 決策樹演算法，同時因其採用 Boosting 方式來提高模型準確率，且佔用系統資源與記憶體較少，所以計算速度較快。C5.0 演算法的結果已產生決策樹及規則集兩種模型，並且依最大資訊增益的欄位來切割樣本，並重複進行切割直到樣本子集不能再被分割為止。該演算法內容為貪婪演算法 (greedy algorithm)，是一個由上而下的樹形模型，並採用各個擊破的方式來建立決策樹。

C5.0 是屬於**監督式學習 (supervised learning)** 的演算法之一，亦可稱為規則推理模型 (rule-based reasoning model)，其主要能力是能夠是對連續型變數及類別型變數作解析，並將運算的結果依使用者需求設定生成**決策樹 (decision tree)** 或者**規則集 (rule sets)**，再依最大**資訊增益 (information gain value)** 的欄位來拆分樣本。決策樹模型與一般統計分類模型的主要區別在於決策樹的分類是屬於邏輯性的分類方式，而一般統計分類模型則是屬於非邏輯性的分類方式。此外，決策樹擅長處理非數值型資料 (如字元、類別、離

散型資料)，這與神經網路只能處理數值型資料比起來，就免去了很多資料預處理工作 (Zhai et al., 2018)。

　　C5.0 決策樹方法的優點：

1. C5.0模型在面對遺漏值和問題輸入欄位時非常穩定。

2. C5.0模型不需要很長的訓練次數進行估計。

3. C5.0模型比較其他類型的模型易於理解。

4. C5.0的增強技術提高分類的精度。

　　C5.0 演算過程亦可以下列圖示概念來說明 (尹相志，2003)：

1. 資料母體作為根結點。

2. 根據最佳變數產生分叉，產生子結點。

　　根據每個子結點案例分佈狀況指派分類結果。

3. 決策樹繼續生長，最後採用修剪技術修剪不必要的規則。

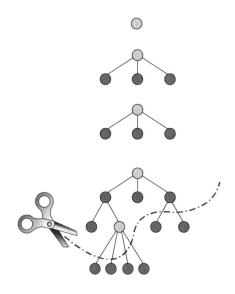

5-2 決策樹演算法簡介

假設令 S 是資料 s 的集合，並其中包含了 n 個不同的類別 C_i (i=1, 2, ..., n)。而 s_i 是每個 C_i 的類別數，則其期望資訊為：

$$I(s_1, s_2, ..., s_n) = -\sum_{i=1}^{n} p_i \log_2(p_i)$$

其中 P_i 是任一實例可能屬於 C_i 的機率，亦即 $\frac{s_i}{s}$；假設 A 屬性有 v 個不同的值 $\{a_1, a_2, ..., a_v\}$，則 A 屬性可將 S 集合區分為 v 個子集合 $\{s_1, s_2, ..., s_v\}$，其中 S_j 就表示 S 集合中屬於 A 屬性 a_j 值的實例所形成的集合，當 A 屬性被選為測試屬性時，便會將包含 S 集合的節點區分成其對應的子集合。假設 s_{ij} 表示 C_i 類別的子集合 S_j 集合的實例數，則其**熵 (Entropy)**，亦即依據 A 屬性作為區分子集合的期望資訊可表示為：

$$E(A) = \sum_{j=1}^{v} \frac{s_{1j} + s_{2j} + ... + s_{jn}}{s} I(s_{1j} + s_{2j} + ... + s_{jn})$$

其中 $\frac{s_{1j} + s_{2j} + ... + s_{jn}}{s}$ 是指第 j 個子集合的加權值，也是該子集合內的實例數除以 S 集合的實例數。熵的數值越小，表示其子集合的純度越高。對於所區分的子集合 s_j 而言，其期望資訊可表示為：

$$I(s_{1j} + s_{2j} + ... + s_{jn}) = -\sum_{i=1}^{n} P_j \log_2(P_j)$$

使用 Entropy 衡量時，Gain 又稱資訊獲利 (Information Gain)，以 Δ_{info} 表示。亦即表示 S_j 集合中的樣本屬於 C_i 類別的機率，若以該屬性為分支依據，所獲資訊增益，亦即不純度 (Impurity) 的減少量。最後選擇分支屬性的準則是以找出能獲得最大資訊增益之屬性作為其分支節點。

$$\Delta_{info} = I(parent) - \sum_{j=1}^{k} \frac{N(v_j)}{N} I(v_j)$$

5-3 IBM SPSS Modeler C5.0 節點資料格式與設定

Step 1：

1. 【使用預先定義的角色】：資料匯入時，依據資料串流上游「類型」節點所設定的資料內容、格式與角色來匯入資料進行分析。

2. 【使用自訂欄位指定】：資料匯入時，依據使用者自行設定的資料內容、格式與角色來進行資料分析。

3. 【目標】：使用者自行選定輸出的目標欄位。

4. 【輸入】：使用者自行選定輸入的分析變數。

5. 【分割區】：可以將資料以**分割型 (Partition)** 資料作切割的依據，但是該欄位必須是分割型 (Partition) 資料。

6. 【使用加權欄位】：選定用以作為加**權數 (Weight)** 的欄位資料，依使用者需要而選定。

Step 2：

1. 【模型名稱】：「自動」表示產生的模型名稱依照預設值依序編號及命名。「自訂」則依使用者的偏好及需求設定所需的生成模型名稱。

2. 【使用分割的資料】：如果將資料先分割成訓練資料與測試資料，則此選項可確保僅使用訓練資料集來建立模型。

3. 【為每個分割建立模式】：為指定為分割的輸入資料當中，分別為每個可能的值建構一個單獨的模型。

4. 【輸出類型】：指定最終模型為決策樹 (decision tree) 或規則組集 (rule set)。

5. 【群組符號】：使用此選項，C5.0會嘗試將所有與目標欄位格式相似的字元值合併。

6. 【使用boosting】：這種方法按序列建立多重模型，使用加權投票過程把分散的預測合併成綜合預測，亦可稱為加強訓練法，選用時預設值為10次。

7. 【交互驗證 (Cross Validation)】：C5.0會使用一組訓練資料子集建立的模型，來估計基於全部資料建立的模型的精確度，亦可稱為交叉折疊，選用時預設值為折疊10次。

8. 【模式】：對於簡單的訓練，絕大多數C5.0參數是自動設置。專家模型選項允許對訓練參數更多的直接控制。

9. 【偏愛】：在「準確度」下，C5.0會生成盡可能精確的決策樹。在某些情況下，「一般性」選項能夠使演算法的設置不會過度擬和。

10. 【預期的雜訊 (%)】：指定訓練集中的雜訊或錯誤資料期望比率。

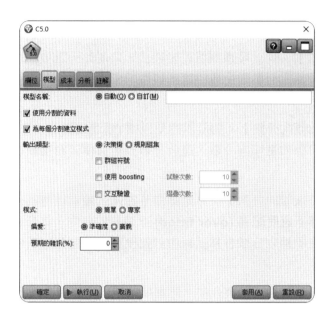

Step 3：

　　【使用錯誤分類成本】：錯誤歸類損失允許指定不同類型預測錯誤之間的相對重要性。錯誤歸類損失矩陣顯示預測類和實際類每一可能組合的損失。所有的錯誤歸類損失都預設設置為 **1.0**，使用者可依實際錯誤分類的代價輸入成本值。

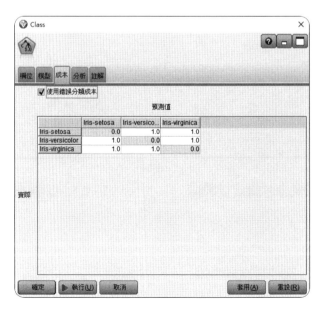

Step 4：

1. 【模型評估】：「計算預測值重要性」，勾選此一選項，在模型生成時，會顯示每個輸入變數對生成決策樹模型的影響程度，可提供使用者進行變數的篩選。

2. 【計算原始傾向分數】：對於旗標型目標 (預測結果為「是」或「否」) 的模型，您可以勾選傾向分數，這些分數表示目標資料預測結果為真的可能性。

3. 【計算調整後傾向分數】：原始傾向分數僅依賴訓練資料來進行估計，且由於許多模型**過度配適 (over fitted)** 此資料的傾向，該分數可能會過度優化。調整後的傾向分數會嘗試藉由針對檢驗或驗證分區對模型性能進行評估進行彌補。

4. 【根據】測試分割或驗證分割。此選項僅使用於旗標目標才有效。

5-4 IBM SPSS Modeler C5.0 節點設定範圍

【C5.0】模型節點能處理連續型變數與類別型的變數資料，因此需要至少一個【輸入】的輸入欄位以及一個 (或以上) 的【目標】欄位，且目標欄位必須是類別型變數。

另外資料在進入節點時，設定資料的角色會影響分析的結果：

⊙ 設定為【輸入】時，表示資料僅進入【C5.0】模型節點作分析及演算，自變數 (IV)。

⊙ 設定為【目標】時，表示資料僅進入【C5.0】模型節點作輸出分析標的，依變數 (DV)。

⊙ 設定為【兩者】時，表示拒絕資料進入節點中分析。

⊙ 設定為【無】時，表示拒絕資料進入節點中分析。

5-5 個案應用─生物資訊

本章節示範的鳶尾花 (Iris) 分類資料，取自美國加州大學歐文分校的機械學習資料庫 (UC Irvine Machine Learning Repository)。

http://archive.ics.uci.edu/ml/datasets/Iris

這個資料集是非常著名的生物資訊資料集之一，主要是使用於分類 (classification) 演算法的測試，非常符合本章的決策樹 C5.0 演算法來練習。資料的筆數計有 150 筆，共有五個欄位，分別是

1. 花萼長度 (Sepal Length)：計算單位是公分。

2. 花萼寬度 (Sepal Width)：計算單位是公分。

3. 花瓣長度 (Petal Length)：計算單位是公分。

4. 花瓣寬度 (Petal Width)：計算單位是公分。

5. 類別 (Class)：可分為Setosa，Versicolour和Virginica三個品種

Step 5：

　　從下載檔案中開啟本章練習檔案，選擇 Iris.csv 檔，並選擇資料【來源面板】上的【變數檔案】節點。在檔案欄位中建立檔案連結的路徑。勾選「從檔案取得欄位名稱」，表示檔案中的第一列為欄位名稱。

Step 6：

點選【變數檔案】節點的「資料」頁籤，可以檢視資料的欄位名稱以及儲存資料類型。

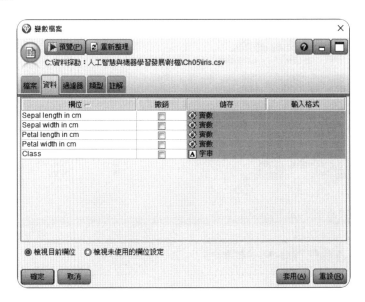

Step 7：

點選【變數檔案】節點的「過濾器」頁籤，可以先行設定不希望通過的資料欄位。此選項可以代替後續的【過濾器】節點。

Step 8：

　　點選【變數檔案】節點的「類型」頁籤，可以使用【類型】節點的相關功能來檢視資料內容，亦可後續再連結【類型】節點來進行相關的設定。

Step 9：

　　連結【資料欄位處理】面板的【類型】節點，按下讀取值按鈕後，可以將【變數檔案】節點的資料流入此一節點進行設定。【測量】欄位可以顯示資料的型態(或資料尺度)。【值】欄位可以簡單顯示資料的最小值及最大值，或是類別內容。【遺漏】和【檢查】欄位則能夠協助檢視當中的資料是否有缺漏的狀況以及是否強制檢測。角色欄位為主要設定資料在分析時所擔任的任務，例如輸入資料、目標資料或是分割資料等。本範例將鳶尾花的類別 (Class) 設定為目標欄位。

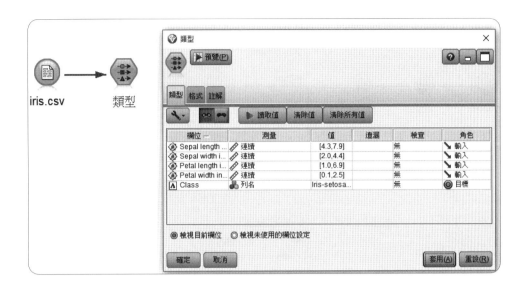

Step 10：

在**分類 (Classification)** 的分析當中，需要將資料切割成訓練資料與測試資料作比對。訓練資料用以建立模型，測試資料用來檢視模型的效益。以模型的表現來說，模型在訓練資料中的表現是主場優勢，模型在測試資料中的表現則稱為客場表現。在此範例中，我們也可以切割 70% 為訓練資料，切割 30% 為測試資料。我們將利用 70% 的訓練資料建立決策樹 C5.0 模型後，再利用此模型對 30% 的測試資料做分類測試，驗證模型的準確率。

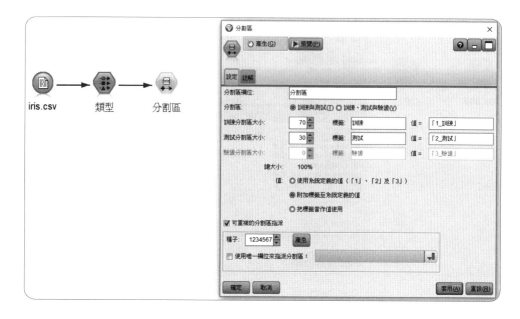

Step 11：

接著我們可以連結【建模】面板的【C5.0】節點，建立決策樹模型。C5.0 的節點內容及設定，請參考 5.3 節內容。

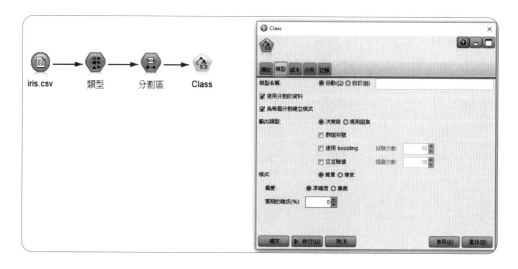

Step 12：

執行 C5.0 節點之後，可以在串流工作區和右側的模型頁籤中看到產生的**模型金塊 (model nugget)**。

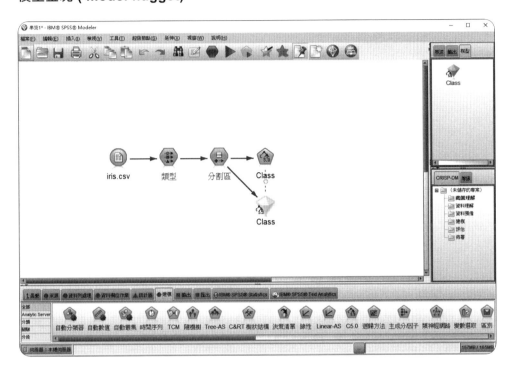

Step 13：

在模型金塊上按下滑鼠右鍵後，選擇【編輯】，可以檢視生成模型的詳細內容。

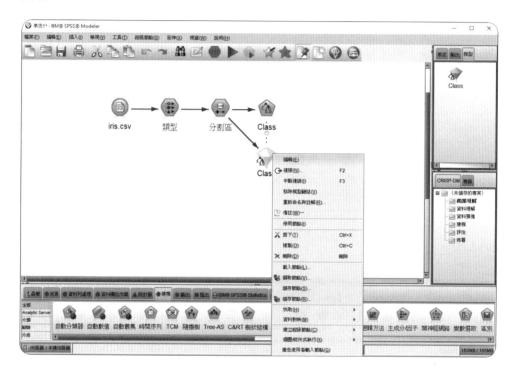

Step 14：

在【模型頁籤】下可以查看產生的決策樹模型及預測值重要性。我們可以依照產生的決策樹模型提取規則使用，也可以依照變數的重要性，來做為篩選分類變數的依據。在【模型頁籤】下，點選【全部】可以將決策樹規則展開，檢視完整決策樹分岔的條件以及分岔最後的終端節點的分類結果。點選【%】可以在每一規則的最末，呈現綠色的括弧及數字，例如 (31; 1.0)。這一組數字表示在資料中符合此一規則的資料比數有 31 筆，且 100% 都是「Iris-versicolor」這一個類別。同時，在下方的【歷史】、【頻率表】及【代理】可以呈現詳細的內容。

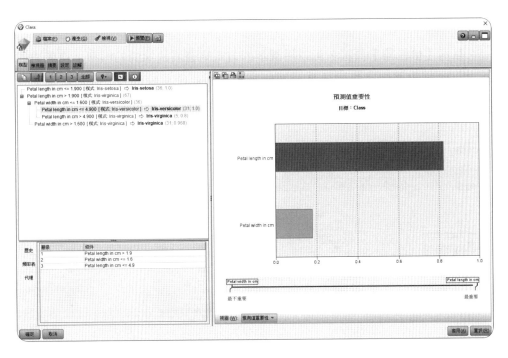

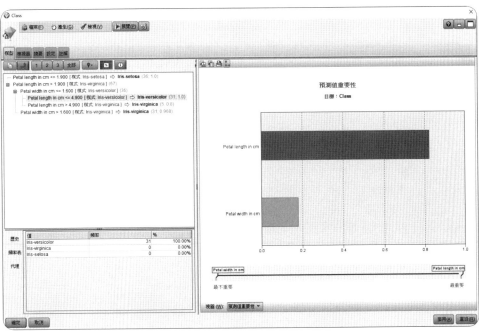

Step 15：

　　點選【檢視器】頁籤，可以用圖示的方式來查看決策樹的模型，這個方式也可以讓使用者對決策樹的外型有較為清楚的輪廓。展示的方式可以由上而下、由右至左或是由左至右，本範例展示的方式是由左至右的決策樹模型。

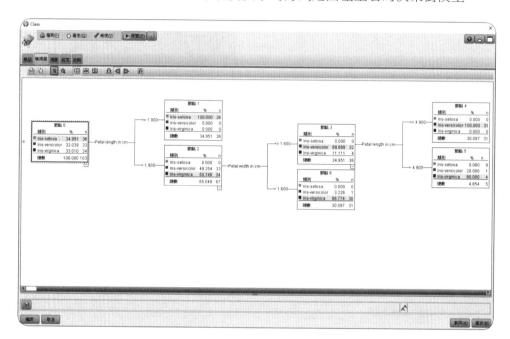

Step 16：

點選【摘要】頁籤，可以查看輸入模型與生成模型的各項設定值。

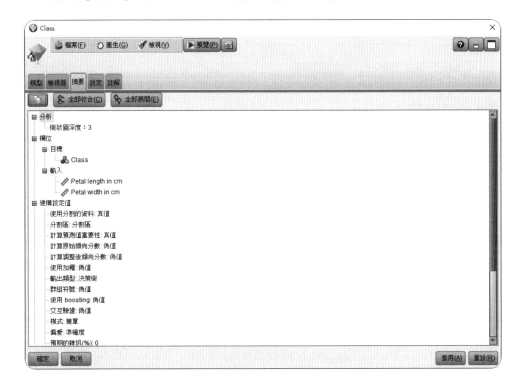

Step 17：

點選【設定】頁籤，可以選擇是否要計算此決策樹模型對每一筆資料評估的信心度，亦可稱為可靠度。並且可以選擇是否要產生 SQL 語法的模型。

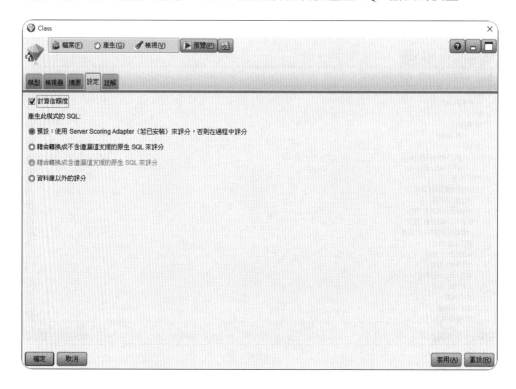

Step 18：

點選【設定】頁籤上方的預覽按鈕，即可顯示十筆的資料，可以藉此方式查看設定的資料方式及內容是否正確。在圖中的最後二項欄位分別是【$C-Class】與【$CC-Class】。【$C-Class】表示使用 C5.0 建立的模型及其預測內容。【$CC-Class】則表示此模型對於該筆資料預測結果的信心度。

	Sepal length in cm	Sepal width in cm	Petal length in cm	Petal width in cm	Class	分割區	$C-Class	$CC-Class
1	5.100	3.500	1.400	0.200	Iris-setosa	訓練	Iris-setosa	1.000
2	4.900	3.000	1.400	0.200	Iris-setosa	訓練	Iris-setosa	1.000
3	4.700	3.200	1.300	0.200	Iris-setosa	訓練	Iris-setosa	1.000
4	4.600	3.100	1.500	0.200	Iris-setosa	測試	Iris-setosa	1.000
5	5.000	3.600	1.400	0.200	Iris-setosa	訓練	Iris-setosa	1.000
6	5.400	3.900	1.700	0.400	Iris-setosa	訓練	Iris-setosa	1.000
7	4.600	3.400	1.400	0.300	Iris-setosa	訓練	Iris-setosa	1.000
8	5.000	3.400	1.500	0.200	Iris-setosa	訓練	Iris-setosa	1.000
9	4.400	2.900	1.400	0.200	Iris-setosa	訓練	Iris-setosa	1.000
10	4.900	3.100	1.500	0.100	Iris-setosa	訓練	Iris-setosa	1.000

Step 19：

在決策樹輸出的類型中，我們也可以依據使用者偏好或慣用的規則呈現方式，選擇產生【規則組集 (rule set)】的決策樹模型以供使用者利用。

Step 20：

此即為產生的決策樹模型的規則組集。與決策樹模型的差異在於【模型】
頁籤中的規則呈現方式會以分類欄位中的類別，做為規則主要呈現方式。

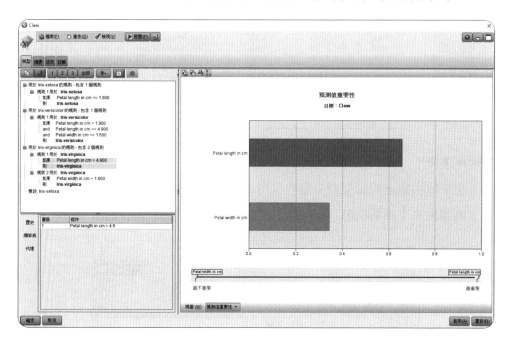

Step 21：

建立測試模型後，連結【資料列處理】中的【選取】節點，選擇測試資料進入串流內，以驗證生成的模型對於資料的鑑別能力。

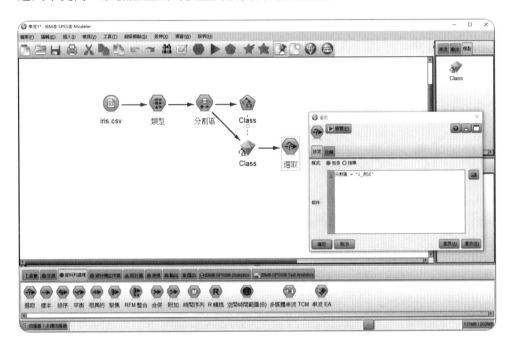

Step 22：

我們也可以將此串流連節【輸出】面板的【矩陣】節點，建立混淆矩陣 (Confusion matrix)，查看資料原本的類別與模型建立的預測類別之差異。在【列】的部分，我們選擇【Class】欄位，而在【直欄】的部分我們選擇【$C-Class】欄位，建立混淆矩陣 (confusion matrix)。

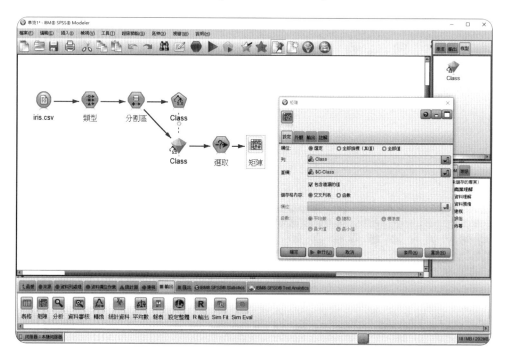

Step 23：

【橫列】是資料中鳶尾花的三種類別，而【直欄】是決策模型預測的類別 (結果)。我們由這個矩陣可以看到，決策樹分類模型的表現頗佳，使用者若需後續的分析及運用可連結相關的節點進行下一步。在表格下方的數值，則是以上面的矩陣做為列聯表 (contingency table)，計算自由度與卡方值 (Chi-square, χ^2)。卡方檢定是一種以計次的方式來呈現類別尺度資料，為處理分類並計次資料的統計方法。如圖所示，卡方值為 88.633。由於在此列聯表呈現的為檢定兩變數間是否相互獨立的卡方檢定，又稱為「獨立性檢定」(test of independent)。自由度為 (列聯表列數 - 1) * (列聯表行數 - 1) = 2*2 = 4。卡方檢定指出兩個欄位之間不存在關係的機率，如果兩個欄位之間不存在關係，則觀察值和期望值之間的任何差值就可以完全歸咎於隨機。如果此機率非常低，則說明兩個欄位之間存在顯著的關係，此機率值一般是指小於 5%。

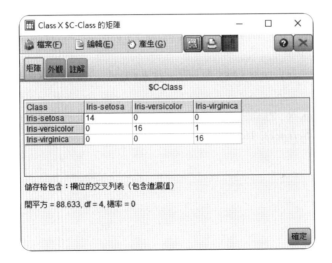

參考文獻

1. 尹相志 (2003)。**SQL2000 Analysis Service資料探勘服務**。臺北：維科圖書。

2. 韋端 (主編) (2003)。**Data Mining概述：以Clementine7.0為例**。臺北：中華資料探勘協會。

3. 陳修平 (2001)。**應用貝式學習及決策樹之群組溝通網路監控系統**。國立中央大學資訊工程研究所碩士論文，未出版，桃園。

4. 廖述賢 (2007)。**資訊管理**。臺北市：雙葉書廊。

5. 謝邦昌 (2014)。**SQL Server資料探勘與商業智慧**。臺北：碁峰圖書。

6. Han, J., Kamber, M., & Pei, J. (2011). *Data Mining: Concepts and Techniques (3rd ed.)*. Waltham, MA: Morgan Kaufmann Publishers.

7. Quinlan, J. R. (1993). *C4.5 Programs for machine learning.* California: Morgan Kaufmann Publishers.

8. IBM SPSS, (2016). *IBM SPSS Modeler 18.0 Algorithms Guide.* USA: Integral Solutions Limited.

9. IBM SPSS, (2016). *IBM SPSS Modeler 18.0 Node Reference.* USA: Integral Solutions Limited.

10. IBM SPSS, (2016). *IBM SPSS Modeler 18.0 User's Guide.* USA: Integral Solutions Limited.

11. Zhai, J., Wang, X., Zhang, S., & Hou, S. (2018). Tolerance rough fuzzy decision tree. *Information Sciences,* 465, 425-438.

CHAPTER 06

分類與迴歸樹: C&RT

・・學・習・目・標・・

- 瞭解分類與迴歸樹基本概念
- 瞭解分類樹產生的步驟
- 瞭解何謂Gini索引法
- 瞭解C&R Tree演算法
- 瞭解IBM SPSS Modeler C&R Tree資料格式與設定
- 瞭解為何樣本的類別分佈與Gini索引值有關
- 瞭解何謂C&RT中的頻率變數
- 瞭解為何C&RT中的權變變數
- 瞭解個案實作的步驟
- IBM SPSS Modeler C&R Tree實際個案分析實作

6-1 分類與迴歸樹基本概念

C&R Tree (Classification and Regression Tree, CART)，亦稱為分類迴歸樹。分類迴歸樹指的是一個樹狀結構，由 Breiman 在 1984 年提出，樹的**中間節點 (non-leaf nodes)** 代表測試的條件，樹的**分支 (branches)** 代表條件測試的結果，而樹的**葉節點 (leaf nodes)** 則代表分類後所得到的分類標記，也就是表示**分類 (classification)** 的結果。針對輸入目標作分析，若目標變數是類別型變數，則稱為**分類樹 (classification tree)**；若目標變數是連續型變數，則稱為**迴歸樹 (regression tree)**。C&R Tree 以反覆運算的方式，由根部開始反覆建立二元分支樹，直到樹節點中的同質性達到某個標準，或觸發反覆運算終止條件為止 (Mburu et al., 2018)。

分類樹的產生包含兩個步驟：

1、 **建立樹狀結構**：一開始將所有的樣本資料放在根節點的位置，再根據所選擇的測試條件將資料分成不同子集合，若在某子集合內的樣本全都屬於同一分類標記，便產生一個葉節點來代表這群樣本的分類標記，直到所有的樣本都可以分成屬於同一類子集合便完成樹狀結構。

2、 **修剪樹狀結構**：當樹狀結構建立完成後，接下來要針對所產生的樹進行修剪，也就是將這個樹狀結構中代表雜訊或特別分支剪掉，避免所產生的分類迴歸樹過度遷就特定樣本資料。

C&R Tree 生成估計模型一般不須花費很長的訓練時間，且 C&R Tree 輸出欄位既可以是數值型資料，也可以是類別型資料，對於使用者來說十分便利。

6-2 C&R Tree演算法簡介

分類迴歸樹產生的基本演算法是利用**貪婪演算法 (greedy algorithm)**，貪婪演算法的精神是：「今朝有酒今朝醉」，每一步決策面臨選擇時，都做眼前最有利的選擇，而不考慮對將來是否有不良的影響。它是一種由上而下的方法，

用遞迴和各個擊破來建立樹狀結構。而針對分類迴歸樹分割所需最小雜質改變量模型採 Gini 索引法。

假設一包含 N 個樣本的集合 D，其中某數值屬性的值域為 T，Gini 索引法將在該數值屬性的值域 T 內找到一個分割點，例如為 t，將樣本分成小於 t 以及大於 t 兩個子集合，令其為 D1 及 D2，分別包含 N1 及 N2 個樣本。若樣本集合 D 中包含 n 類樣本，則 Gini 索引法將樣本集合 D 的 Gini 索引值定義為：

$$Gini(D) = 1 - \sum_{j=1}^{n} P_j^2$$

P_j 屬於類別 j 的樣本在 D 中出現的相對頻率。集合 D 依分支點切割成 D1 及 D2 後之 Gini 索引值定義為：

$$Gini(D) = \frac{N_1}{N} Gini(D1) + \frac{N_2}{N} Gini(D2)$$

以下舉例說明 Gini 索引值的意義。假設集合 D 包含了 100 筆會員資料，其中正例有 50 位，反例也是 50 位。因此正例出現的頻率 p1 為 50/100，也就是 1/2；反例出現的頻率 p2 也是 1/2。在正例與反例各佔一半的時候，Gini 索引值為：

$$Gini(D) = 1 - \sum_{j=1}^{n} P_j^2$$

$Gini\ (D)\ =1-\ (0.5^2+0.5^2)\ =0.5$

若是 100 筆會員當中，其中正例有 10 位，反例是 90 位。因此正例出現的頻率 P1 為 1/10，反例出現的頻率 P2 是 9/10，Gini 索引值為

$$Gini(D) = 1 - \sum_{j=1}^{n} P_j^2$$

$Gini\ (D)\ =1-\ (0.1^2+0.9^2)\ =0.18$

由此例可見，樣本的類別分佈越平均，Gini 索引值越大；分佈越不平均，Gini 索引值越小 (曾憲雄等，2005；高克志，2006)。

6-3 IBM SPSS Modeler C&RT 節點資料格式與設定

Step 1：

1. 【使用預先定義的角色】：資料匯入時，依據資料串流中上游「類型」節點所設定的資料內容、格式與角色來進行資料分析。

2. 【使用自訂欄位指定】：資料匯入時，依據使用者自行設定的資料內容、格式與角色來進行資料分析。

3. 【欄位】：使用自訂欄位指定時，會將上游節點中允許進入分析模型的資料欄位呈現在此作為備選欄位。

4. 【目標】：使用者自左方欄位中自行選定輸出的目標欄位。

5. 【預測變數】：使用者自左方欄位中自行選定輸入的預測變數。

6. 【分析加權】：選定用以作為**加權數 (Weight)** 的欄位資料，依使用者需要而選定。

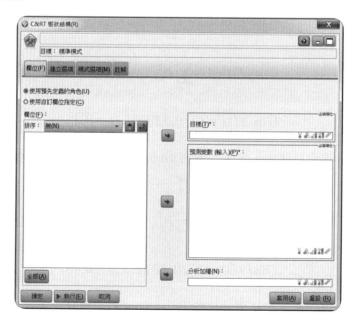

Step 2：

1. 【建立單一樹狀結構】：建立單一、標準的模式，來解釋欄位間的關係。標準模式較容易解釋，且計分的速度比 boosting、bagging 處理或大型資料集總體更快。

2. 【強化模型的準確度 (boosting) 】：此方法採用boosting法 (拔靴法) 建構整體模型，亦可稱為增強訓練法。亦即在每一次的迭代，都會將分類錯誤的資料挑出來，另外再進行訓練與建模。這將生成一系列模型以獲得更精確的預測結果，花費時間較長。

3. 【強化模型的穩定度 (bagging) 】：此方法採用 bagging法 (裝袋法) 建構整體模型。本方法每一次都是採取抽後放回的抽樣資料建立模型，藉由持續抽樣，建立多個模型來評分。這將生成多個模型以獲得更可靠的預測結果，可靠度較高。

4. 【針對非常大型資料集進行最佳化 (需要Server版本) 】：如果使用者的資料集過大，而無法構建上述任何模型，請選擇此項。

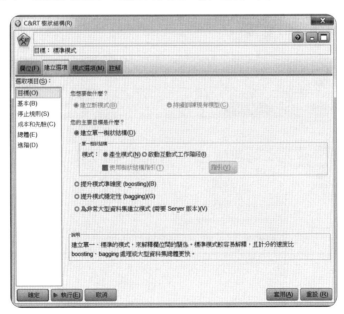

Step 3：

1. 【最大樹狀結構深度】：指定根節點以下的最大層級數 (遞迴分割樣本的次數)。預設值為 5。選擇自訂選項時，輸入數值可以指定其他層級數。

2. 【刪除樹狀結構以避免過適】：修剪包括刪除對於樹的精確性沒有顯著貢獻的底層分割。刪除有助於簡化樹狀模型的廣度及深度，使樹狀模型更容易被理解。

3. 【風險的最大差異 (在標準誤中)】：使用此選項可更自由的修剪規則。此值表示在風險評估中已修剪樹和風險最小的樹之間所允許的風險評估差異大小。例如，如果指定 2，則將選擇其風險評估 (2×標準誤) 大於完整樹的風險評估的樹。

4. 【最大替代】：本選項是用於處理遺漏值的方法。對於模型樹中的每個分割，演算法都會對所選定的分割欄位當中最相似的輸入欄位進行識別。這些被識別的欄位就是該分割的替代項目。當必須對某個紀錄進行分類，但此紀錄中的分割欄位中具有遺漏值時，可以使用替代項目欄位的值填補此一分割。使用此設定將可以更加靈活地處理遺漏值，但也會導致記憶體使用量和訓練時間大幅增加。

Step 4：

1.　這些選項可控制樹的建構方式。停止規則可確定何時停止分割樹的特定分支。設定最小分支大小可阻止通過分割建立非常小的子分支。如果父節點中要分割的紀錄數小於指定值，則父分支中的最小紀錄數將不進行分割。如果由分割建立的任意子分支中的紀錄數小於指定值，則子分支中的最小紀錄數將停止進行分割。

2.　【使用百分比】：可指定總訓練資料的百分比大小。

3.　【使用絕對個數】：可依照絕對紀錄個數指定大小。

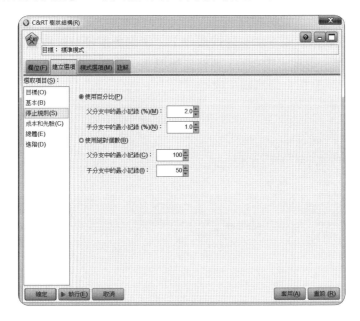

Step 5：

1.　【使用分類錯誤的成本】：錯誤歸類損失允許指定不同類型預測錯誤之間的相對重要性。錯誤歸類損失矩陣顯示預測類和實際類每一可能組合的損失。所有的錯誤歸類損失都預設設置為**1.0**，使用者可依實際錯誤分類的代價輸入成本值。錯誤分類成本在本質上指應用於特定結果的權重。這些權重可化為模型中的因子，並可能在實際上更改預測，以避免較高錯誤成本的一種方式。

2. 【先驗機率】：通過這些選項可以在預測分類目標欄位時為分類指定先驗機率。先驗機率是對預測值有任何瞭解之前先估計每個可能的目標值的機率。設定先驗機率的方法有三種：

   ⊙ 【以訓練資料為依據】：這是預設選項。先驗機率是以訓練資料中類別的相對出現頻率為基礎。

   ⊙ 【所有等級都相等】：所有分類的先驗機率都定義為 1/k，其中 k 是目標類別數。

   ⊙ 【自訂】：可以自己指定先驗機率。對於所有類別，都將先驗機率的初始設定值設為相等。

3. 【例用分類錯誤成本調整驗前機率】。通過此選項可以根據錯誤分類成本(在「成本」選項卡中指定) 調整先驗機率。從而可為使用Twoing測量的樹將損失資訊直接合併到樹生成的過程中。

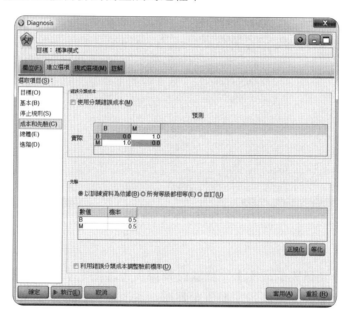

Step 6：

1. 這些設定會決定了在「目標」中要求 boosting、bagging 或非常大型資料集時，所發生的總體行為。會忽略不適用的選項。

2. 【Bagging 與極大資料集】：在對整體評分時，此規則用於組合來自基本模型的預測值，以計算整體得分值。

3. 【類別目標的預設合併規則】：可以通過【投票】、【機率最高者贏】或【最高平均值機率】來對類別目標的整體預測值進行組合。投票選擇在基本模型中最常具有最高機率的類別。機率最高者贏在所有基本模型中取得單個最高機率的類別。最高平均值機率選擇在基本模型中對類別機率取平均值時具有最高值的類別。

4. 【連續目標的預設合併規則】：可以通過對來自基本模型的預測值取平均值或中位數，對連續目標的整體預測值進行組合。

5. 【Boosting 和 Bagging】：當以增強模型精確性或穩定性為目標時，指定要建構的基本模型數；對於 bagging 方法，此為 bootstrap 樣本數。它應為正整數。

Step 7：

1. 【雜質的最小變更】：指定最小雜質改變以便在樹中建立新的分割。雜質是指由樹定義的子集合在每個組中所具有的輸出欄位值的寬度。對於類別目標，如果節點中 100% 的觀測值都落在目標欄位的特定類別中，則該節點就會被認為是「純節點」。樹建構的目的是建立具有相似輸出值的子集合。換句話說，是為了減少每個節點中的雜質。如果某個分支的最佳分割小於指定值的減少雜質數，則不會進行此分割。

2. 【類別目標的雜質測量】：對於類別目標欄位，指定用於測量樹的雜質的方法。

   ⊙ 【Gini】：是基於分支的類別歸屬機率的一般雜質測量。

   ⊙ 【Twoing】：是強調二元分割並更有可能導致從分割中生成大小近似相同的分支的雜質測量。

   ⊙ 【排序的】：添加了額外的限制，即只有連續的目標分類才可以組成一組，此選項僅適用於順序目標。如果對於**順序的目標 (ordinal targets)** 選中此選項，將預設使用標準的Twoing測量。

3. 【防止過適集 (%)】：演算法在內部將記錄劃分為模型建構集和防止過適集，後者作為獨立的資料記錄集，用於追蹤訓練過程中的錯誤，以防止該方法對資料中的機率變異進行建模。指定使用記錄的百分比 (%)。預設值為 30。

4. 【複製結果】：設置隨機種子允許您複製分析的結果。可以隨意指定任何一個整數，也可以按下【產生】按鈕產生，這將產生一個介於 1 與 2147483647 之間 (包括 1 和 2147483647) 的隨機整數。

Step 8：

1. 【模式評估】：「計算預測變數重要性」，勾選此一選項，在模型生成時，會顯示每個輸入變數對生成決策樹模型的影響程度，可提供使用者進行變數的篩選。

2. 【計算原始傾向分數】：對於旗標型欄位 (預測結果為「是」或「否」) 的模型，您可以勾選傾向分數，這些分數表示目標資料預測結果為真的可能性。

3. 【計算調整後傾向分數】：原始傾向分數僅依賴訓練資料來進行估計，且由於許多模型過度擬合 (over fitted) 此資料的傾向，該分數可能會過度優化。調整後的傾向分數會嘗試藉由針對檢驗或驗證分區對模型性能進行評估進行彌補。

4. 【根據】測試分割或驗證分割。此選項僅使用於旗標目標才有效。

6-4 IBM SPSS Modeler C&R Tree 節點設定範圍

　　【C&R Tree】模型對於資料的分支僅能以**二元 (binary)** 的方式作分叉，亦即僅能以二個分叉的方式作資料的解析。

⊙ 設定為【輸入】時，表示允許資料進入【C&R Tree】模型節點作分析。

⊙ 設定為【目標】時，表示設定資料為【C&R Tree】模型節點的輸出欄位，輸出欄位可以是連續型數值也可以是類別型資料。

⊙ 設定為【兩者】時，資料禁止進入【C&R Tree】模型節點，表示拒絕資料進入節點中分析。

⊙ 設定為【無】時，資料禁止進入【C&R Tree】」模型節點，表示拒絕資料進入節點中分析。

6-5 個案應用—醫學診斷

本章節示範的乳腺癌 (Breast Cancer Diagnostic) 的診斷資料，取自美國加州大學歐文分校的機械學習資料庫 (UC Irvine Machine Learning Repository)。

http://archive.ics.uci.edu/ml/datasets/Breast+Cancer+Wisconsin+%28Diagnostic%29

全世界女性發生率最高的癌症為乳腺癌，每年新增的病例超過 115 萬，大約佔了全球每年癌症人數的 10%。資料集的內容是美國 Wisconsin 大學臨床研究中心於 1995 年蒐集 569 例乳腺癌症的病患實際診斷資料，診斷的方式是對於可疑的乳腺腫塊使用細針穿刺的技術 (Fine Needle Aspirate, FNA) 蒐集數位化圖像並加以計算。涵蓋的欄位計有 32 項，分別是

1. 識別號碼 (ID number)：識別號碼。

2. 診斷結果 (Diagnosis)：惡性 (M = malignant)、良性 (B = benign)。

3-32. 是計算每一個細胞核的真實資料測量值，經過計算與轉換之後，可以獲得以下 10 個變數：

- ⊙ 半徑 (radius)。

- ⊙ 紋理 (texture)。

- ⊙ 周長 (perimeter)。

- ⊙ 面積 (area)。

- ⊙ 平滑程度 (smoothness)。

- ⊙ 緊密程度 (compactness)。

- ⊙ 凹陷部分的程度 (concavity)。

- ⊙ 凹陷部分的數量 (concave points)。

- ⊙ 對稱程度 (symmetry)。

- ⊙ 碎型維度 (fractal dimension)。

Step 1：

　　從下載檔中開啟本章練習檔案，選擇 wdbc.data 檔，並選擇資料來源節點面板上的【變數檔案】節點。在檔案欄位中建立檔案連結的路徑。

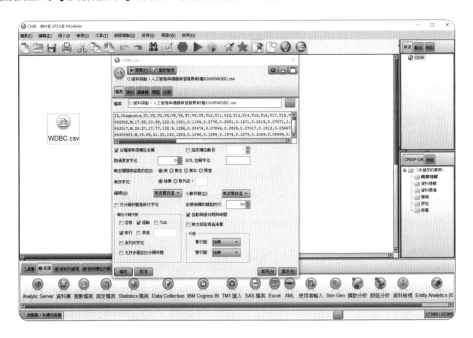

Step 2：

　　連結【資料欄位處理】面板的【類型】節點，按下讀取值按鈕後，可以將【變數檔案】節點的資料流入此一節點進行設定。【測量】欄位可以顯示資料的型態。【值】欄位可以簡單顯示資料的最小值及最大值，或是類別內容。【遺漏】和【檢查】欄位則能夠協助檢視當中的資料是否有缺漏的狀況以及是否強制檢測。角色欄位為主要設定資料在分析時所擔任的任務，例如輸入資料、目標資料或是分割資料等。本範例將乳腺癌的診斷結果設定為輸出目標欄位。

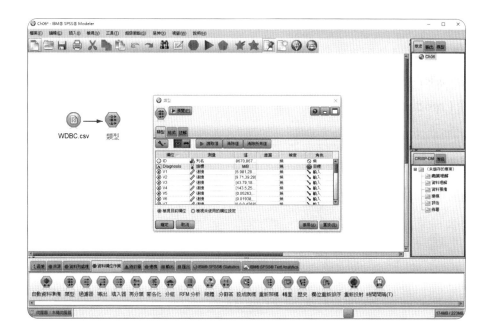

Step 3：

接著我們可以連結【建模】面板的【C&RT】節點，建立決策樹模型。【欄位頁籤】的設定，如圖所示。

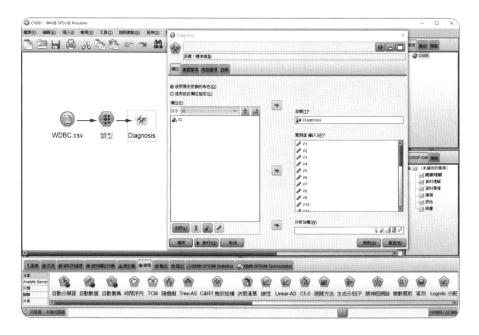

Step 4：

　　C&RT 節點的內容及設定，請參考 6.3 節內容。顯選下方的【執行按鈕】，執行 C&RT 節點之後，可以在串流工作區和右側的模式頁籤中看到產生的**模型金塊 (model nugget)**。

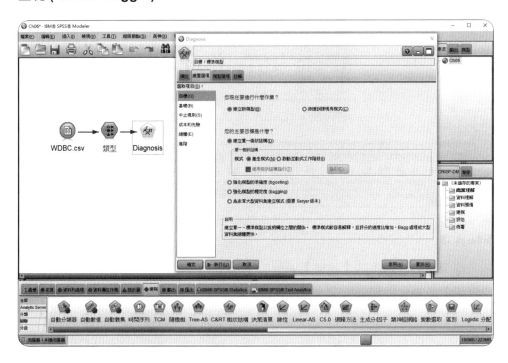

Step 5：

　　在模型金塊上按下滑鼠右鍵後，選擇【編輯】，可以檢視生成模型的詳細內容。在模式【頁籤】下可以查看產生的決策樹模型及預測變數重要性。我們可以依照產生的決策樹模型提取規則使用，也可以依照變數的重要性，來做為篩選分類變數的依據。在此範例中可以看到，預測變數重要性最高的是【V23】以及【V28】兩個欄位，重要性分別為 0.56 與 0.30。

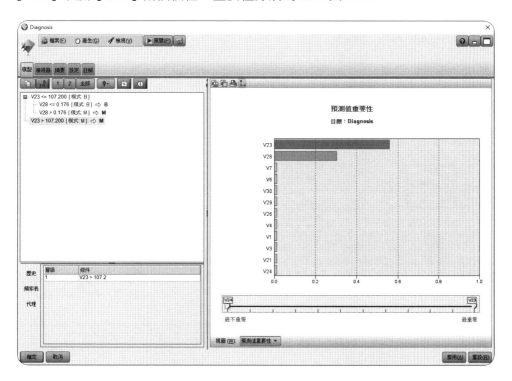

Step 6：

點選【檢視器】頁籤，可以用圖示的方式來查看決策樹的模型，這個方式也可以讓使用者對決策樹的外型有較為清楚的輪廓。展示的方式可以由上而下、由右至左或是由左至右，本範例展示的方式是由左至右的決策樹模型。對於較大型的樹狀模型，我們可以點選上方綠色圖示出現對映圖，讓使用者可以快速查看樹狀模型中的各個分岔節點。

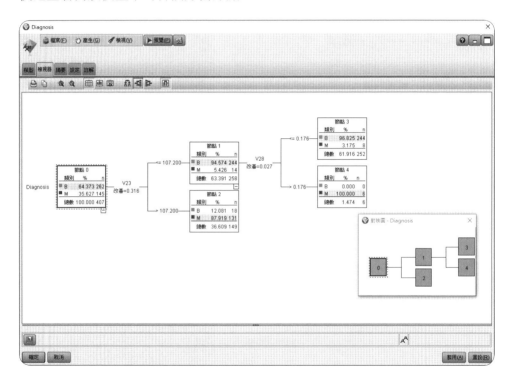

Step 7：

點選【摘要】頁籤，可以查看輸入模型與生成模型的各項設定值。

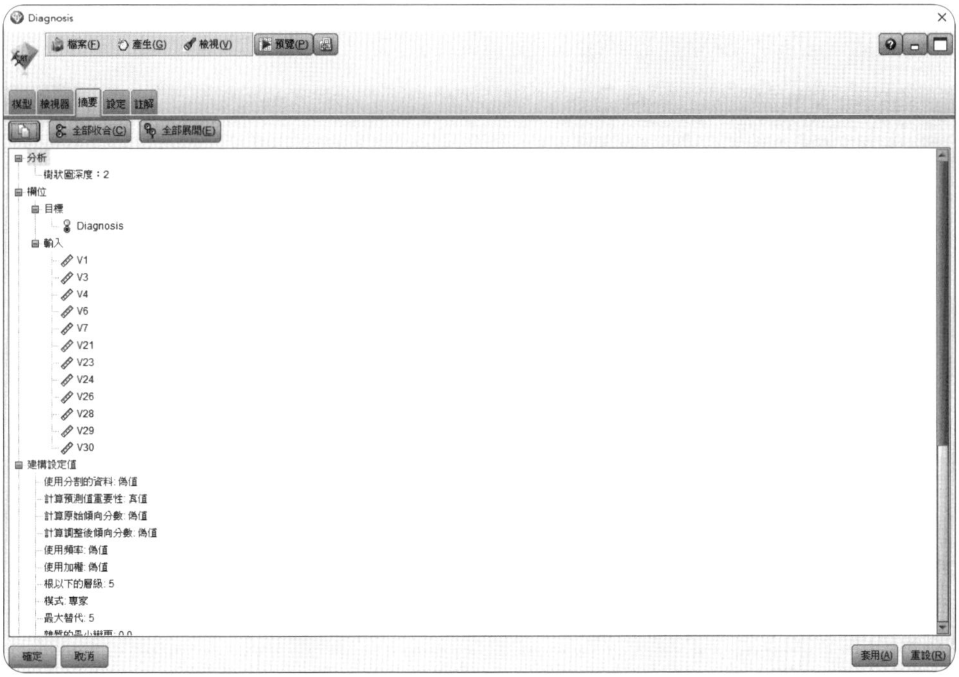

Step 8：

點選【設定】頁籤，可以選擇是否要計算此決策樹模型對每一筆資料評估的信心度，亦可稱為可靠度。並且可以選擇是否要產生 SQL 語法的模型。

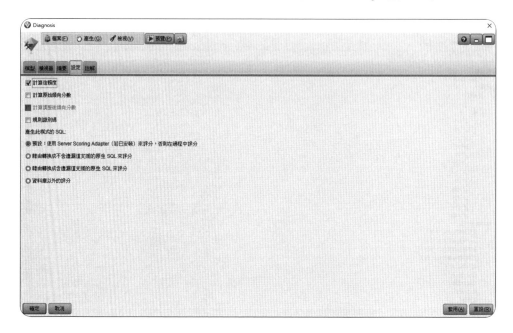

Step 9：

在 C&RT 模型後方可以連結【輸出】面板的【表格】節點，可以表格的方式查看以下內容：【$R-Diagnosis】欄位為此模型根據模型內容預測該筆資料的診斷結果為 B 或 M。【$RC-Diagnosis】欄位為此模型對於該筆資料預測的信心度，值介於 0~1 之間。

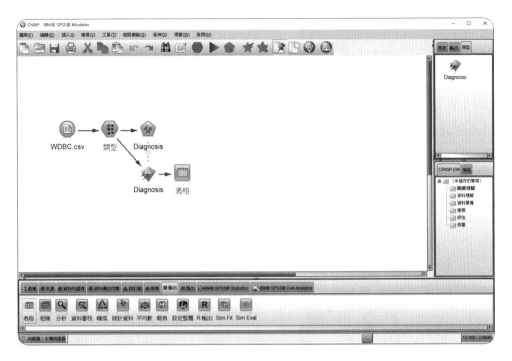

	22	V23	V24	V25	V26	V27	V28	V29	V30	$R-Diagnosis	$RC-Diagnosis
1	7.3...	184...	2019...	0.162	0.666	0.712	0.265	0.460	0.119	M	0.879
2	23.4...	158...	1956...	0.124	0.187	0.242	0.186	0.275	0.089	M	0.879
3	25.5...	152...	1709...	0.144	0.424	0.450	0.243	0.361	0.088	M	0.879
4	26.5...	98.8...	567.7...	0.210	0.866	0.687	0.258	0.664	0.173	M	1.000
5	16.6...	152...	1575...	0.137	0.205	0.400	0.163	0.236	0.077	M	0.879
6	23.7...	103...	741.6...	0.179	0.525	0.535	0.174	0.399	0.124	B	0.968
7	27.6...	153...	1606...	0.144	0.258	0.378	0.193	0.306	0.084	M	0.879
8	28.1...	110...	897.0...	0.165	0.368	0.268	0.156	0.320	0.115	M	0.879
9	30.7...	106...	739.3...	0.170	0.540	0.539	0.206	0.438	0.107	M	1.000
10	30.6...	97.6...	711.4...	0.185	1.058	1.105	0.221	0.437	0.207	M	1.000
11	43.8...	123...	1150...	0.118	0.155	0.146	0.100	0.295	0.085	M	0.879
12	27.2...	136...	1299...	0.140	0.561	0.397	0.181	0.379	0.105	M	0.879
13	29.9...	151...	1332...	0.104	0.390	0.364	0.177	0.318	0.102	M	0.879
14	27.6...	112...	876.5...	0.113	0.192	0.232	0.112	0.281	0.063	M	0.879
15	32.0...	108...	697.7...	0.165	0.772	0.694	0.221	0.360	0.143	M	0.879
16	37.1...	124...	943.2...	0.168	0.658	0.703	0.171	0.422	0.134	M	0.879
17	30.8...	123...	1138...	0.146	0.187	0.291	0.161	0.303	0.082	M	0.879
18	31.4...	136...	1315...	0.179	0.423	0.478	0.207	0.371	0.114	M	0.879
19	30.8...	186...	2398...	0.151	0.315	0.537	0.239	0.277	0.076	M	0.879
20	9.2...	99.7...	711.2...	0.144	0.177	0.239	0.129	0.298	0.073	B	0.968

Step 10：

　　我們也可以將此串流連結【輸出】面板的【矩陣】節點，建立混淆矩陣 (Confusion matrix)，查看資料原本的類別與模型建立的預測類別之差異。在【列】的部分，我們選擇【Diagnosis】欄位，而在【直欄】的部分我們選擇【$R-Diagnosis】欄位，建立矩陣。

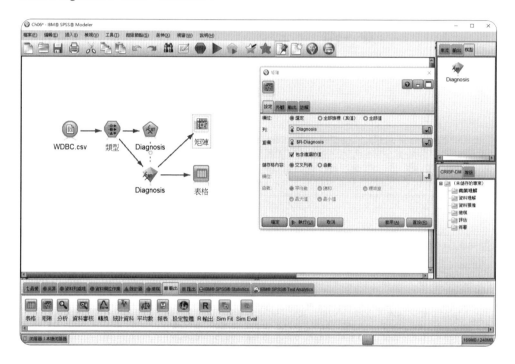

Step 11：

　　【橫列】是資料中原本的乳腺癌診斷結果，而【直欄】則是預測的結果。我們由這個矩陣可以看到，決策樹分類模型的表現頗佳。

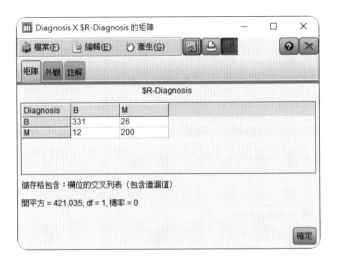

Step 12：

　　亦可連節【輸出】面板的【分析】節點，查看分類模型的效益。勾選【符合矩陣 (用於符號目標)】、【評估度量值 (AUC 與 Gini，僅限於二進位分類器)】。

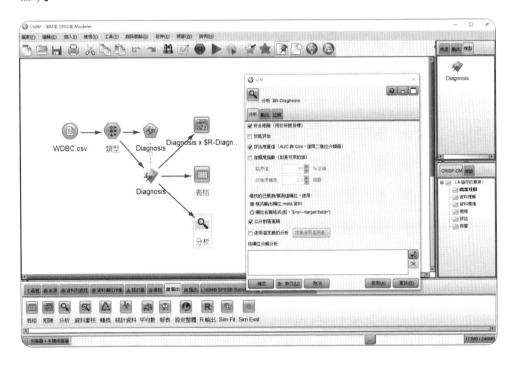

Step 13：

由【分析】節點的結果展示了模型對於資料分類的總正確率 (accuracy)，總正確率是 93.32%，而總錯誤率是 6.68%。其下的錯差矩陣，即為我們常使用的混淆矩陣 (confusion matrix)。評估的度量值則顯示了 AUC 與 Gini 的數值。AUC (Area Under the Curve) 為 ROC (Receiver Operating Characteristic curve) 曲線下的面積。面積值越接近 1 越好。Gini 則顯示在分類模型調節後，最終的 Gini 值。

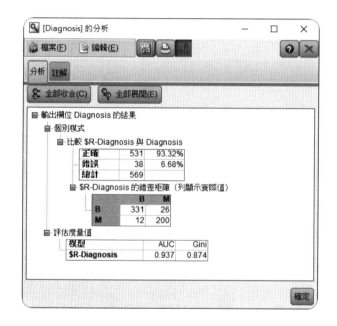

參考文獻

1.　高克志 (2006)。**資料探勘運用於國防預算規劃及績效衡量之研究**。國防大學國防管理學院資源管理研究所碩士論文，未出版，台北。

2.　郭惠敏 (2005)。**居家照護品質預測因子之探討—以居家照護資料庫之資料探勘為**例。長庚大學護 研究所碩士論文，未出版，桃園。

3.　陳世 (2006)。**應用分類樹探討運具選擇之研究-以嘉義大學學生例假日返鄉的運具選擇為例**。國立嘉義大學運輸與物流工程研究所碩士論文，未出版，嘉義。

4.　曾憲雄、蔡秀滿、蘇東興、曾秋蓉、王慶堯 (2005)。**資料探勘**－Data Mining。台北：旗標。

5.　廖述賢 (2007)。**資訊管理**。臺北市：雙葉書廊。

6.　趙民德 (2002)。On CRISP-DM and Predictive Sampling。**中國統計學報**，40 (4)，419-436。

7.　謝邦昌 (2014)。**SQL Server資料探勘與商業智慧**。臺北：碁峰圖書。

8.　Breiman, L., Friedman, J. H., Olshen, R. A. & Charles J. Stone. (1984). *Classification and Regression Trees.* Chapman & Hall/CRC.

9.　IBM SPSS, (2016). *IBM SPSS Modeler 18.0 Algorithms Guide.* USA: Integral Solutions Limited.

10.　IBM SPSS, (2016). *IBM SPSS Modeler 18.0 Node Reference.* USA: Integral Solutions Limited.

11.　IBM SPSS, (2016). *IBM SPSS Modeler 18.0 User's Guide.* USA: Integral Solutions Limited.

12.　Mburu, J. W., Kingwara, L., Ester, M., & Andrew, N. (2018). Use of classification and regression tree (CART), to identify hemoglobin A1C (HbA1C) cut-off thresholds predictive of poor tuberculosis treatment outcomes and associated risk factors. *Journal of Clinical Tuberculosis and Other Mycobacterial Diseases,* 11, 10-16.

NOTE

CHAPTER 07

因數分析：FA/PCA

7-1 因素分析PCA/Factor基本概念

因數分析（Factor Analysis, FA）是二十世紀初，在心理學領域所發展出來的一種多變量統計技術，最初由斯皮爾曼（Spearman）於 1904 年首創，而後由賽斯通（Thurstone）於 1931 年後加以發展。最初應用的範圍偏重於有關人類行為之研究，之後逐漸擴及於社會學、氣象學、政治學、藥學、地理學及管理學的領域。它包含許多縮減空間（或構面）的技術，其主要目的在以較少的維數來表示原先的資料結構，而又能保住原有資料結構中所提供的大部分資訊，其用途很廣，包括（Chen et al., 2019）：

- ⊙ 解開多變量資料中各變數間複雜的組合形式。
- ⊙ 進行探索性的研究，以找出潛在的特徵，供未來實驗之用。
- ⊙ 發展變數間的實證類型。
- ⊙ 減少多變量資料的維數。
- ⊙ 發展一種資料庫單維指數，俾便將受測者做差異最大化的區隔。
- ⊙ 檢定某些變數間的假設關係。
- ⊙ 將預測變數加以轉換，使結構單純化後，再應用某些技術 （如複迴歸或典型相關） 來加以處理。
- ⊙ 將知覺與偏好資料尺度化，並展現在一空間中。

「因數分析」的主要目的是解釋原始資料不同變數間的「相互」關係，也就是指「covariance」或「correlation」。目的在於降低變數的數目，但須在一群具有相關性且難以解釋的資料中，找出概念上有意義且彼此獨立的原始資料共同因數。

Pearson 於 1901 年提出**主成分分析（Principal Component Analysis, PCA）**主要目的就是將多維度的原始資料簡化成少數幾個主成分。同時，經過簡化後的幾個主成分能夠解釋大部分的變異。由於主成分之間是彼此獨立的，而且這些主成分都是原始變數的線性組合，也因此保存了它原有的資訊

（Huang, Gertler & McAvoy, 2000）。其目的是希望用較少的變數去解釋原來資料中的大部份變異，而這些變數也就是整理而得的總體性指標。

因數分析相異於主成分分析之處就是把每一變數之變異數分解為共同的與特定的部分，其所關心的是此變數之變異數中與其他變異數共同的部分。

7-2 因素分析演算法簡介

「降維」是為了簡化問題，並利用原始變數的線性組合而形成幾個綜合性的指標，其中，必須使用相關矩陣的方式來瞭解內部結構的關係。在取得資料時，需先對資料作基本的敘述性統計分析，以瞭解資料結構及組成，同時，求出其共變數或是相關矩陣。接著再利用共變數或相關矩陣求出**特徵值（Eigenvalue）**與**特徵向量（Eigenvector）**，並由累積解釋的變異數百分比來選取主成分的個數，最後由因數負荷量等數值來研判各個成分的重要性。降低原始變數中維度的方法包括有主成分分析和因數分析等兩種。

主成分分析的目的希望找到一兩個指標能解釋大部分資料中的變異，而得到降低原始變數中維度的效果，置重點於「轉換」原始變數使之成為幾個綜合性的新指標，關鍵在「**變異數（variance）**」。與主成份分析不同的是，因數分析的重點是如何解釋變數之間的「**共變異數（Covariance）**」。透過少數的主成分（原來變數之線性組合）以解釋**共變異數結構（Covariance structure）**（共變異數矩陣能表現原來觀測之變異情形）（楊浩二，1995）。因數分析主要目的在尋找一組觀測資料之精簡描述，原則是要簡化，亦即縮減變數與有意義。主成分分析的目的再建立一組可觀測變數之線性組合，使其能夠解釋這些變數的總變異數之大部分。因數分析則試圖從此一組可觀測之共變異數矩陣尋找較少數之新變數，使其可能再製原共變異數矩陣，亦即，尋找且定義基本**構念（constructs）**或**構面（dimensions）**，其被視為構成這些原來變數之基礎（楊浩二，1995）。

主成分分析的解析步驟如下（永田靖、棟近雅彥，2003）：

⊙ 從相關係數矩陣R的第一特徵值（最大特徵值）λ₁所對應的特徵向量求出第一主成分Z₁。其次，從R的第二特徵值（最大特徵值）λ₂所對應的特徵向量求出第一主成分Z₂。同樣，求出第K個主成分（K=3,4,…,P）。

⊙ 求出各個主成分的貢獻率（解釋力）及累積貢獻率。以「特徵值在1以上」或者「累積貢獻率超過80%」作為指標選擇主成分。

⊙ 求因子負荷量。以特徵向量與因子負荷量之值做為參考，對所選擇的各主成分的意義進行考察。再將因子負荷量描繪在散佈圖上，進行變數的分類。

⊙ 將主成分得分描繪在散佈圖上，對樣本加上特徵與進行分類。

因素分析的解析步驟如下（永田靖、棟近雅彥，2003）：

⊙ 設定共通因素的個數，其指標與主成分分析的情形同樣考慮。取決於樣本相關係數矩陣中比1大的特徵值。

⊙ 求出因素的貢獻率（解釋力）及累積貢獻率。以「特徵值在1以上」或者「累積貢獻率超過80%」作為指標選擇因素。

⊙ 求出因素負荷量，與主成分分析的情形一樣，試著嘗試著因素的解釋，但要注意因素分析有轉軸的不確定性。為了使因素的解釋容易，施予轉軸是允許可以的。

7-3 IBM SPSS Modeler 主成分/因子 節點資料格式與設定

Step 1：

1. 【使用類型節點設定】：資料匯入時，依據資料串流中上游「type」節點所設定的資料內容、格式與方向來進行資料分析。

2. 【使用自訂設定】：資料匯入時，依據使用者自行設定的資料內容、格式與方向來進行資料分析。

3. 【分割區】：可以將資料以**分割型（Partition）**資料作切割的依據，但是
   該欄位必須是分割型（Partition）資料。

Step 2：

1. 【模式名稱】：使用預設自動產生或指定產生的模型名稱。

2. 【淬取方法】：計有以下七種方法（楊浩二，1995）：

   ⊙ 【主成分】：這是預設方法，以估計的共同性取代R之對角線元素開
     始，從淬取的因數負荷估計共同性，再自此新共同性取代R之對角線
     元素，又從新淬取的因數負荷估計共同性，一直到共同性估計值收斂
     至某程度為止，概括輸入欄位的成分。

   ⊙ 【未加權最小平方】：這種因數分析法產生因數組型矩陣，使觀測的
     與再製的相關矩陣間之差的平方和最小。工作原理是找出最有能力重
     現輸入欄位之間關係（相關）模式的因數集合。

   ⊙ 【廣義最小平方】：這種因數分析法與無加權最小平方方法相似，但相
     關係數以其對應變數之特定變量數 ϕ_{ii} 之倒數為權數。此方法與未加
     權最小平方法類似，差別在於它利用加權降低具有大量獨有（非共
     用）變異數的欄位的重要程度。

- ⊙ 【最大可能性】：這種因數分析法假定樣本來自多變量常態母體，用此法所產生的參數估計值最可能產生觀測的相關係數矩陣。此方法將產生最有可能生成輸入欄位中觀測到的關係（相關）模式的因數方程式，它以對這些關係的形式的假定為基礎。尤其此法假定訓練資料服從多元常態分配。

- ⊙ 【主軸分解】：該方法與主成分法非常相似，唯一不同的是聚焦於共變異數。

- ⊙ 【Alpha 分解】：這種因數分析方法把分析的因數看作可能輸入欄位空間的一個樣本，這種方法將因數的統計可靠度最大化。

- ⊙ 【影像分解】：這種分析法以各變數之迴歸估計值求得之共變異數矩陣求共同因數，而其共同性以各變數之判定係數代之。

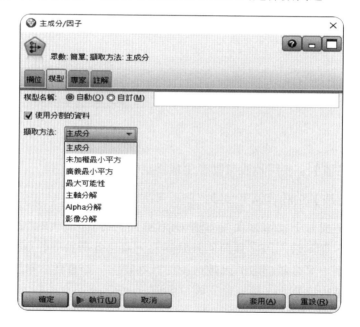

Step 3：

1. 【模式】：簡單模式或專業模式。

2. 【遺漏值】：預設的情況下，軟體僅使用模型中所有欄位中的值均完整的紀錄。

3. 【欄位】：指定使用輸入欄位的**相關性矩陣（correlation matrix）**或使用**共變異數矩陣 （covariance matrix）**估計模型。

4. 【收斂的最大疊代】：指定估計模型時的最大疊代次數。

5. 【擷取因子】：有兩種方式可以選用：【特徵值超過】以及【最大數目】

6. 【成分/因子矩陣格式】：包含以下兩選項。【排序值】：模型輸出中的因數負荷將按值高低排序。【隱藏值低於】：低於指定值的因數將不在矩陣中顯示。

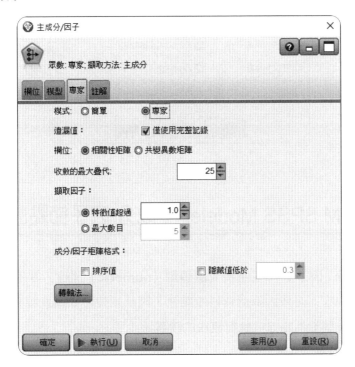

7. 【轉軸法】：因數轉軸。

   ⊙ 沒有旋轉：預設選項，不進行任何轉軸。

   ⊙ **最大變異數法（Varimax）**，目的在使負荷矩陣行變異最大。

   ⊙ **直接斜交法（Direct oblimin）**，使用變異數最大旋轉法以及四方最大旋轉法兩者的加權平均。

- 四次方最大值轉軸法（**Quartimax**），最小化解釋每個欄位所需因數數目。這種轉軸方法簡化了觀察欄位解釋，目的在使負荷矩陣列變異最大。

- 相等最大值轉軸法（**Equamax**）：綜合了簡化因數的Varimax法和簡化字段的Quartimax的轉軸法。

- Promax轉軸法：傾斜的轉軸法，用於大型資料集。

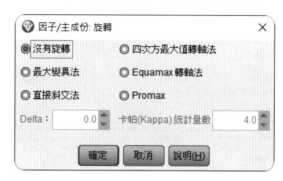

7-4　IBM SPSS Modeler 主成分/因子節點設定範圍

　　【主成分 / 因子】模型僅接受**數值型（numeric）**欄位，其優點為不犧牲太多的資訊內容而有效的降低資料複雜性，因此能夠建立比直接使用原始輸入欄位建立的模型更為穩健、執行更快的模型。

　　資料在進入節點時，資料的方向亦會影響分析的結果：

- 設定為【輸入】時，表示允許資料進入【主成分/因子】模型節點作分析，且需要至少一個【輸入】的欄位。

- 設定為【目標】時，資料禁止進入【主成分/因子】模型節點，表示忽略資料進入節點中分析。

- 設定為【兩者】時，資料禁止進入【主成分/因子】模型節點，表示忽略資料進入節點中分析。

⊙ 設定為【無】時，資料禁止進入【主成分/因子】模型節點，表示忽略資料進入節點中分析。

7-5 個案應用—學術量表分析

本章節的範例是使用國防大學管理學院資源管理研究所的陳自強先生所著「知識分享、知識吸收能力與創新能力關聯性之研究」一書中的問卷參數，在此僅簡單描述分析步驟與資料結構，詳細完整內容請參見該論文。在該論文中，研究變項計有「知識分享」、「知識吸收能力」及「創新能力」三項。

知識分享包含：

⊙ 「知識贈與」量表有五題。

⊙ 「知識收集」量表有五題。

知識吸收能力包含：

⊙ 「員工學習能力」量表有五題。

⊙ 「員工學習動機」量表有七題。

創新能力包含：

⊙ 「產品創新」量表有六題。

⊙ 「程序創新」量表有五題。

⊙ 「管理創新」量表有七題。

所有衡量題項均採 Likert 5 點尺度加以衡量，受測者依題意填答個人對問題的同意度，由「非常不同意」、「不同意」、「普通」、「同意」至「非常同意」，分別給予 1、2、3、4、5 分。

產業及人口變項屬性：

⊙ 產業別：金融壽險、醫療、電子業三類。

- ⊙ 性別：男、女。

- ⊙ 年齡：採開放式填答。

- ⊙ 最高學歷：採開放式填答。

- ⊙ 年資：採開放式填答。

- ⊙ 職務：區分為管理階層、專業人員、業務行政人員、線上作業人員。

Step 4：

　　首先，我們先從下載檔中開啟本章練習檔案，選擇 Ch07.csv 檔，並選擇資料來源節點面板上的【變數檔案】節點。在檔案欄位中建立檔案連結的路徑。勾選「從檔案取得欄位名稱」，表示檔案中的第一列為欄位名稱。

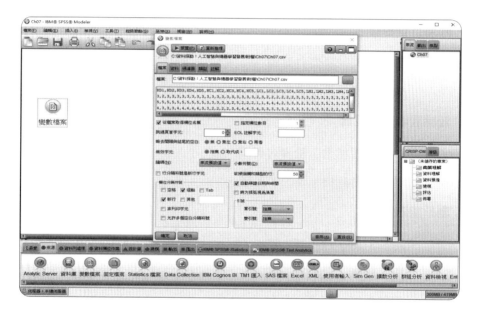

Step 5：

　　點選【資料欄位處理】中的【類型】節點並連結，讀取資料值、定義資料的內容及屬性，將欄位資料實例化。

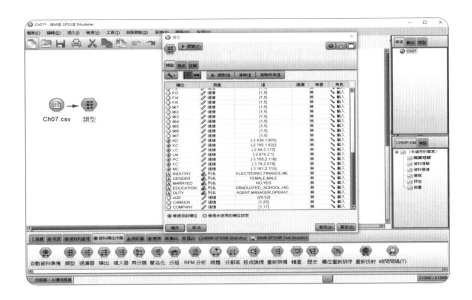

Step 6：

連結【資料欄位處理】中的【過濾器】節點並連結，除要分析的欄位之外，其餘均不通過。在本範例中，我們將一般敘述統計資料導入，也就是下圖中的「INDUSTRY、GENDER、MARRYED、EDUCATION、DUTY、AGE、CAREER」等七個欄位。

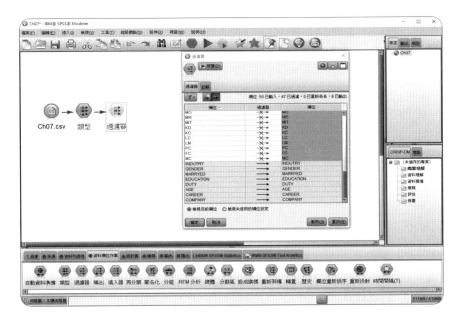

Step 7：

連結【輸出】節點中的【資料審核】節點，依使用者需求，勾選希望檢視的資料品質與一般統計量，執行該節點。

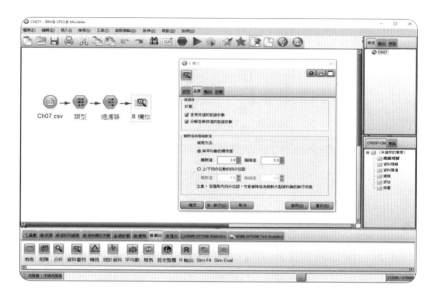

Step 8：

在畫面上即可出現【資料審核】的敘述性統計結果，包含了欄位名稱、資料長條圖、資料測量屬性、最小值、最大值、平均數、標準差、偏斜度、唯一（類別數量）以及有效（紀錄或資料筆數）等詳細的內容。

欄位	圖表	測量	最小值	最大值	平均數	標準 裝置	偏斜度	唯一	有效
INDUTRY		列名	--	--	--	--	--	3	355
GENDER		列名	--	--	--	--	--	2	355
MARRY...		列名	--	--	--	--	--	2	355
EDUCA...		列名	--	--	--	--	--	4	355
DUTY		列名	--	--	--	--	--	4	355
AGE		連續	20	52	30.023	5.804	1.076	--	355
CAREER		連續	1	25	4.656	4.319	1.835	--	355
COMPA...		連續	1	17	9.372	4.439	-0.080	--	355

* 表示多個輸結果   * 表示取樣結果

Step 9：

在【品質】頁籤的畫面中，可以檢視資料的品質。這個頁籤取代了之前的【品質】節點，減少使用者在選用上的複雜度。這個畫面中，我們尤須檢查的部分是離群值、極端值、完成%以及有效紀錄等欄位。若資料內容沒有遺漏的部分，我們就可以繼續後列的步驟。

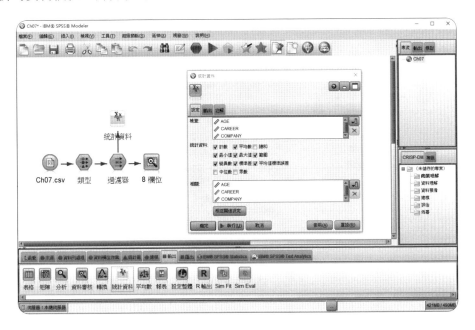

Step 10：

也可以連結【輸出】節點中的【統計資料】節點，依使用者需求選入欲分析的資料欄位，計算統計量以及相關係數。

Step 11 ：

執行節點之後可以在畫面上看到針對選擇欄位所計算的統計量以及欄位之間相關係數值。

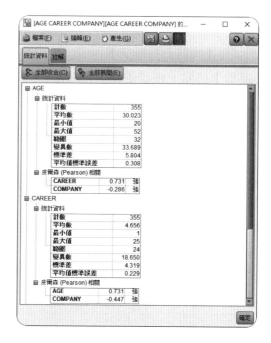

Step 12 ：

在建立主成分分析模型之前，先篩選準備進入的資料欄位。請連結【資料欄位作業】面板的【過濾器】節點，對於不進入分析流程的資料按 X。

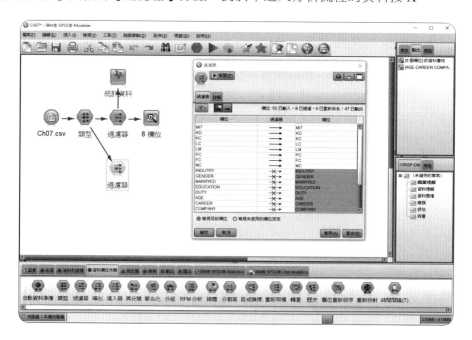

Step 13：

接著連結【建模】面板的【主成分／因子】節點，準備建立模型。模型節點內詳細的設定請參考前節中的內容後依需求調整，在本範例中，首先使用主成分的淬取方法進行建模。其餘均依軟體預設值設定。

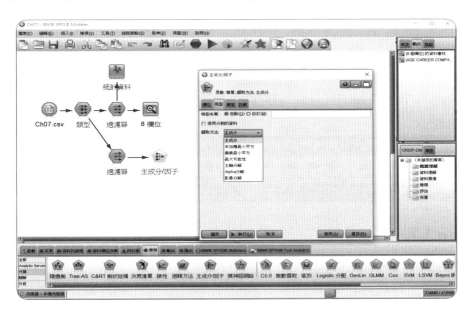

Step 14：

執行【主成分／因子】節點後，即可在畫面中產生模型金塊。點選模型內容，即可查看模型中的詳細內容。在【模式】頁籤中可以看到每一個粹取出的因素所使用的題項。

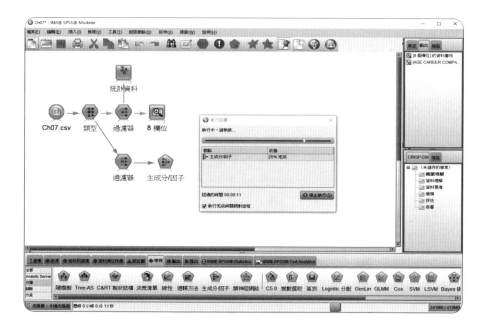

Step 15：

在模型的【模式】頁籤中可
以看到每一個粹取出的因素所使
用的題項。

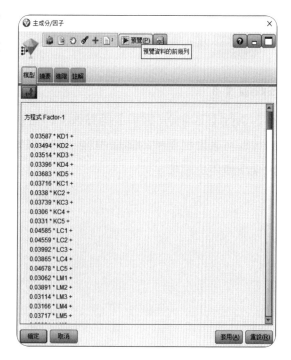

Step 16：

在【摘要】頁籤中可以查看建立模型時的所有設定值。在此範例中，淬取的因子數目共有七個。

Step 17：

點選【進階】頁籤，可以查看模型：

⊙ 共同性（**Communalities**）：大於0.5為佳。

⊙ 總解釋變異量（**Total Variance Explained**）：包含了每個淬取因素的初始特徵值（**Initial Eigenvalues**）、變異數百分比（**%**）（**% of Variance**）、累積百分比（**%**）（**Cumulative %**）、轉換後特徵值（**Extraction Sums of Squared Loadings**）、轉換後變異數百分比（**%**）（**% of Variance**）、轉換後累積百分比（**%**）（**Cumulative %**）。

⊙ 成分矩陣表（**Component Matrix, a**）：顯示輸入欄位與非旋轉因數間相關性。

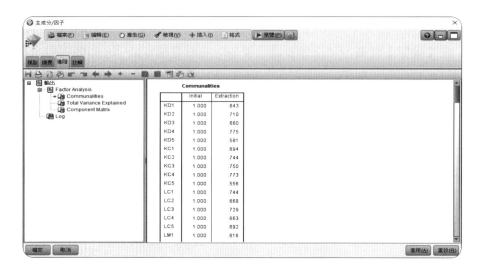

Step 18：

點選【進階】頁籤，可以查看模型的：

⊙ **總解釋變異量（Total Variance Explained）**：包含了每個淬取因素的**初始特徵值（Initial Eigenvalues）**、**變異數百分比（%）（% of Variance）**、**累積百分比（%）（Cumulative %）**、**轉換後特徵值（Extraction Sums of Squared Loadings）**、**轉換後變異數百分比（%）（% of Variance）**、**轉換後累積百分比（%）（Cumulative %）**。

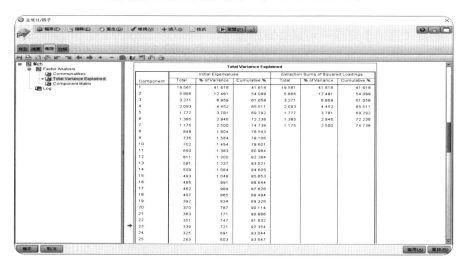

Step 19：

點選【進階】頁籤，可以查看模型的：

⊙ 成分矩陣表（Component Matrix（a））：顯示輸入欄位與非旋轉因數間相關性。

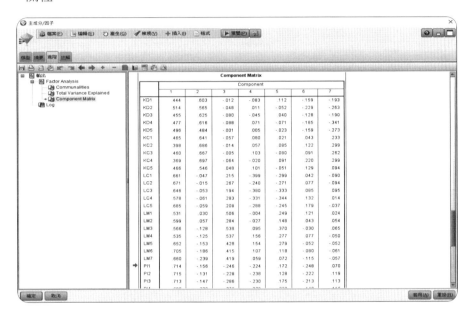

Step 20：

在此階段，使用主成分分析，點選專家模式，進入旋轉選項後，對資料使用四方最大旋轉法對資料進行轉軸（旋轉），即可獲得旋轉後的主成分模型。

在模型的內容【進階】頁籤中可以查看以下的資料：

⊙ Communalities：共通性。

⊙ Total Variance Explained：總解釋變異量。

⊙ Component Matrix（a）：因數（或成分）矩陣表。

⊙ Rotated Component Matrix（a）：旋轉後因數（或成分）矩陣表。顯示輸入欄位與非旋轉因數之間的相關性。

⊙ Component Transformation Matrix：旋轉因數（或成分）矩陣。顯示輸入欄位與正交旋轉的旋轉因數之間的相關性。

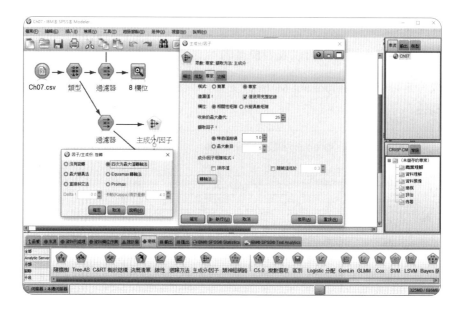

Step 21：

根據前述模型內容，可以繪製未轉軸以及使用四方最大旋轉。

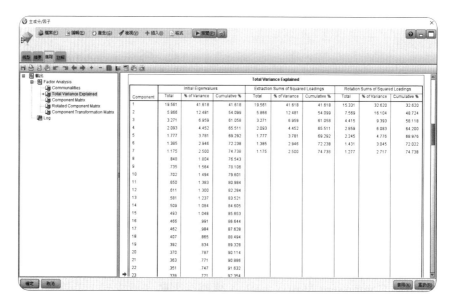

Step 22：

　　根據前述模型內容，可以繪製未轉軸以及使用四方最大旋轉法轉軸後的模型陡坡圖，如圖所示。

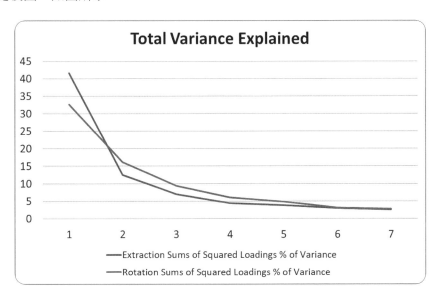

1. 永田靖、棟近雅彥（2003）。**多變量解析法入門**（陳耀茂編譯）。台北：全華科技。（原著出版年：2001年）

2. 林良陽（2006）。**智慧資本與動態能耐對研發團隊創新績效的影響**。政治大學科技管理研究所博士學位論文，未出版，台北。

3. 胡婉玲（2005）。**使用擴散對轉換成本與轉換意圖影響之探討-以行動電信服務業為例**。國立台北大學企業管理學系博士學位論文，未出版，台北。

4. 韋端（主編）（2003）。**Data Mining概述**：以Clementine7.0為例。臺北：中華資料探勘協會。

5. 陳自強（2005）。**知識分享、知識吸收能力與創新能力關聯性之研究**。國防大學管理學院資源管理研究所碩士學位論文，未出版，台北。

6. 陳淑貞（2006）。**雙職涯家庭工作者「工作與家庭衝突」之研究:以一家大陸台商企業公司為例**。臺灣大學商學研究所博士學位論文，未出版，台北。

7. 曾憲雄、蔡秀滿、蘇東興、曾秋蓉、王慶堯（民94）。**資料探勘**。臺北：旗標。

8. 楊浩二（1995）。**多變量統計方法**。臺北：華泰書局。

9. 廖述賢（2007）。**資訊管理**。臺北市：雙葉書廊。

10. 趙民德（2002,12）。On CRISP-DM and Predictive Sampling。**中國統計學報，40**（4），419-436。

11. 謝邦昌（2014）。**SQL Server資料探勘與商業智慧**。臺北：碁峰圖書。

12. Chen, J., Du, L., He, H., & Guo, Y.（2019）. Convolutional factor analysis model with application to radar automatic target recognition. *Pattern Recognition*, 87, 140-156.

13. Huang, Y., Gertler, J. & McAvoy, T. J.（2000）. Sensor and actuator fault isolation by structured partial PCA with nonlinear extensions. *Journal of Process Control, 10,* 459-469.

14. IBM SPSS,（2016）. *IBM SPSS Modeler 18.0 Algorithms Guide.* USA: Integral Solutions Limited.

15. IBM SPSS,（2016）. *IBM SPSS Modeler 18.0 Node Reference.* USA: Integral Solutions Limited.

16. IBM SPSS,（2016）. *IBM SPSS Modeler 18.0 User's Guide.* USA: Integral Solutions Limited.

CHAPTER 08

類神經網路:
Artificial Neural Networks

·· 學 · 習 · 目 · 標 ··

- 瞭解類神經網路基本概念
- 瞭解類神經網路的特性
- 瞭解類神經網路演算法
- 瞭解類神經網路之三層式架構
- 瞭解類神經網路的類型
- 瞭解不同類神經網路類型的差異
- 瞭解IBM SPSS Modeler類神經網路資料格式與設定
- 瞭解IBM SPSS Modeler類神經網路節點使用的六種方法
- 實際IBM SPSS Modeler類神經網路個案分析實作

一九五〇年代的科學家，為了解決一些較為困難的問題，於是開始思考模仿人類大腦中思考以及運作的方式，其中尤其是模仿神經元的運作，只是剛開始時，對於類神經網路的設計並非命名為神經元，而是稱為「**感知器 (perception)**」，感知器也就是神經元的最初始概念與模型，但是當時僅是將其作為一種分類功能的分類器來使用罷了。後續因為瓶頸無法突破，導致類神經網路的技術，一度沈寂了三、四十年，直到一九八〇年代才又再度復甦，現在已被廣泛的利用，遍及各領域，其中包括電力使用預測、橋樑破壞預測、行動輸具設計、醫療異常檢核、交通運量預測等。

8-1　類神經網路基本概念

　　類神經網路 (neural network)，又名為**平行分散處理器 (parallel distributed processors)**、**自我組織系統 (self-organizing systems)**、**適應系統 (adaptive systems)**、**人工類神經網路 (artificial neural networks)** 等，它使用大量簡單的相連人工神經元來模仿生物類神經網路的能力。人工神經元是生物神經元的簡單模擬，它從外界環境或者其它人工神經元取得資訊，並以非常簡單的運算，將輸出其結果到外界環境或者其它人工神經元，以便用於推估、預測、決策、診斷。因為藉著仿照生物 經網 結構的非線形預測模型，而通過學習進 模式識別 (Han & Kamber, 2000)。Freeman & Skapura (1992) 對於類神經網路的定義是模仿生物類神經網路的資訊處理系統，透過使用大量簡單的人工神經元來模仿生物類神經網路的能力。

　　大約在一百多年以前 (一八八〇年代)，藉由解剖學的幫助，使生物學家了解到神經細胞是大腦的主要構成細胞。30 年後，Adrian 由實驗中發現：「當外界給予一個神經細胞足夠強度的刺激電流，神經細胞便會放出電流脈波 (current pulse)，而且這種電流脈波，大多具有相同的強度，且其放射頻率與外來刺激電流的強度成正比。」我們將 Adrian 的發現，稱為神經細胞電化學作用

學說，此學說影響了日後我們對人工神經元模型的建立 (石傑方，2004)。

1943 年，McCulloch & Pits 設計出簡易的神經元模型。這時候所設計的神經元被無法提供太多的協助，僅能處理一些較為簡單的問題，除了是因為理論基礎上仍有缺陷外，最重要的還是因為資訊科技不夠發達，無法迅速並大量的處理資料。1982 年，Hopfield 提出**霍普菲爾網路 (Hopfield neural network, HNN)**，證明誤差可以收斂至一局部最小值；1986 年 Rumelhart 等人發展出**倒傳遞網路 (back propagation network, BPN)**，使得類神經網路的訓練方式可以避開之前設計上的缺陷，由此開始讓類神經網路又蓬勃的發展起來。現在類神經網路能夠被廣為使用的原因如下 (廖述賢，2007)：

1. 類神經網路本身在理論的建立與模式的開發有了突破，最明顯包括霍普菲爾網路與倒傳遞網路。

2. 解決電腦科學與人工智慧一些難題的需要，如樣本學習、機械學習。

3. 電子、光學等技術的進展提供了實現「神經電腦」的可能性，例如基於 VLSI的神經電腦與光神經電腦的誕生。

4. 從現代生理學、認知學、心裡學對生物神經網絡的瞭解，提供了發展新的類神經網路模式的啟示。

類神經網路主要的概念就是使用資訊科技去模仿生物神經元處理、傳遞與學習的過程及能力，在目前已知的領域中，我們可以知道人類的大腦中約存在著 10^{11} 個神經元 (或神經細胞)，每個神經元約含 10^3 個**突觸 (synapse)**，因此在我們的大腦中至少有 10^{14} 個突觸 (神經節)。藉由這些的神經元與突觸 (神經節)，使我們可以處理大量的聲音、影像、冷、熱、痛、癢等相關的訊息，再將這些訊息，轉換成生物電流後，流進神經細胞中，讓神經細胞能夠接收我們所收到這些訊息，讓訊息透過電位的變化，由突觸經**樹突 (dendrites)** 傳送至**神經核 (soma)**，再經**軸索 (axon)** 傳送到樹突，成為下一個神經元的輸入訊號。因為突觸內儲存的資訊就是生物類神經網路中儲存資訊的地方，因此資訊訊號的強度就是生物類神經網路需要學習並調整的重點 (Scarselli et al., 2018)。

類神經網路是基於腦神經系統研究所啟發的一種資訊處理技術，它由巨量的神經細胞 (或稱神經元) 組成，包括 (如下圖)：

1. **神經核 (soma)**：神經細胞呈核狀的處理機構。它是神經細胞的核心，其作用，大概是將樹突 (神經樹) 收集到的資訊在此作轉換，再由軸索 (神經軸) 軸將信號傳送到其它的神經細胞中。

2. **軸索 (神經軸) (axon)**：神經細胞呈軸索狀的輸送機構，連接在神經細胞核上，用來傳送由神經細胞核與神經細胞間的訊號與資訊。

3. **樹突 (神經樹) (dendrites)**：神經細胞呈樹狀的輸出入機構，可分為兩種：輸入神經樹及輸出神經樹。輸入神經樹是用來接收其他神經細胞傳來的信號。而輸出神經樹則是用來傳送信號至其它神經細胞。

4. **突觸 (神經節) (synapse)**：神經樹上呈點狀的連結機構亦稱為神經節。每個神經細胞約有103個神經節。神經節是類神經網路上的記憶儲存體，它表示兩個神經細胞間聯結的強度，我們亦稱之為加權值 (weight)。突觸的形式有兩種：興奮型和抑制型。假如生物電流流經**激發型突觸 (excitatory synapse)**，則會增加電流流動的**脈衝速率 (pulse rate)**。倘若假如生物電流流經**抑制型突觸 (inhibitory synapse)**，則會降低脈電流流動的脈衝速率。至於影響脈衝速率的因素，主要是輸入訊號的強弱。

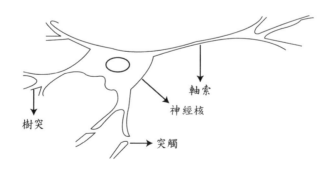

生物神經元模型

資料來源：**資訊管理** (頁409)，廖述賢 (2007)，台北：雙葉書廊。

當外界的各種不同資訊或知覺,透過感官器官接收後,傳遞進神經細胞;而神經細胞的**突觸 (synapse)** 會將輸入訊號作處理轉換,再經由**樹突 (dendrites)** 傳遞至**細胞核 (soma)**,最後**軸突 (axon)** 傳遞至樹突,作為下一個神經元的輸入訊號。神經細胞樹突是輸入的路徑,突觸訊號轉換是神經鍵或**加權值 (weight)**,軸突相當於輸出路徑。類神經網路即是許多人工神經元連結組成,進行模仿生物類神經網路,而人工神經元是基本類神經網路單元,或稱之為**處理單元 (processing element, PE)** 或節點 **(node)** (Haykin, 1994)。

一般而言,類神經網路的優點如下 (林穎駿,2003):

1. 具有過濾功能:在類神經網路中某一個輸入與某一個輸出關係,並不是直接由網路中某一個節點所單獨負責的,事實上,每一個節點只會映射出輸入-輸出模式的一個特徵值 (Micro Feature)。當網路所有特徵組合在一起時,才能映射出完整的輸入-輸出模式。因此當某一節點所輸入要處理的信號具有雜訊或數據不完整時,此一輸入對網路所造成的影響,將不會有想像中那麼嚴重。

2. 具有適應性學習能力:每種類型的類神經網路都有特定的學習演算法,經由演算法可調整節點與節點之間的連結權重值。透過不斷的調整權重值得到正確的輸入-輸出模式,這種能力稱之為適應性學習能力。

3. 多輸入與多輸出系統:輸入輸出層可具有任意數目的節點,所以類神經網路是一個真正多輸入多輸出系統。

介紹完類神經網路的基本架構及運作模式後,最後,我們將談談類神經網路的特性。一般而言,類神經網路具有下列特性 (石傑方,2004):

1. **平行處理 (parallel processing)**

    類神經網路採用大量平行計算,經由許多不同的人工神經元來做運算處理,有別於傳統的范紐曼式 (Von Neumann) 電腦 (即目前的數位電腦)。

2. **錯誤容忍度 (error allowance)**

    類神經網路在運作時具有很高的錯誤容忍度,如果輸入資料混雜少許的雜訊干擾,仍然不會影響其運作的正確性。而且即使有部分人工神經元失效,整個類神經網路仍能有效運作。

3. **聯想記憶 (associative memory)**

在迴歸型類神經網路中，並沒有所謂的資料記憶區，但是網路卻可以記住「需記住」的訓練範例，爾後若對其輸入訊號進行運算，整個網路藉由運算過程可聯想出相對應的輸出值。此種記憶方式，我們稱為「聯想式記憶」，而它的聯想過程，我們稱為「內容定址」 (content addressing)，以別於目前數位電腦所採用的「記憶體位址定址」。

4. **解決最佳化問題 (optimization problem)**

所謂最佳化問題，是指在一問題領域中，我們希望找到一組設計變數值，使其在滿足設計限制下，使整個設計目標達到最佳化狀態。讓我們舉個例子來說明這個概念：「考慮一旅行員要到N城市作生意，試找出一條從某城市出發，連貫這些城市，又回到原出發城市的最短路徑。」

若我們能找到這樣一條路徑，便是解決了一個「組合最佳化問題」，而類似這樣的問題，我們可藉助於類神經網路來幫忙解決。

5. **超大型積體電路實現 (VLSI implementation)**

類神經網路的結構具有高度的互連性 (interconnection)，而且簡單，有規則性，易以超大型積體電路來實現。

8-2 類神經網路演算法簡介

類神經網路通常利用一組範例資料建立系統模型，再依據此模型進行推估、預測、診斷及決策。而類神經網路由許多人工細胞 (又可稱為類神經元、人工神經元及處理單元) 組成，每一處理單元的輸出則成為其他處理單元的輸入。

處理單元之輸出、入值計算式可用下列函數表示:

$$Y_i = f(\sum W_j X_i - \theta_j) \qquad (8.1)$$

其運算符號說明如下:

Y_i: 類神經元模型的輸出訊號。

f: 類神經元模型**活化函數 (activation function)**,其目的是將從其他處理單元輸入的輸入值之加權乘積轉換為處理單元輸出值。

W_{ij}: 類神經網路的神經節強度。

θ_j: 類神經元模型的門檻值 (threshold),亦稱內部臨界值或偏移值。

類神經網路是由多個神經元所組成,而每一個鏈結有一加權值 W_{ij},用以表示第 i 個輸入單元對第 j 個輸出單元影響強度。

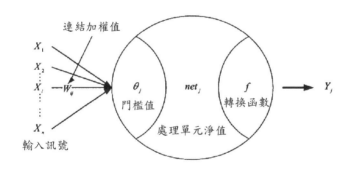

人工神經元模型

資料來源:**資訊管理** (頁410),廖述賢 (2007),台北:雙葉書廊。

在上圖中,我們所看到的 X_1、X_2、X_3……X_n 是類神經網路輸入的變數值,而 W_{ij} 是類神經網路的神經節強度,也就是我們所設定的權重或權數 (weight)。輸入的變數值乘上權重後,加總的值必須要大於門檻值 Θ_j,並且透過轉換函數 f,才能夠繼續傳遞至下一個人工神經元,否則就會被汰除。

類神經網路處理資料時,需先將資料分成**訓練組 (training set)** 與**測試組 (test set)**。首先將訓練組的資料匯入輸入節點後,調整各個節點的權重比值,讓類神經網路的計算輸出能夠符合所設定的要求且大於門檻值。再者,利用測試組的資料,驗證模型的準確度,同時可以協助此一模型進行預測的任務。

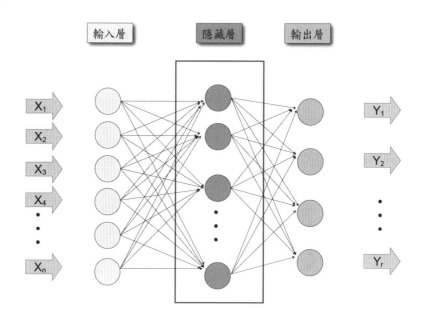

類神經網路之三層式架構網路圖

一般來說,類神經網路的架構概分為三層:輸入層、隱藏層與輸出層 (如上圖所示)。

⊙ **輸入層**:負責接收到外界的資訊或變數,以線性轉換的方式轉換後再交由隱藏層處理。

⊙ **隱藏層**:專司變數間相互關係的處理,使用非線性轉換的方式將資訊或變數處理。隱藏層可是需求或設計的理念,分為單層式或多層式。

⊙ **輸出層**:將隱藏層處理後的資訊與線性轉換的方式輸出,讓使用者可以使用。

此外，類神經網路的類型，依學習特性的差異可分為：

1. **監督式學習網路 (supervised learning network)**：感知機、倒傳遞類神經網路、機率類神經網路、學習向量量化網路。

2. **非監督式學習網路 (unsupervised learning network)**：自組織映射圖、自適應共振理論。

3. **聯想式學習網路 (associated learning network)**：霍普非爾網路、雙向記憶網路。

4. **最適化應用網路 (optimization application network)**：霍普菲爾坦克網路、退火類神經網路。

另依網路架構加以分類則可分為**前授式網路架構 (feed-forward network)**與**回授式網路架構 (feedback network)** 等。

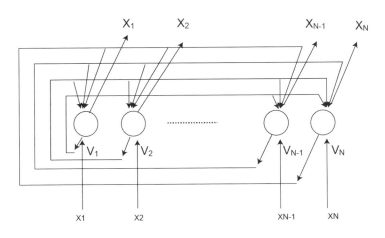

迴歸型類神經網路

資料來源： From「Theory and Applications of Neural Networks for Industrial Control Systems.」By Fukuda, T., and Shibata, T., 1992, *IEEE Trans. on IE, 39* (6), p475.

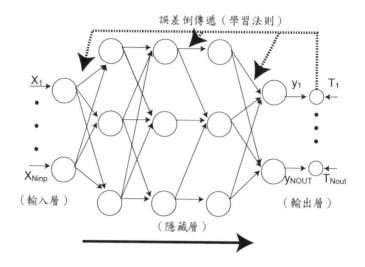

前授型類神經網路

資料來源： From 「Theory and Applications of Neural Networks for Industrial Control Systems.」 By Fukuda, T., and Shibata, T., 1992, *IEEE Trans. on IE, 39* (6), p475.

8-3 IBM SPSS Modeler Neural Networks 節點資料格式與設定

Step1：

1. 【使用預先定義的角色】：資料匯入時，依據資料串流中上游【類型】節點所設定的資料內容、格式與方向來進行資料分析。

2. 【使用自訂欄位指定】：資料匯入時，依據使用者自行設定的資料內容、格式與方向來進行資料分析。

3. 【目標】:與【類型】節點當中,角色欄位目標選項的要求相同。

4. 【預測值】:與【類型】節點當中,角色欄位輸入選項的要求相同。

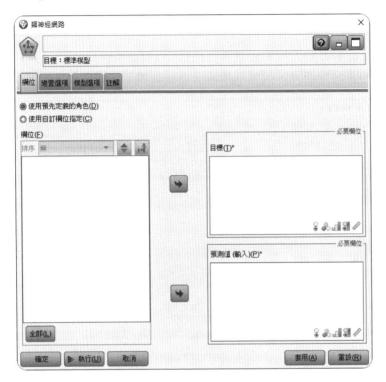

Step2:

1. 使用者可以依需求選擇【構建新模型】或【繼續訓練現有模式】。

2. 使用者亦可依需求來選擇生成模型的重點,可以有以下選擇:

   ⊙ 【建立標準模型】:此方法將構建單個模型,以使用預測變數來預測目標,速度較快。

   ⊙ 【強化模型的準確度 (boosting) 】:此方法採用boosting法 (拔靴法) 建構整體模型,亦可稱為增強訓練法。亦即在每一次的迭代,都會將分類錯誤的資料挑出來,另外再進行訓練與建模。這將生成一系列模型以獲得更精確的預測結果,花費時間較長。

⊙ 【強化模型的穩定度 (bagging) 】：此方法採用 bagging法 (裝袋法) 建構整體模型。本方法每一次都是採取抽後放回的抽樣資料建立模型，藉由持續抽樣，建立多個模型來評分。這將生成多個模型以獲得更可靠的預測結果，可靠度較高。

⊙ 【針對非常大型資料集進行最佳化 (需要Server版本) 】：如果使用者的資料集過大，而無法構建上述任何模型，請選擇此項。

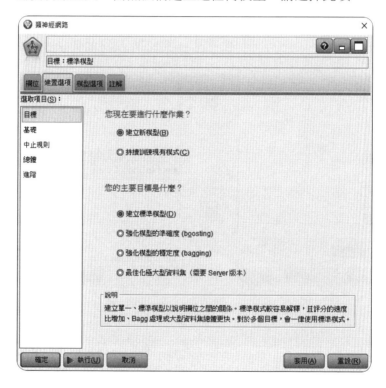

Step3：

1. 【類神經網路模型】：可以透過使用者的選擇來建立不同的類神經網路模式。**多層次感知器 (Multilayer Perception, MLP)** 允許使用者生成較為複雜的關係，但是需要花費較長的訓練與評分時間。**徑向基底函數 (Radial Basis Function, RBF)** 可以縮短訓練與評分時間，但預測能力較 MLP 稍差些。

2. 【隱藏層】：類神經網路的**隱藏層 (hidden layer)** 包含無法觀察到的單位 (神經元)。每個隱藏單位的值均為預測變數的某個函數。多層感知器可以有一個或兩個隱藏層；徑向基函數可以有一個隱藏層。

⊙ 【自動計算單位數量】：此選項構建具有單個隱藏層的網路，並計算隱藏層中的「最佳」單位數目。

⊙ 【自訂單位數量】：此選項允許使用者指定每個隱藏層中的單元數。第一個隱藏層必須至少有一個單元。如果為第二個隱藏層指定 0 個單位，則會構建具有單隱藏層的多層次感知器。

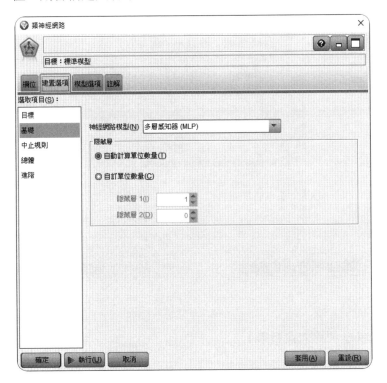

Step4：

1. 這些規則用於確定何時讓多層感知器 (MLP) 網路停止訓練；如果使用徑向基函數 (RBF)，將忽略這些設定。

2. 【使用最大訓練時間】：選擇是否指定演算法執行計算的最大分鐘數。

3. 【自訂最大訓練週期數量】：允許的最大訓練週期數。如果超過最大週期數，則停止訓練。

4. 【使用最低準確度】：如果使用此選項，訓練則會一直繼續，直到達到指定的精確性。

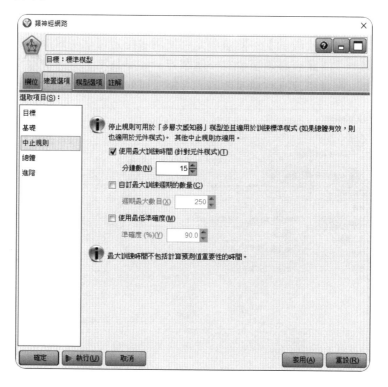

Step5：

1. 【Bagging 與極大資料集】

   ⊙ 【分類目標的預設組合規則】：可以通過投票、機率最高者贏或最高平均機率來對分類目標的整體預測值進行組合

   ⊙ 【連續目標的預設組合規則】：可以透過對來自基本模型的預測值取平均值或中位數，對連續目標的整體預測值進行組合。

2. 【增強和 Bagging】：指定要建構的基本元件模式數量，預設為10個 (次)。

Step6：

1. 【過適預防集合】：類神經網路方法在內部將紀錄劃分為模式建構集合和防止過適集，後者作為獨立的資料紀錄集，用於跟蹤訓練過程中的錯誤，以防止該方法對資料中的機率變異進行建模，預設值為**30**。

2. 【複製結果】：設定隨機種子允許使用者複製分析結果。指定一個整數，或按一下產生，這將產生一個介於 1 與 2147483647 之間 (包括1和 2147483647) 的隨機整數。

3. 【預測值中的遺漏值】：這將指定如何處理缺失值。整批刪除法會將預測變數中的有遺漏值的紀錄從模型中排除。轉嫁遺漏的值則會替換預測變數中的遺漏值，並在分析中使用這些紀錄。連續型數值欄位會填補最小與最大觀測值的平均值；類別型數值欄位則填補最常出現的類別。

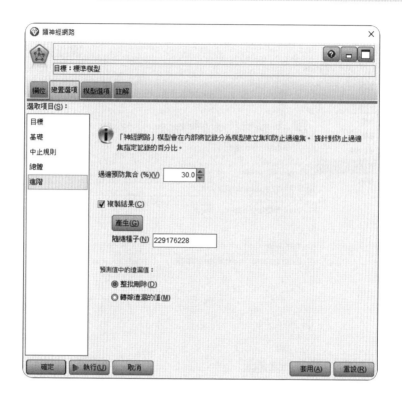

Step7：

1. 【模型名稱】：可以目標欄位來自動產生模型名稱，或指定自訂名稱。

2. 【模型評估】：勾選，即可在建立的模型中顯示，對於建立模型來說每一變數的重要程度。

3. 【設定為可評分】：在對模型評分時，會計算預測值和信心度。計算的信心度是基於預測值的機率或最高預測機率與第二高預測機率之間的差。

4. 【類別目標的預測機率】：這將產生類別目標的預測機率。

5. 【旗標 (flag, Boolean)目標的傾向分數】：對於含旗標 (flag, Boolean)目標的模型，使用者可以設定產生傾向分數，這些分數表示了目標欄位指定結果為真的可能性。

8-4 IBM SPSS Modeler 類神經網路 (ANN) 節點設定範圍

　　【類神經網路】模型對於資料處理的彈性較大，對於資料串流中提供的旗標 (flag, Boolean) 型資料、列名 (nominal) 型資料、字元 (串) 型資料以及數值型數值都能夠允許進入並演算，對於使用者來說相當方便。

⊙　設定為【輸入】時，表示允許資料進入【類神經網路】模型節點作分析。

⊙　設定為【目標】時，表示設定資料為【類神經網路】模型節點的輸出欄位，輸出欄位可以是連續型數值也可以是類別型資料，以數值型資料較佳。

⊙　設定為【兩者】時，資料將被忽略。

⊙　設定為【無】時，資料禁止進入【類神經網路】模型節點，表示拒絕資料進入節點中分析。

8-5 個案應用─設備狀態監測

本章節示範的設備狀態監測資料，取自一虛擬電力公司設備狀態監控結果，相關的資料來源，使用者可以在安裝程式的 Demos 目錄中找到，也可以在本書的下載檔中找到。

使用電腦設備監控各項製造機具或瞬時使用者的使用狀態，已成為非常重要又普遍的要求。例如製造業的機械設備，若需使用者 24 小時不眠不休、三班輪替的去監控機台狀況，需要耗費非常大量的人力及資源才能夠達成，但是若能透過夠大量按時間測量的連續序列，善用資料探勘的技術，即可協助使用者在極短的時間內發現異常，即時通報，減少損害。本資料集涵蓋欄位計有 7 項，分別是：

- ⊙ 時間 (Time)。
- ⊙ 功率 (Power)。
- ⊙ 溫度 (Temperature)。
- ⊙ 壓力 (Pressure)。
- ⊙ 正常工作時間 (Uptimes)。
- ⊙ 狀態 (Status)。
- ⊙ 結果 (Outcome)。

Step8：

從下載檔中開啟本章練習檔案，選擇 COND.csv 檔，並選擇資料來源節點面板上的【變數檔案】節點。在檔案欄位中建立檔案連結的路徑。請勾選「從檔案取得欄位名稱」。

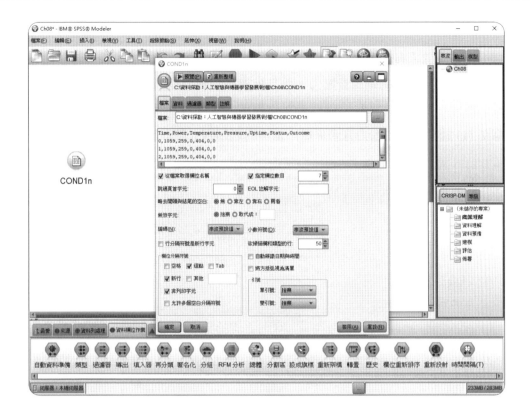

Step9：

　　點選【類型】頁籤，讀取資料值將資料實體化。在匯入的五個欄位中，資料測量值都是屬於連續型數值，因為這些資料都是由電腦設備以持續監控並記錄的方式將資料值留下，並儲存在資料庫當中。

Step10 ：

連結一個【導出】節點，設定計算的條件。在這個點當中，我們希望建立一個新的欄位，目的是測量壓力，並且對過高的壓力提出警告訊息。在遞增時機的部分，我們設定 (*Pressure* /= 0) 這表示，當壓力不等於 0 時，則會遞增一個值 (1) 計算暫時的壓力警報係數。當時間返回到 0 時計算值會重新起算。

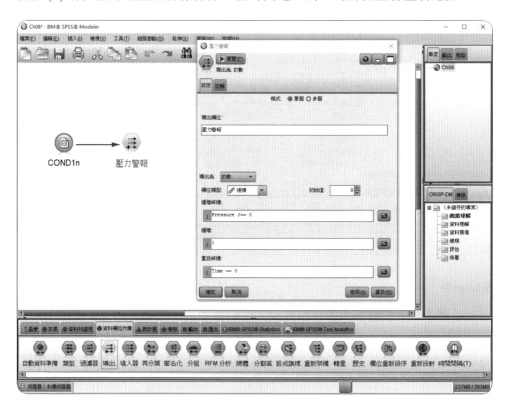

Step11：

後續再連結一個【導出】節點，目的是希望計算溫度的變化率，並且產生一個溫度變化率的欄位。這個階段我們使用了 CLEM 當中的【序列函數】的 @DIFF1 函數式來計算溫度暫時變化率。這個公式的意涵是使用一階微分來計算單位時間 (*Time* 欄位) 內溫度 (*Temperature* 欄位) 的變化率。

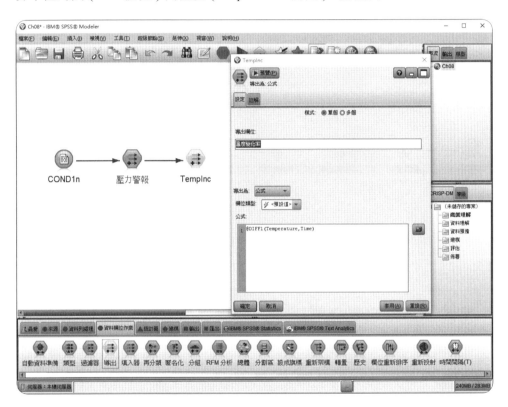

Step12：

後續再連結一個【導出】節點，這一個動作是希望計算功率的變化率，並且產生一個功率變化率的欄位。這個階段我們同樣使用了 CLEM 當中的【序列函數】的 @DIFF1 函數式來計算功率瞬間變化率。這個公式的意涵是使用一階微分來計算單位時間 (*Time 欄位*) 內功率 (*Power 欄位*) 的變化率。

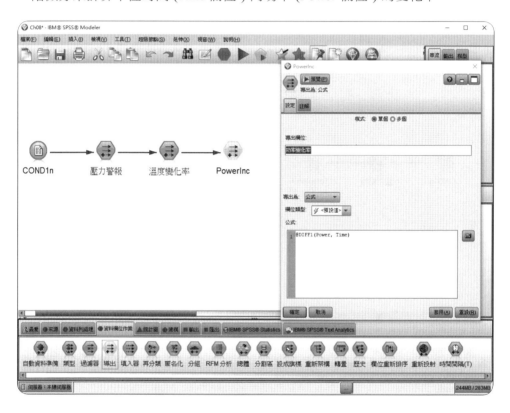

Step13:

利用【導出】節點生成一個功率變化的欄位,這個欄位當中的值是旗標型數值。這個節點的目的是希望若當上一筆紀錄和這一筆紀錄中的功率變化方向相反時,則此值為真。使用 (*功率變化率 * @OFFSET (功率變化率 , 1))* 這個參數來指定目前這一筆紀錄和上一筆紀錄的乘積變化。

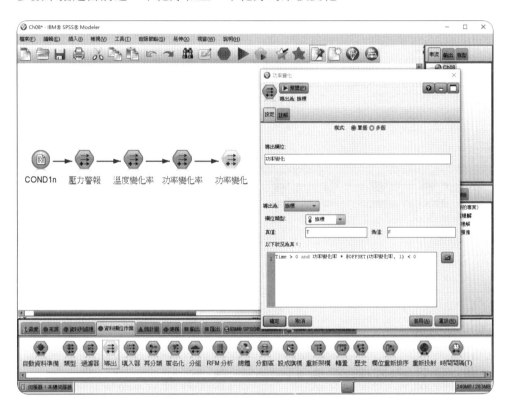

Step14：

生成功率穩態的欄位。這個欄位會產生旗標 (flag, Boolean) 型的資料，
當前一個功率變化欄位中發生功率開始跳動 (*功率變化 == 'T' and @OFFSET
(功率變化 ,1) == 'T'*) 時，則會切換到 (波動)。當五個時間區間內都沒有出現
功率波動或重置時間時 (*@SINCE (功率變化 == 'T') > 5 or Time == 0*)，才切
換回穩定狀態。

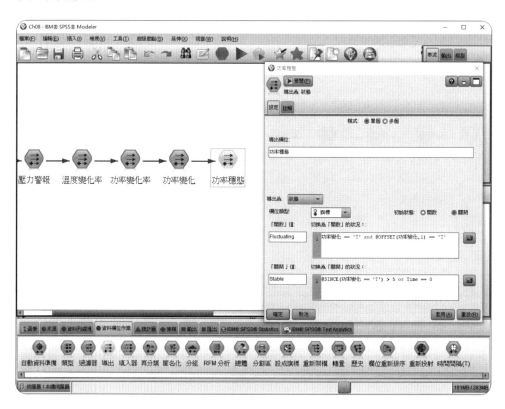

Step15：

在這個【導出】節點中，計算五個時間區間內的功率變化的平均值 (*@AVE (功率變化率 , 5)*)，若時間區間小於五個，則以 0 計算。

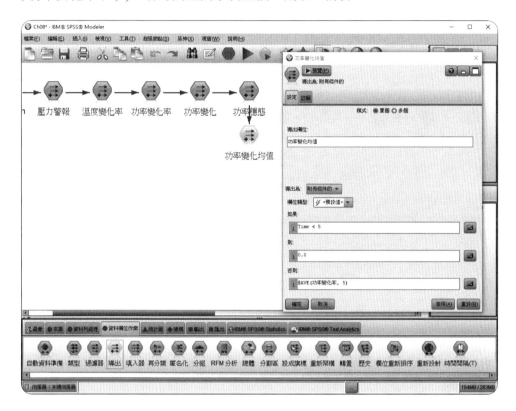

Step16：

在這個【導出】節點中，計算五個時間區間內的溫度變化的平均值 (@AVE (溫度變化率 , 5))，若時間區間小於五個，則以 0 計算。

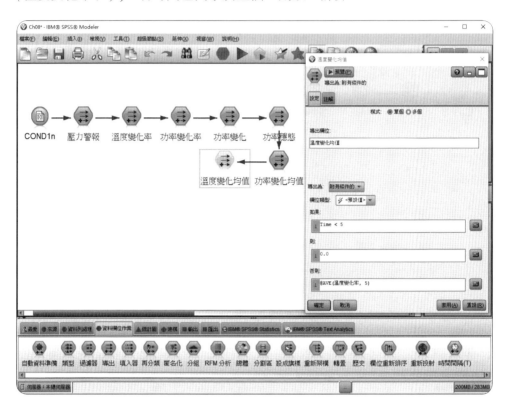

Step17：

連結【選擇】節點，選取符合條件的紀錄與以捨棄 (*Time == 0 or Outcome /== @OFFSET (Outcome, 1)*)。捨棄每個時間序列的第一個紀錄，以避免在功率和溫度的邊界處出現大的 (不正確的) 抖動。

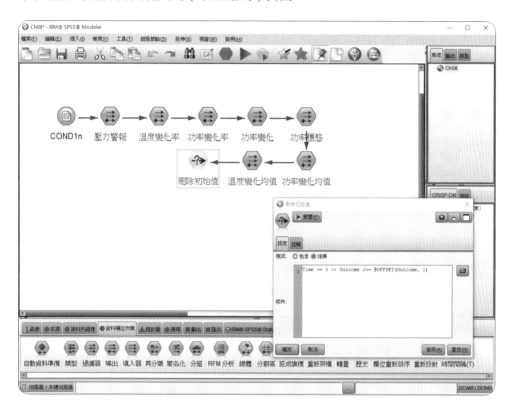

Step18：

連結【過濾器】節點，將不需要使用的欄位予以刪減，不進入後續分析的
串流中，只保留正常工作時間、狀態、結果、壓力警報、功率穩態和 功率變化
均值和溫度變化均值等欄位。

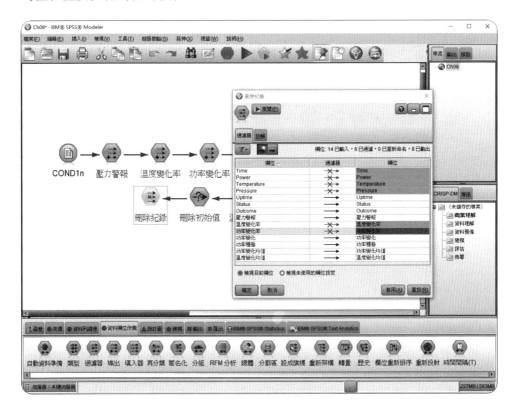

Step19：

　使用【填入器】節點將 Outcome 欄位內的資料轉成字串型的數值。使用這個函數 (*to_string (@FIELD*) 即可將原本連續型數值的資料轉換成字串的類別型資料。

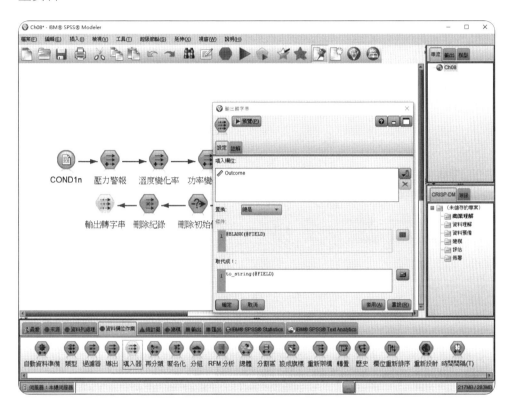

Step20：

　　使用【類型】節點，明確定義使用的資料欄位、數值以及資料所扮演的角色式輸入或是目標(要預測的欄位)。在本範例中，我們要預測的目標就是Outcome這個欄位，也就是藉由前述的輸入資料，來建立判斷是否異常的類神經網路模型。

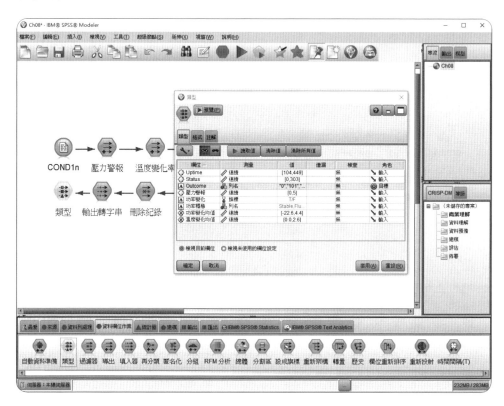

Step21：

連結【類神經網路】建模節點，建立類神經網路模型。資料使用的欄位使用預先定義的角色也就是由上游類型節點中所設定的方向。建立選項中的設定，我們選擇多層次感知器 (MLP) 來建立模型，隱藏層第一層設定單元數目為 1，第 2 層設定單元數目為 0，表示本範例選用單層的 MLP 來建立模型。其餘內容均依預設值設定。

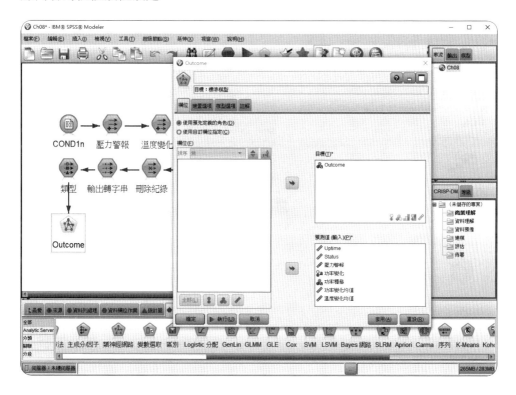

Step22：

　　點選執行之後就可以看到生成的類神經網路模型。進入模型可查看內容。在【模式】頁籤中可以看到關於模型的相關資訊。下圖是模式摘要圖，包含了建立模型時的設定與模型準確度等資訊。

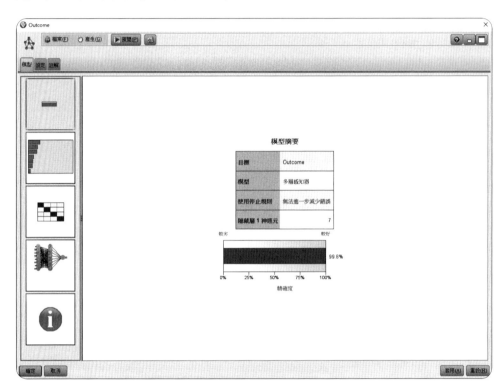

Step23：

　　預測變數重要性圖中可以看到建立此模型時使用的變數項目以及各個變數對於模型的重要程度。重要性的程度介於 0 到 1 之間，數字越大越重要。

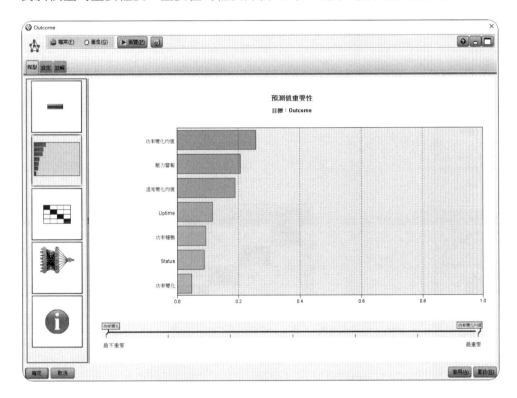

Step24：

Outcome 的 分 類 矩 陣 圖。 這 個 圖 相 當 於 我 們 經 常 使 用 的 混 淆 矩 陣 (Confusion matrix)，使用這個模型分類矩陣圖可以清楚地了解對於不同類別的預測準確度以及誤判程度。

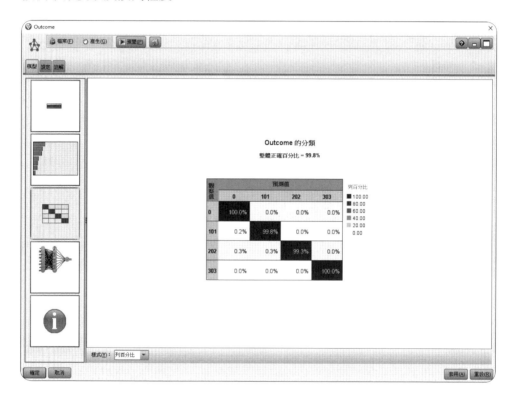

Step25：

這是用類神經網路方式呈現的網路圖，由圖中可以看到輸入以及輸出的變數，線條粗細表示變數的重要程度高低。

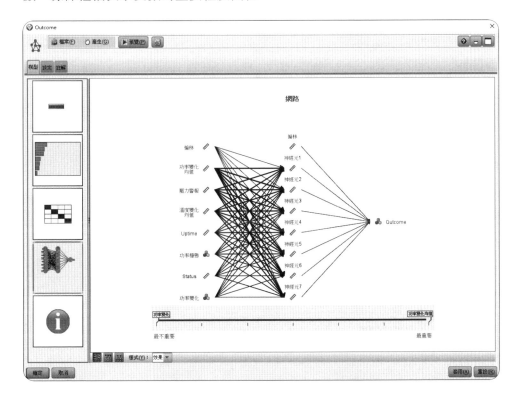

Step26：

在這個畫面當中可以看到，生成類神經網路模型所有詳細的設定與內容，可以提供使用者進行日後建模或生成模型的參考。

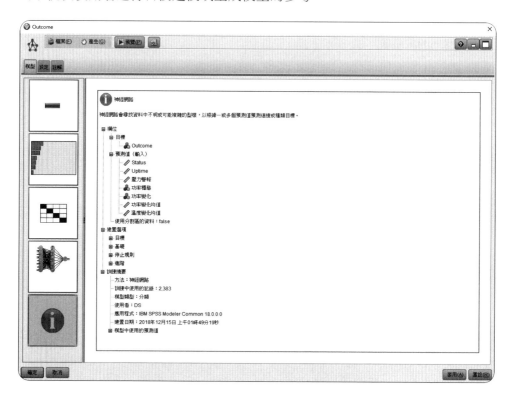

Step27：

　　【設定】頁籤可以選擇使用模型來對每一筆紀錄計算預測值與信心度。計算預測值適合任何類型的目標欄位，但是估計信心度則僅適合類別型的目標欄位。

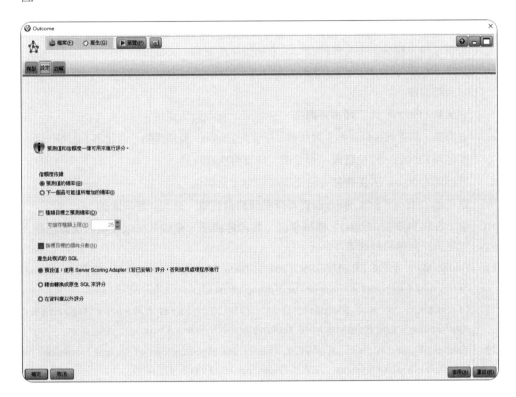

參考文獻

1.　石傑方 (2004.10.17)。**類神經網路**。民96年5月20日，取自：http://neuron.csie. ntust.edu.tw/homework/93/NN/homework2/M9304302/welcome.htm

2.　周政宏 (1995)。**類神經網路－理論與實務**。台北市：松岡圖書。

3.　林穎駿 (2003)。**應用小波轉換與類神經網路於電力品質事故之監測與辨識**。中原 大學電機工程學系碩士學位論文，未出版，桃園縣。

4.　韋端 (主編) (2003)。**Data Mining概述：以Clementine7.0為例**。台北：中華資 料探勘協會。

5.　張維哲 (1992)。**人工類神經網路**。台北市：全欣資訊圖書。

6.　曾憲雄、蔡秀滿、蘇東興、曾秋蓉、王慶堯 (民94)。**資料探勘**。台北市：旗標出版。

7.　廖述賢 (2007)。**資訊管理**。台北市：雙頁書廊有限公司。

8.　戴汝為 (2003)。**人工智慧**。台北市：五南文化事業。

9.　謝邦昌 (2014)。**SQL Server資料探勘與商業智慧**。臺北：碁峰圖書。

10.　蘇木春與張孝德 (2004)。**機械學習：類神經網路、模糊系統以及基因演算法則**。 台北市：全華科技圖書。

11.　Berry, M. J. A., & Linoff, G. S. (2011). *Data Mining Techniques: For Marketing, Sales, and Customer Relationship Management* (3rd ed.). NJ, USA: John Wiley, Inc.

12.　Freeman, J. A. and Skapura, D. M. (1992). *Neural Networks Algorithms, Applications, and Programming Techniques.* NJ: Wiley Press.

13.　Fukuda, T., and Shibata, T. (1992). Theory and Applications of Neural Networks for Industrial Control Systems. *IEEE Trans. on IE, 39* (6), 472-489.

14.　Han, J. & Kamber, M. (2003). **資料探礦－概念與技術** (曾龍譯)。台北：維科。 (原 著出版年：2000年)。

15.　Haykin, S. (1994). *Neural Networks.* NJ: Macmillan Press.

16.　IBM SPSS, (2016). *IBM SPSS Modeler 18.0 Algorithms Guide.* USA: Integral Solutions Limited.

17.　IBM SPSS, (2016). *IBM SPSS Modeler 18.0 Node Reference.* USA: Integral Solutions Limited.

18.　IBM SPSS, (2016). *IBM SPSS Modeler 18.0 User's Guide.* USA: Integral Solutions Limited.

19.　Scarselli, F., Tsoi, A.C., & Hagenbuchner, M. (2018). The Vapnik–Chervonenkis dimension of graph and recursive neural networks. *Neural Networks,* 108, 248-259.

CHAPTER **09**

貝氏網路 –
Bayesian Networks

貝氏網路 (Bayesian network)，又稱信任網路 (belief network) 是一種機率圖型模型，藉由**有向非循環圖形 (directed acyclic graphs, DAGs)**中得知一組隨機變數 $\{X_1, X_2, ..., X_n\}$ 及其 n 組**條件機率分配 (conditional probability distributions, or CPDs)** 的性質。舉例而言，貝氏網路可用來表示銷售結果 (一組產品銷售好或不好) 和其相關銷售產品間的機率關係；倘若已知某種症狀下，貝氏網路就可用來計算及預估各種可能銷售產品之發生機率。

9-1　貝氏網路基本概念

貝氏網路是一種以條件機率作為基礎，建構出有方向性非循環的**有向圖 (Directed Acyclic Graph，DAG)**，能將特定領域中不確定性組合成模型 (Murphy, 2004)，其主要是藉由圖形模式的優點，針對大量的變數之不確定進有效推論，幫助人類更了解模型化的特定領域。一開始，貝氏網路應用於遺傳理論上，後來出現在許多領域中，諸如導航器系統、認知科學、人工智慧、決策系統、電腦科學及工程界等領域，應用的層面非常廣泛。

貝氏網路是一種利用圖形來表現的模式，圖形是一種具有方向性的非循環圖，完整的貝氏網路圖包含**節點 (node)** 與**連結 (link)** 二個部分，「節點」表示所欲研究的變項；而「連結」代表變項間的相互關係。節點和節點之間若有連結，表示彼此間有因果關係，節點和節點之間若沒有連結，即表示條件獨立。此圖形每個節點會包含相關連的變數的機率值，並且由父節點來決定下一個子節點的相關機率值，所以貝氏網路是用說明變項間相互影響的機率關係，以了解事件發生的機率大小。而節點間 結的有無決定是相依或是條件獨立，結的關係強弱則以**條件機率 (conditional probability)** 來表示 (Kraisangka & Druzdzel, 2018)。

　　一個完整的貝氏網路圖中，變數間的影響可以用因果關係表示，如果變數 A 對變數 B 有影響，則從 A 到 B 產生一條相依的 結，而節點 A 稱為節點 B 的父節點，節點 B 則為節點 A 的子節點 (Charniak, 1991)，如下圖所示。節點 (node) 對應於有限範圍內的各種變數，節點和節點之間若有 結 (link)，代表條件相依，如節點 A 與節點 B，A 與節點 E，再使用條件機率來表達影響的強弱；反之，無 結則為條件獨立，如節點 B 與節點 E。

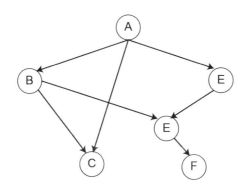

貝氏網圖的例子

　　圖中的節點（node）表示一個隨機變數，變數之間的連線（link）則表示事件的交互關係，其影響程度藉由條件機率來表達。因此上圖又可以下式表達：

$$P(A,B,C,D,E,F) = P(F \mid D)P(D \mid B,E)P(C \mid A,B)P(E \mid A)P(B \mid A)P(A)$$

　　貝氏網路中的因果關係並非是決定性的，而是推測性。這些推測的關係適用條件機率表來表示。而且貝氏網路是以整體性的觀點來調整網路，也就是當機率值需要被調整時在網路上的所有相關節點都能跟據其條件機率而同時被調整。此一特性使得在推論過程中只要有新資訊進來，便能立即反應並求算出整體所有事件可能發生的機率。此一特性亦能表達新訊息對整體推論結果的影響情形。在貝氏網路中的每個有父母的變數都有一個條件機率表來描述其和其父母變數之間的因果關係，若是沒有父母的變數即會有一個機率表來描述其前端機率。下圖就是一個含有機率表的貝氏網路的例子。

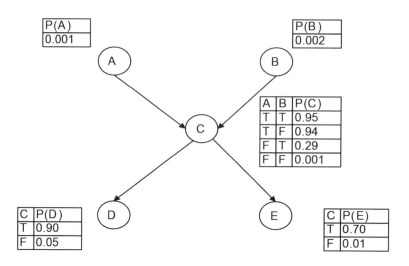

貝氏網路與條件機率表

　　假定圖中的每個節點是我們想了解問題變數，以本研究來說就是過去曾被購買過的產品，而表中的機率則表示父節點在各種狀態下，子節點可能會被購買商品的機率。其中狀態 T 表示購買，狀態 F 表示無購買。以 C 節點為例，我們可以透過貝氏網路可以得知，在買 A 產品但不買 B 產品的情況下，購買 C 產品的機率是 0.94。透過這種語意的解讀方式，我們不但可以預測產品被購買的機率，也可解讀被購買的原因，進而得知顧客的購物知識，同時預測顧客的購物行為。

9-2　貝氏定理簡介

　　貝氏網路是以**貝氏定理 (Bayes' theorem)** 為推論的基礎，是在 1763 年由神學家兼數學家的 Thomas Bayes 所提出的，是機率論中的一個結果，它跟隨機變數的條件機率以及邊緣機率分布有關。通常，事件 A 在事件 B (發生) 的條件下的機率，與事件 B 在事件 A 的條件下的機率是不一樣的；然而，這

兩者是有確定的關係，貝氏定理就是這種關係的陳述。作為一個規範的原理，貝氏定理對於所有機率的解釋是有效的；然而，頻率主義者和貝氏主義者對於在應用中，機率如何被賦值，有著不同的看法：頻率主義者根據隨機事件發生的頻率，或者總體樣本裡面的個數來賦值機率；貝氏主義者要根據未知的命題來賦值機率。一個結果就是，貝氏主義者有更多的機會使用貝氏定理。

在貝氏定理中，每個名詞都有約定俗成的名稱：P(A) 是 A 事件的先驗機率，表示 A 事件不考慮任何 B 事件的因素，而 P(B) 則表示 B 事件的先驗機率；P(A|B) 是在已知 B 事件發生後，A 事件的條件機率，也由於得自 B 事件的取值，被稱作 A 事件的後驗機率，相同地，P(B|A) 是在已知 A 事件發生後，B 事件的條件機率，稱作 B 事件的後驗機率 (Papoulis,1984)。

在兩個節點的貝氏網路中，如下圖，先驗機率 P(A), P(B) 及後驗機率 P(B|A) 是在研究中訓練的資料求得的，其中後驗機率 P(A|B) 即可由公式計算得到。

兩結點貝氏網路圖

貝氏定理是關於隨機事件 A 和 B 的條件機率和邊緣機率的一則定理。

$$P(A|B) = \frac{P(B|A)\ P(A)}{P(B)}$$

其中 P(A|B) 是在 B 發生的情況下 A 發生的可能性。

在貝氏定理中，每個名詞都有約定俗成的名稱：

⊙ P(A) 是A的先驗機率或邊緣機率。之所以稱為「先驗」是因為它不考慮任何B方面的因素。

⊙ P(A|B) 是已知B發生後A的條件機率，也由於得自B的取值而被稱作A的後驗機率。

⊙ P(B|A) 是已知A發生後B的條件機率，也由於得自A的取值而被稱作B的後驗機率。

⊙ P(B) 是B的先驗機率或邊緣機率，也作**標準化常量 (normalized constant)**

按這些術語，Bayes 定理可表述為：

⊙ 後驗機率 = (相似度*先驗機率) /標準化常量也就是說，後驗機率與先驗機率和相似度的乘積成正比。

另外，比例 P(B|A)/P(B) 也有時被稱作**標準相似度 (standardized likelihood)**，Bayes 定理可表述為：

後驗機率 = 標準相似度 * 先驗機率

從條件機率推導貝氏定理則關係如下：

根據條件機率的定義。在事件 B 發生的條件下事件 A 發生的機率是：

$$P(A|B) = \frac{P(A \cap B)}{P(B)}$$

同樣地，在事件 A 發生的條件下事件 B 發生的機率：

$$P(B|A) = \frac{P(A \cap B)}{P(A)}$$

整理與合併這兩個方程式，我們可以找到：

$$P(A|B)\,P(B) = P(A \cap B) = P(B|A)P(A)$$

這個引理有時稱作機率乘法規則。上式兩邊同除以 $P(B)$，若 $P(B)$ 是非零的，我們可以得到貝氏定理如下：

$$P(A|B) = \frac{P(B|A)\,P(A)}{P(B)}$$

9-3 IBM SPSS Modeler Bayesian 網路節點資料格式與設定

Step1：

1.　【使用預先定義的角色】：資料匯入時，依據資料串流中上游【類型】節點所設定的資料內容、格式與方向來進行資料分析。

2.　【使用自訂欄位指定】：資料匯入時，依據使用者自行設定的資料內容、格式與方向 (角色) 來進行資料分析。

3.　【使用頻率欄位】：此選項允許使用者選擇某個欄位作為次數權重。欄位值應是每個紀錄的單位數量。

Step2：

1. 【模型名稱】：使用預設自動產生或指定產生的模型名稱。

2. 【使用分割的資料】：需要預先定義分割區欄位，此選項可確保僅使用訓練資料集的資料於建構模型。

3. 【建立每個分割的模式】：給指定為分割欄位的輸入欄位的每個可能值構建一個單獨模型。

   ⊙ 【分割區】：允許使用者使用指定特定的欄位將資料分割為幾個不同的樣本，分別用於模型構建過程中的訓練、測試和驗證階段。

   ⊙ 【分割】：選擇一個欄位來做為分割模型的類別。

4. 【持續訓練現有模式】：如果選擇此選項，則在模型金塊【模型】頁籤上顯示的結果，將在每次運行模型時重新產生模型和更新模型。

5. 【結構類型】：選擇構建Bayesian時使用的結構：

   ⊙ 【TAN】：TAN 可創建 Naïve Bayesian模型，這是一種基於標準 Naïve Bayes模型的改進模型。

   ⊙ 【馬爾可夫覆蓋 (Markov Blanket)】：馬爾可夫覆蓋基本上標示了需要預測目標變數的網路中的所有變數。一般來說，這種構建網路的方法更為準確；但是，當處理大型資料集時，可能會花費較多的處理時間。

6. 【包括功能選項預先處理步驟】：這個選項讓使用者可以選用【專家】頁籤的功能選擇選項。

7. 【參數學習方法】：

   ⊙ 【最大概似法】：使用大型資料集時，此法較佳。

   ⊙ 【小型儲存格個數的Bayes調整】：使用較小的資料集，可能會出現過度配適的狀況，此選項可解決此問題。

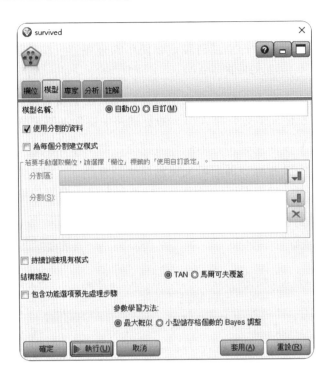

Step3：

1. 【模式】：選用簡易或專家模式。

2. 【遺漏值】：預設情況下，將僅使用對於模型中使用的所有欄位均具備有效值的紀錄。

3. 【附加所有可能性】：指定是否將輸出欄位每個類別的機率添加到該節點所處理的每個紀錄。

4. 【獨立檢定】：一種獨立評估測試，可估計兩個變數中成對的觀測值是否彼此獨立。請從以下可用選項中選擇要使用的測試類型：

   - 概似比：通過計算兩種不同假設下結果機率的最大值之間的比率來測試目標-預測變數的獨立性。

   - 皮爾森 (Pearson) 卡方：通過使用原假設 (所觀察事件的相對出現頻率遵循特定的頻率分佈) 來測試目標-預測變數的獨立性。

5. 【顯著性層級 (顯著水準)】：可以與獨立性測試設定結合使用，設定此選項，使用者可以在執行測試時設定要使用的分隔值。該值越小，網路中的連結就越少；預設水準值為 0.01。

6. 【條件集大小上限】：此選項可用於建構馬爾可夫覆蓋結構，可以限制執行獨立性測試使用的條件集大小，並從網路中刪除不需要的連結。

7. 【變數選取】：使用者可以限制在處理模型時所使用的輸入量以加速模型構建過程。由於在建立馬爾可夫覆蓋結構時會存在大量的潛在輸入，因此藉由此項操作，使用者可以選擇與目標變數有重大關聯的輸入。

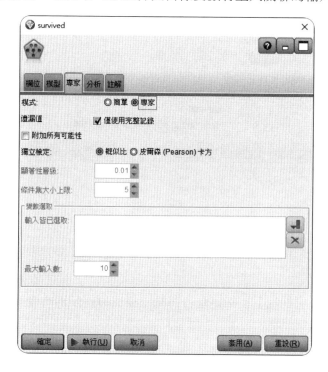

Step4：

1. 【模型評估】：「計算預測變數重要性」，勾選此一選項，在模型生成時，會顯示每個輸入變數對生成決策樹模型的影響程度圖，可提供使用者進行變數的篩選。使用者要將建模的主要資源放在最重要的預測變數上，並考慮丟棄和刪除那些最不重要的預測變數。

2. 【計算原始傾向分數】：對於旗標型欄位 (預測結果為「是」或「否」) 的模型，使用者可以勾選傾向分數，這些分數表示目標資料預測結果為真的可能性。原始的傾向分數僅從訓練資料的模型中匯出為基礎。如果模型預測值為真，則傾向與 P 相同，其中 P 為預測的可能性。如果模型預測的值為假，則計算出的傾向為 (1 – P)。對模型進行評分時，原始傾向分數將被添加到將 RP 字母附加到欄位名稱中。

3. 【計算調整後傾向分數】：原始傾向分數僅依賴訓練資料來進行估計，且由於許多模型**過度擬合 (over fitted)** 此資料的傾向，該分數可能會過度優化。調整後的傾向分數會嘗試藉由針對檢驗或驗證分區對模型性能進行評估進行彌補。對模型進行評分時，在將 AP 字母附加到標準首碼的欄位中添加調整後的傾向分數。

4. 【根據】測試分割或驗證分割。此選項僅使用於旗標目標才有效。

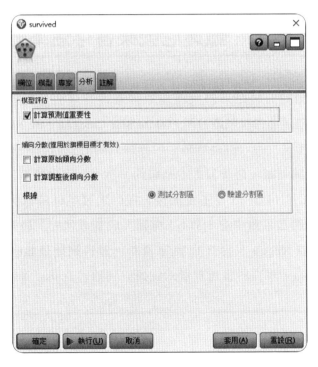

9-4 IBM SPSS Modeler Bayesian 網路節點設定範圍

- ⊙ 設定為【輸入】時，表示允許進入【Bayesian】模型節點作分析的資料，本節點可以接受任何類別作為進入的分析資料。
- ⊙ 設定為【目標】時，表示設定資料為【Bayesian】模型節點的輸出欄位，輸出欄位必須是屬於類別型資料的名義類別、順序類別或是旗標型資料。
- ⊙ 設定為【兩者】時，表示資料將被【Bayesian】模型節點忽略。
- ⊙ 設定為【無】時，表示資料將被【Bayesian】模型節點忽略。

9-5 個案應用─鐵達尼號乘客存活率分析

　　本章節示範的資料是來自於鐵達尼號乘客的存活分析檔案。鐵達尼號 (RMS Titanic) 是英國白星航運公司 (White Star Line) 旗下的 3 艘奧林匹克級的郵輪之一。在其服役時，也是當時全世界最大的海上船舶。鐵達尼號於 1912 年 4 月 10 日展開首航，最終目的地為紐約。然而，這也是鐵達尼號唯一一次的載客出航。4 月 14 至 15 日子夜前後，在中途發生碰撞冰山後沉沒的嚴重災難。2,224 名船上人員中有 1,514 人罹難，成為近代史上最嚴重的和平時期船難。資料取自 Kaggle，共有 1310 筆資料。資料網址是 https://www.kaggle.com/c/titanic/data。本資料集為真實的鐵達尼號乘客資料。資料的欄位名稱與內容如下。

🏛 Getting Started Prediction Competition

Titanic: Machine Learning from Disaster
Start here! Predict survival on the Titanic and get familiar with ML basics

k Kaggle · 10,656 teams · Ongoing

Overview   Data   Kernels   Discussion   Leaderboard   Rules

Data Description

Overview

The data has been split into two groups:

- training set (train.csv)
- test set (test.csv)

The training set should be used to build your machine learning models. For the training set, we provide the outcome (also known as the "ground truth") for each passenger. Your model will be based on "features" like passengers' gender and class. You can also use feature engineering to create new features.

The test set should be used to see how well your model performs on unseen data. For the test set, we do not provide the ground truth for each passenger. It is your job to predict these outcomes. For each passenger in the test set, use the model you trained to predict whether or not they survived the sinking of the Titanic.

欄位	欄位說明	資料說明
survived	是否存活	0=死亡；1=存活
pclass	艙等	1=頭等艙；2=二等艙；3=三等艙
name	性別	Female=女性；Male=男性
sex	性別	
age	年齡	
sibsp	手足或是配偶也在船上的總數	
parch	雙親或是子女也在船上的總數	
ticket	船票號碼	
fare	船票價格	
cabin	艙位號碼	
embarked	登船港口	C:瑟堡-法國城鎮 Q:皇后鎮-紐西蘭城市 S:南安普敦-英格蘭城市

Step6：

　　從下載檔中開啟本章練習檔案，選擇 Titanic.sav 檔，並選擇資料【來源面板】上的【Statistics 檔案】節點。在檔案欄位中建立檔案連結的路徑。

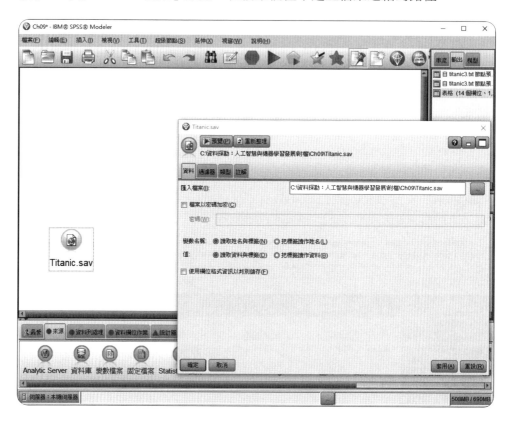

Step7：

連結【類型節點】，按下讀取值按鈕，將資料讀節點中，進行實體化的動作。實體化的工作包含了確認欄位的名稱、測量、值等。同時，設定每一個欄位的角色。設定輸入及目標變數如下圖所示。

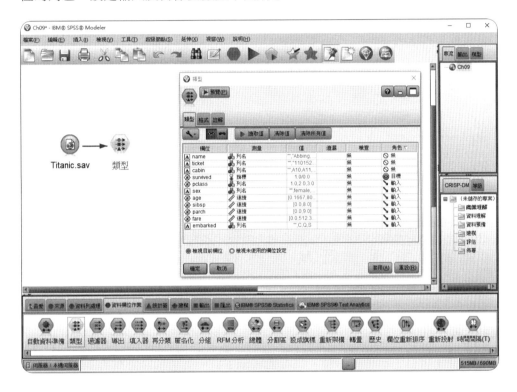

Step8：

使用【輸出面板】的【資料審核節點】，檢視資料品質。

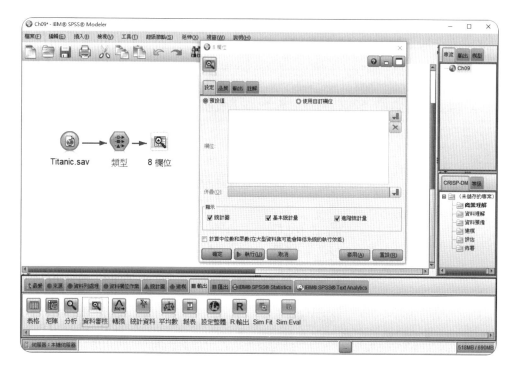

Step9：

執行【資料審核節點】後，可以看到如下圖的敘述性統計報表。

欄位	圖表	測量	最小值	最大值	總和	範圍	平均數	平均數標準	標準 變異	變異數	偏斜度	偏斜度標準	峰度	峰度標準 總	唯一	有效
pclass		列名	1.000	3.000	—	—	—	—	—	—	—	—	—	—	3	1309
survived		旗標	0.000	1.000	—	—	—	—	—	—	—	—	—	—	2	1309
sex		列名	—	—	—	—	—	—	—	—	—	—	—	—	3	1309
age		連續	0.167	80.000	31255.667	79.833	29.881	0.446	14.413	207.749	0.408	0.076	0.147	0.151	—	1046
sibsp		連續	0.000	8.000	653.000	8.000	0.499	0.029	1.042	1.085	3.844	0.068	20.043	0.135	—	1309
parch		連續	0.000	9.000	504.000	9.000	0.385	0.024	0.866	0.749	3.669	0.068	21.541	0.135	—	1309
fare		連續	0.000	512.329	43550.487	512.329	33.295	1.431	51.759	2678.960	4.368	0.068	27.028	0.135	—	1308
embark_		列名	—	—	—	—	—	—	—	—	—	—	—	—	4	1307

* 表示多節點結果   * 表示取樣結果

Step10：

點選【品質頁籤】，可以發現【age 欄位】的空值有 264 筆。選擇插補【空值】的遺漏值，方法為【指定】，進行資料插補。

欄位 —	測量	離群值	極端值	動作	插補遺漏	方法	完成 %	有效紀錄	空值	空字串	空白	空白值
pclass	列名	--	---		絕不	固定	99.924	1309	1	0	0	0
survived	旗標	--	---		絕不	固定	99.924	1309	1	0	0	0
sex	列名	--	---		絕不	固定	99.924	1309	0	1	1	0
age	連續	3	0 無		空值	固定 ▼	79.847	1046	264	0	0	0
sibsp	連續	28	9 無		絕不	固定	99.924	1309	1	0	0	0
parch	連續	14	10 無		絕不	隨機	99.924	1309	1	0	0	0
fare	連續	34	4 無		絕不	表示式 …	99.847	1308	2	0	0	0
embarked	列名	--	---		絕不	演算法	99.771	1307	0	3	3	0
						指定…						

Step11：

在插補設定畫面中，設定插補的方式為補固定值，固定為【平均數】。

Step12：

點選【品質頁籤】畫面中的【動作欄位】，指定插補條件為【強制】。

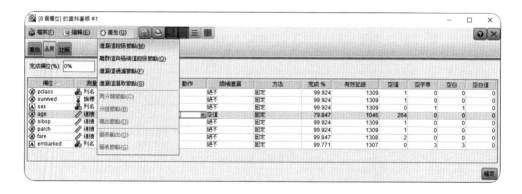

Step13：

點選【產生】→【遺漏值超級節點】，及可為此資料集產生插補的函數
節點。

Step14：

在工作畫面中可以看到自動產生的【遺漏值插補超級節點】。點選紅框的按鈕，可以進入超級節點。

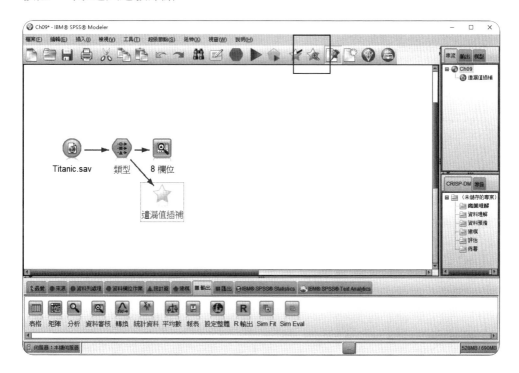

Step15：

進入超級節點後，可以看到如畫面所示的資料串流。這格串流是由【資料審核節點】的插補法自動產生。檢視【填充 age】內容可以看到，已經在建立的填充節點，設定插補欄位的空值為 29.881。

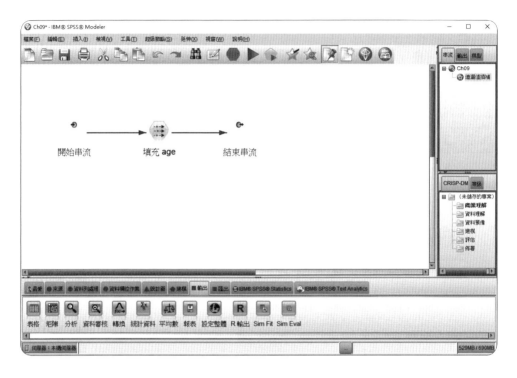

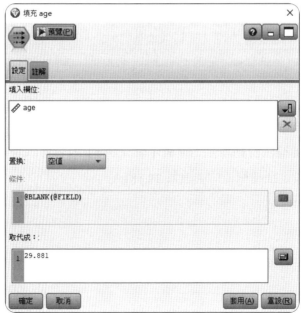

Step16：

再次使用【資料審核】節點去檢查資料品質，我們可以發現【age 欄位】的資料品質已經被修正完畢。

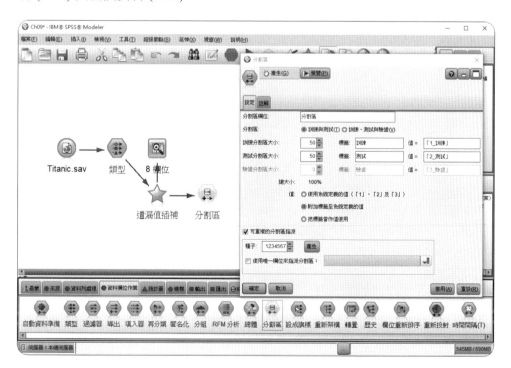

Step17：

連結【資料欄位作業面板】的【分割區節點】。將資料隨機分割成訓練資料 (50%) 與測試資料 (50%)。

Step18：

連結【建模面板】的【Bayes 網路節點】，建立貝氏網路分類模型。

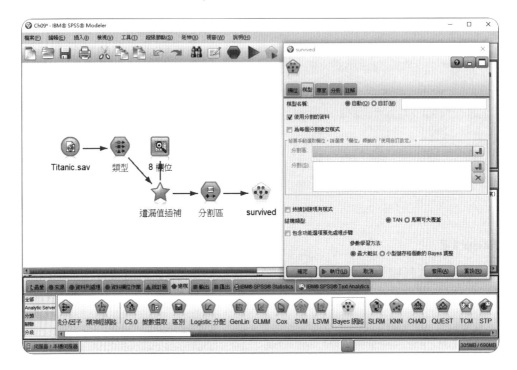

Step19：

左側視窗

【基本】：該視圖包含節點網路圖，可顯示目標與其最重要預測變數之間的關係，以及預測變數自身之間的關係。各預測變數的重要性可通過其顏色的深淺顯示；顏色越深表示變數越重要，反之亦然。

當使用者將滑鼠指標懸停在節點上時，彈出式工具提示中會顯示代表範圍的節點的分級值。

右側視窗

【預測值重要性】：這將顯示一個圖表，以指示在估計模型時所使用的各個預測變數的相對重要性。

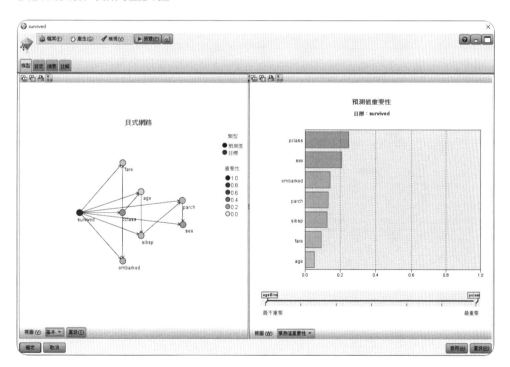

Step20：

左側視窗

【分配】：該視圖將以微型圖形的格式顯示網路中各個節點的條件機率。將滑鼠懸停在圖形上方，可在彈出式工具提示中顯示圖形值。

右側視窗

【條件機率】：當在左窗格中選擇了某個節點或微型分佈圖時，右窗格則會顯示相關的條件機率表。該表包含各個節點值的條件機率值，以及各節點的父節點中的值組合。此外，該表還包含為每個記錄值和父節點中各個值組合所觀測的記錄數量。

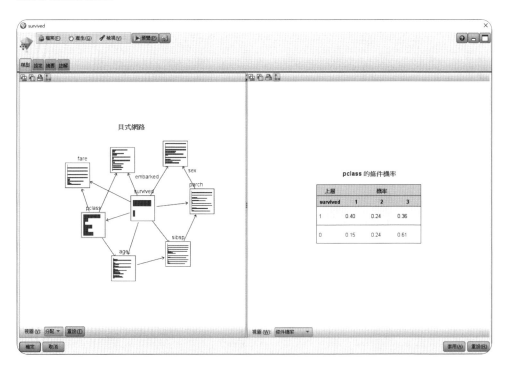

Step21：

　　在模型金塊之後連結【統計圖面板】的【評估】節點，用圖示的方式來顯示不同模型的效益。因為目標欄位的內容是兩種類別，因此適合使用【接收端運作性質 (ROC)】圖來表示模型的效益。

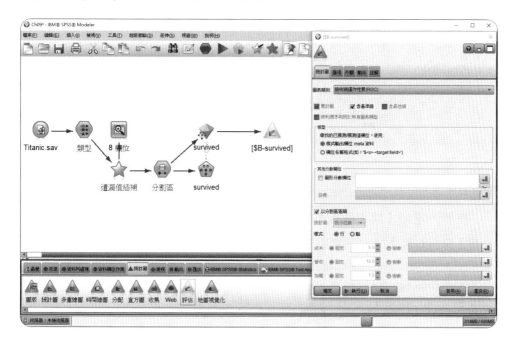

Step22：

　　由接收端運作性質 (ROC) 圖可以看到不同的模型所產生不同的效益。ROC 的表現方式以越靠近左上角的位置，表示模型效益越佳。同時，計算曲線下的面積 (Area under the curve, AUC)，亦即曲線下的面積越大，模型效益越佳。左右兩個圖分別表示模型在訓練資料與測試資料中的表現。

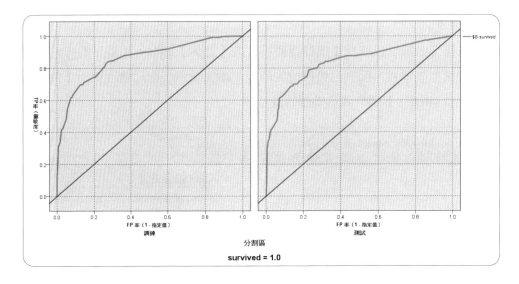

survived = 1.0

Step23：

接著，連結【輸出面板】的【分析節點】，可以時顯示模型的準確度。請勾選【符合矩陣】、【評估度量值 (AUC 與 Gini，僅限二進位分類器)】。

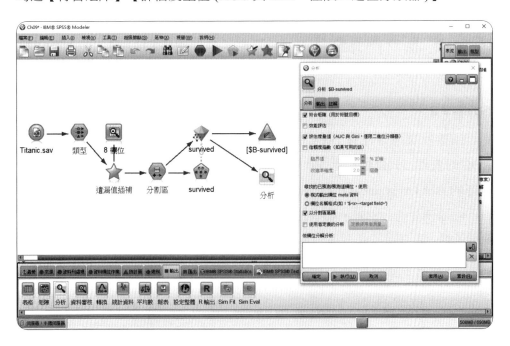

Step24：

　　點選執行之後，即可看到如下圖的報表。在個別模式中，可以看到分類模型的正確率。以此範例來說，訓練資料與測試資料的正確率 (accuracy) 分別是 79.97% 及 77.79%。模型在兩組資料中的錯差矩陣 (confusion matrix) 亦在圖中可以看到。錯差矩陣 (confusion matrix) 中的數字，可以另外計算出常見的分類模型指標，如 accuracy、recall、specificity、precision 等。

　　在最後的評估度量值的報表中可以看到每一個分類模型的 AUC 及 Gini。AUC 表示 ROC 曲線下的面積，數值越大表示模型越佳。AUC 最大值是 1。同時，模型在測試資料中的表現，比其在訓練資料中的表現還要更為重要。所有在測試資料中的的的模型的表現，其實都相當接近。此模型在測試資料中，AUC 為 0.838，且其 Gini 為 0.676。

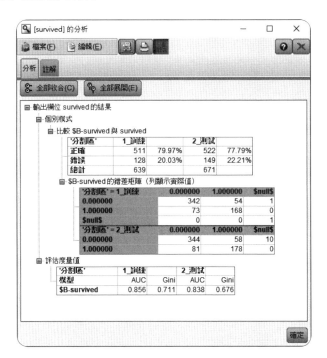

參考文獻

1. Charniak, E., (1991). Bayesian networks without tears, AI Magazine, 12 (4), 50-63.

2. IBM SPSS, (2016). *IBM SPSS Modeler 18.0 Algorithms Guide.* USA: Integral Solutions Limited.

3. IBM SPSS, (2016). *IBM SPSS Modeler 18.0 Node Reference.* USA: Integral Solutions Limited.

4. IBM SPSS, (2016). *IBM SPSS Modeler 18.0 User's Guide.* USA: Integral Solutions Limited.

5. Murphy, K. (2004). *Bayes Net Toolbox for MATLAB.* Retrieved April 26, 2006, Available at: http://www.ai.mit.edu/~murphyk/Software/BNT/bnt.html

6. Papoulis A. (1984). *Probability, Random Variables, and Stochastic Processes,* 2nd edition. Section 7.3. New York: McGraw-Hill.

7. Kraisangka, J., & Druzdzel, J. (2018). A Bayesian network interpretation of the Cox's proportional hazard model. *International Journal of Approximate Reasoning,* 103, 195-211.

CHAPTER 10

支援向量機 –Support Vector Machine

・・學・習・目・標・・

- 瞭解支援向量機基本概念
- 瞭解支援向量機的特性
- 瞭解支援向量機分類方法
- 瞭解支援向量機的類別
- 瞭解多分類支援向量機類型的類型
- 瞭解IBM SPSS Modeler支援向量機資料格式與設定
- 瞭解IBM SPSS Modeler支援向量機節點使用的方法
- 實際IBM SPSS Modeler支援向量機個案分析實作

支援向量機 (Support Vector Machine, SVM) 是一種可用來做**分類 (classification)** 的方法。給予一群已經分類好的資料，支援向量機可以經由**訓練 (training)** 獲得一組**模型 (model)**。爾後，有尚未分類的資料時，支援向量機可以依據利用先前資料訓練出的模型去**預測 (predict)** 這筆資料所屬的分類。因為支援向量機在建立模型的時候。必須先有已經分類好的資料作為訓練用，所以支援向量機是**監督式學習 (supervised learning)** 的方法之一。

10-1 支援向量機基本概念

　　支援向量機 (Support Vector Machine, SVM) 是 Vapnik 等學者與 AT&T 實驗次團隊所提出的**監督式學習方法 (Supervised Learning)**，需事先定義出各分群的類型來做統計分類與迴歸分析等，屬於一般化線性分類器 (Cortes & Vapnik, 1995)。目前常應用於手寫辨識、圖片辨識、文字分類以及臉部辨識等領域，也是有不少是應用在入侵偵測領域上。支援向量機的特點是它能夠同時最小化經驗誤差與最大化幾何邊緣區，其主要是建立在統計理論中的 VC 維度理論與結構風險最小原理基礎上，對於解決小樣本、非線性、高維度和局部極小點有較好的解決能力 (Alaíz & Suykens, 2018)。

　　支援向量機擁有強大的推廣能力以及使用統計學習理論為其理論基礎，所以被運用於許多不同的領域。SVM 主要是針對二元分類問題，在高維度空間中尋找一個超平面作為二類的分割，以保證最小的分類錯誤率，而且 SVM 一個重要的優點就是能處理線性不可分的情況。SVM 利用目前現有的資料作訓練 (Training)，再利用這些分析出的資料選出幾個**支援向量 (Support Vector)** 或者**維度 (Feature)** 來代表整體的資料，並將少部份極端值事先剔除，然後將所挑選的支援向量 (Support Vector) 或者維度 (Feature) 包裝成模型 (Model)。假設若有**測試的資料 (Testing Data)** 作**預測 (Predict)** 時，SVM 就會將資料歸類，利用模型將資料分成兩類，以線性可分的情況來 ，假設存在訓練樣本 $(x_i, y_i), \cdots, (x_j, y_j), x \, \varepsilon \, Rn, y \, \varepsilon \, \{+1, -1\}$，j 為樣本數，n 為輸入維度，存在一個

超平面能將二類樣本完全分隔，該平面描述為：(w•x) +b=0。在二元分類中，SVM 嘗試在訓練資料 (x) 所構成的空間中，尋找一個**超平面 (Hyperplane)** 能將不同類別的資料完美的分開，而且，希望此超平面與不同的類別的距離「愈大愈好」。如圖所示，藍色矩形為第一個類別 (標記為 +1)，紅色圓形為第二個類別 (標記為 -1)，而 SVM 則想要找出的超平面即是 wx+b=0，此超平面可以使得兩個類別 (邊界 /Margin) 的距離最大 (黃建榮，2004)。分類方式如下圖所示。

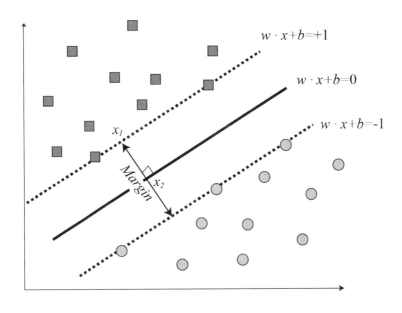

平面分類

當有一群的資料可以利用直線將資料區分成兩類，此直線的方程式為 (w•x) +b=0，而支援向量在直線的左邊為一群，在右邊的為一群，依分類公式決定。目前一般的研究顯示 SVM 在進行大量文字資料的推論處理上較單純使用決策樹等目前廣泛用於智能學習的 heuristic inference 方法為佳。

在**單類別 (one-class) SVM** 的實作上，SVM 需要將訓練資料選出幾個**支援向量 (Support Vector)** 或者**維度 (Feature)**，在排除極端值後，將所有的維度轉換成數值型式，再利用 SVM 的數學理論將其訓練成模型，而在測試的時

期，SVM 需要以訓練資料的支援向量或者維度所轉換出的數值型式，來做為比較的標準以建立測試的模型，之後才能將二個模型做比較，得到預測結果。目前一般的研究顯示 SVM 在進行大量文字資料的推論處理上較單純使用決策樹等目前廣泛用於**啟發式推論 (heuristic inference)** 的方法為佳。

10-2 多分類支援向量機演算法簡介

支援向量機一般是以二分類為主，也就是所謂的**單類別 (One-Class)**，若要處理**多類別 (Multi-Class)** 分類的方式，就必須結合多個二分法來達成多分類的目標，為**多分類支援向量機 (Multi-Class Support Vector Machine)**。目前支援向量機常 處理多類別問題大致上可分為 One-against-all method、One-against-one method、二元決策樹 (Binary decision tree) 和有向非循環圖 (Directed acyclic graph, DAG) 等四種方式 (林文暉等，2008)。

(一) One-against-all method

此方法在處理 k 類別問題時，會產生 k 個支援向量機；其中第 i 個支援向量機的產生方式，為將第 i 類資料的標註為 +1，其它類別所有資料則標註為 -1。 如：有 5 個類別的資料，依照這方法將會產生 5 個支援向量機，如下圖所示。

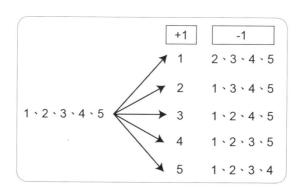

One-against-all method 處理多個類別分類示意圖

(二) One-against-one method

　　此方法在處理類別問題時，每二類資料都會產生一個支援向量機，所以在有 k 類別的問題時，將有 k (k-1) /2 個支援向量機。同樣地，若有 5 個資料類別話，此方法將會產生出 10 個支援向量機，如下圖所示。

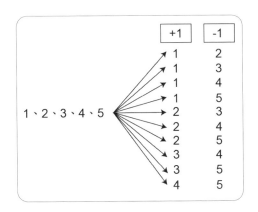

One-against-one method 處理多個類別分類示意圖

(三) 二元決策樹

　　二次元決策樹的概念源自 One-against-one (Pontil & Verri,1998)，所以訓練的方式也跟 One-against-one 一樣，若有 k 類別的問題時，將有 k (k-1) /2 個支援向量機，其不同的地方是在於分類的階段，是採用二元決策的方式，也就是**從支葉點 (Leaf node)** 開始進行比對，依照支援向量機所計算出來的決策值來決定要往左邊還是右邊進行。當二元決策樹處理 8 個類別的分類問題時，訓練階段會訓練 28 個支援向量機，而對未知資料進行分類時，將會使用 7 個支援向量機，到達根部 (Root) 即可計算出最後的歸類結果。下圖表示 8 類別的分類架構，最後測試的結果類別為 1。

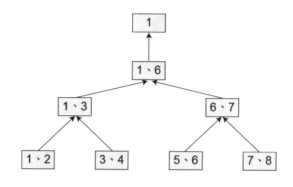

二元決策樹處理分類示意圖

(四) 有向非循環圖

　　有向非循環圖這項方法是由 Platt 等學者所提出來的 (Platt & Cristianini, 2000)，此方法在訓練階段與 One-against-one 一樣，在處理 k 類別問題時，將有 k (k-1) /2 個支援向量機產生，其不同是在於找未知類別的資料時是採用二元樹無循環的方式，從**根部 (Root)** 開始進行分類，再來就是依照支援向量機每一次的分類來決定是要往左邊還是右邊進行。若要處理 5 類別的分類的話，就會先訓練出 10 個支援向量機，並建立一個有向非循環圖，如下圖所示。測試任意的未知資料每一次只需要用到 4 個支援向量機，比 One-against-one 與二元決策樹都有效率。

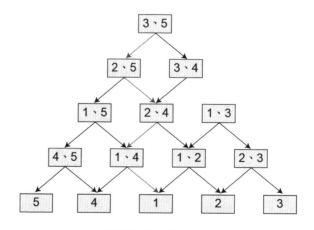

有向非循環圖方法分類示意圖

10-3 IBM SPSS Modeler SVM節點資料格式與設定

Step1：

1. 【使用類型節點設定】：資料匯入時，依據資料串流中上游【類型】節點所設定的資料內容、格式與方向來進行資料分析。

2. 【使用自訂設定】：資料匯入時，依據使用者自行設定的資料內容、格式與方向來進行資料分析。

3. 【分割區】：允許使用者使用指定特定的欄位將資料分割為幾個不同的樣本，分別用於模型構建過程中的訓練、測試和驗證階段。藉由使用某個樣本生成模型並用另一個樣本對模型進行測試，使用者可以預判出此模型對類似於當前資料的大型資料集的優劣。

4. 【分割】：選擇一個欄位來做為分割模型的類別。此操作與在【類型】節點中將欄位的角色設定為分割類似。使用者僅能將旗標、名義、次序或連續的欄位指定為分割欄位。

Step2：

1. 【模型名稱】：使用預設自動產生或指定產生的模型名稱。

2. 【使用分割的資料】：如果在前述動作中已經定義了分割區欄位，則此選項可確保在建立模型時，僅會使用訓練的資料集。

3. 【建立每個分割的模式】：給指定為分割欄位的輸入欄位的每個可能值構建一個單獨模型。

Step3：

1. 【模式】：簡單模式或專家模式。

2. 【附加所有機率 (僅適用於類別目標)】：如果選中該選項，則指定為由節點處理的每個紀錄顯示名義或旗標目標欄位的各個可能值的機率。

3. 【停止準則】：設定停止演算法的條件。值的範圍從 1.0E–1 到 1.0E–6；預設值為1.0E–3。設定的值越高，會生成較精確的模型，但相對的會讓產生模型的時間大幅增加，使用者可以自行斟酌。

4. 【正規化參數 (C)】：控制最大化邊距和最小化訓練錯誤項之間的平衡，預設值為 10。

5. 【迴歸精確度 (Epsilon) 】：僅當目標欄位的內容為連續型數值時才使用。如果錯誤數小於此處指定的值，則可以接受錯誤數。數值越大，建模速度越快，但是相對的模型精確度將降低。

6. 【核心類型】：確定用於變換的核函數的類型。核心類型不同，計算分隔符號號的方法也將不同。預設值為「RBF (徑向基底函數) 」，其他還有「多項式」、「Sigmoid」、「線性」等選項。

7. 【RBF Gamma】：僅在設定為「RBF」時才啟用。一般設定值應介於 3/k 和 6/k 之間，其中 k 為輸入欄位的數量。例如，如果有 12 個輸入欄位，則應當嘗試使用介於0.25 和 0.5 之間的值。增加該值會提高訓練資料的分類準確度 (或減少迴歸錯誤)，但這也可以導致過度配適。

8. 【偏差】：僅在設定為「多項式」或 「Sigmoid」 時才啟用。大多數情況下使用預設值 0。

9. 【Gamma 參數】：僅在設定為「多項式」或 「Sigmoid 」時才啟用。增加參數值會提高訓練資料的分類準確度 (或減少迴歸錯誤)，但這也可能導致過度配適。

10. 【度數】：僅設定為「多項式」時才啟用，表示控制映射空間的維度，一般不使用大於 10 的值。

Step4：

1. 【模型評估】：「計算預測變數重要性」，勾選此一選項，在模型生成時，會顯示每個輸入變數對生成決策樹模型的影響程度圖，可提供使用者進行變數的篩選。使用者要將建模的主要資源放在最重要的預測變數上，並考慮丟棄和刪除那些最不重要的預測變數。

2. 【計算原始傾向分數】：對於旗標型欄位 (預測結果為「是」或「否」) 的模型，使用者可以勾選傾向分數，這些分數表示目標資料預測結果為真的可能性。原始的傾向分數僅從訓練資料的模型中匯出為基礎。如果模型預測值為真，則傾向與 P 相同，其中 P 為預測的可能性。如果模型預測的值為假，則計算出的傾向為 (1 – P)。對模型進行評分時，原始傾向分數將被添加到將 RP 字母附加到欄位名稱中。

3. 【計算調整後傾向分數】：原始傾向分數僅依賴訓練資料來進行估計，且由於許多模型過度擬合 (over fitted) 此資料的傾向，該分數可能會過度優化。調整後的傾向分數會嘗試藉由針對檢驗或驗證分區對模型性能進行評估進行彌補。對模型進行評分時，在將 AP 字母附加到標準首碼的欄位中添加調整後的傾向分數。

4. 【根據】測試分割或驗證分割。此選項僅使用於旗標目標才有效。

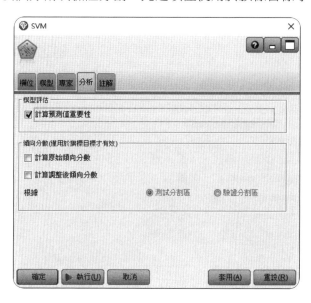

10-4 IBM SPSS Modeler SVM節點設定範圍

Support Vector Machine (SVM) 是一項功能強大的分類和迴歸技術，可最大化模型的預測準確度，而不會過度擬合訓練資料。SVM 特別適用於分析預測變數欄位非常多 (如數千個) 的資料。

⊙ 設定為【輸入】時，表示允許資料進入【SVM】模型節點作分析。

⊙ 設定為【目標】時，表示設定資料為【SVM】模型節點的輸出欄位，輸出欄位可以是連續型數值也可以是類別型資料。

⊙ 設定為【兩者】時，表示資料將被【SVM】模型節點忽略。

⊙ 設定為【無】時，表示資料將被【SVM】模型節點忽略。

⊙ 設定為【分割區】時，【SVM】模型節點之【欄位】頁籤可以選用此欄位之資料。

10-5 個案應用—公共行政管理應用

本章節示範的美國國會投票紀錄 (Congressional Voting)，取自美國加州大學歐文分校的機械學習資料庫 (UC Irvine Machine Learning Repository)。http://archive.ics.uci.edu/ml/datasets/Congressional+Voting+Records。

這個資料集是美國國會在 1984 年第二次會議的投票紀錄，主要是 Congressional Quarterly Almanac (CQA) 針對當年度指標性的 16 個法案，眾議院的投票紀錄，共有 17 個欄位，分別是：

1. Class Name (政黨名稱)

2. Handicapped-infants (法案名稱)

3. Water project cost sharing (法案名稱)

4. Adoption of the budget resolution (法案名稱)

5. Physician fee freeze (法案名稱)

6. El Salvador aid (法案名稱)

7. Religious groups in schools (法案名稱)

8. Anti satellite test ban (法案名稱)

9. Aid to nicaraguan contras (法案名稱)

10. Mx-missile (法案名稱)

11. Immigration (法案名稱)

12. Synfuels corporation cutback (法案名稱)

13. Education spending (法案名稱)

14. Superfund right to sue (法案名稱)

15. Crime (法案名稱)

16. Duty free exports (法案名稱)

17. Export administration act south africa (法案名稱)

Step5：

從下載檔中開啟本章練習檔案，選擇 house-votes-84 .data 檔，並選擇資料來源節點面板上的【變數檔案】節點。在檔案欄位中建立檔案連結的路徑。本資料集無欄位名稱，所以請勿勾選「從檔案取得欄位名稱」，以免欄位名稱與內容值出現非預期的結果。

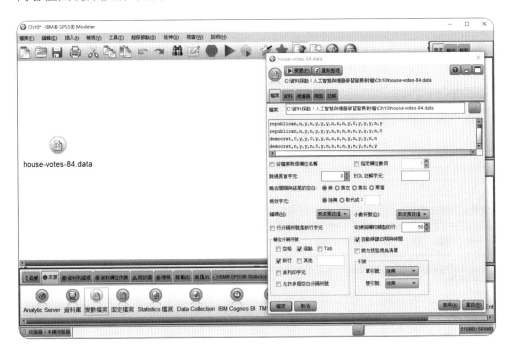

Step6：

點選【過濾器】頁籤，將匯入的 17 個欄位依據資料名稱重新命名，命名的名稱可以參考前頁所描述的欄位名稱。

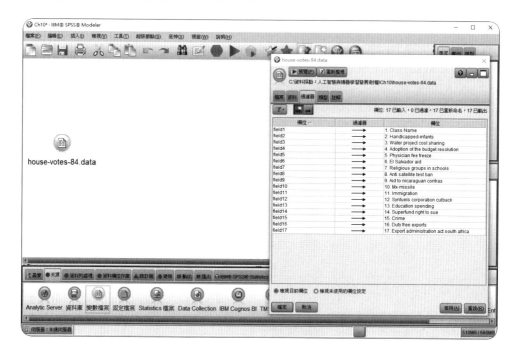

Step7：

連結【類型】節點除了將資料實體化之外，亦須在此節點設定資料的角色。本範例將政黨的名稱 (Class Name) 設定為目標欄位，檢視不同的政黨對於不同的議題在投票時是否有顯著的贊成或反對分類方式。

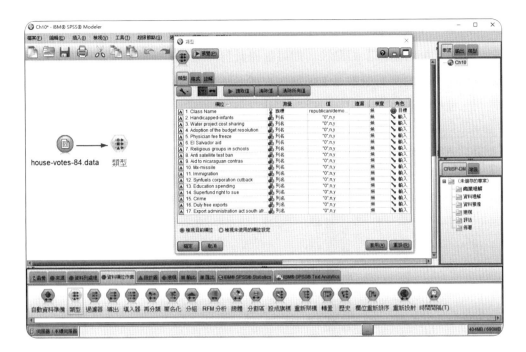

Step8：

連結【資料審核】節點，檢視資料品質。

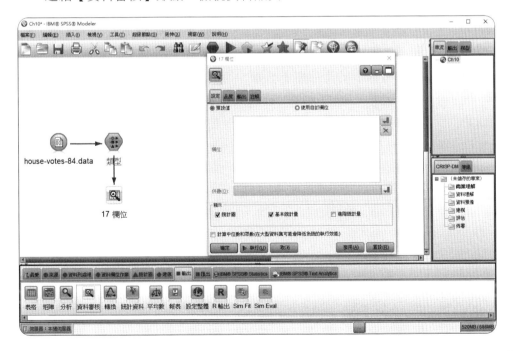

Step9：

執行【資料審核】節點後，即可檢視資料的品質與紀錄的筆數。從途中可以看到，有效的資料筆數是 435 筆，政黨名稱欄位有兩種類別，而其他的欄位則有三種投票的結果。

欄位	圖表	測量	最小值	最大值	平均數	標準 轉置	偏斜度	唯一	有效
A 1. Class Name		旗標	–	–	–	–	–	2	435
A 2. Handicapped-infants		列名	–	–	–	–	–	3	435
A 3. Water project cost sharing		列名	–	–	–	–	–	3	435
A 4. Adoption of the budget resolution		列名	–	–	–	–	–	3	435
A 5. Physician fee freeze		列名	–	–	–	–	–	3	435
A 6. El Salvador aid		列名	–	–	–	–	–	3	435
A 7. Religious groups in schools		列名	–	–	–	–	–	3	435
A 8. Anti satellite test ban		列名	–	–	–	–	–	3	435

* 表示多節點結果　* 表示取樣結果

Step10：

點選【資料審核】的【品質】頁籤，可以檢視資料的空值、空白值以及完成狀態。在本範例中可以看到，資料的品質都很完整，不需要另行處理這一段。

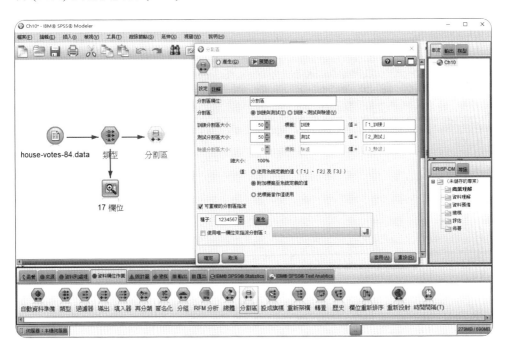

Step11：

連接【資料欄位作業面板】的【分割區節點】，將資料隨機分割成訓練資料 (50%) 與測試資料 (50%)。

Step12：

連結【SVM】建模節點，建立 SVM 模型。SVM 預設建模的核心類型是 RBF 函數，若使用者點選專家選項，則有 RBF、多項式、Sigmoid 與線性四種類型可供使用者選擇選用。這個步驟，我們同時建立了四種模型，並接續比較不同核心類型的分類模型效能。

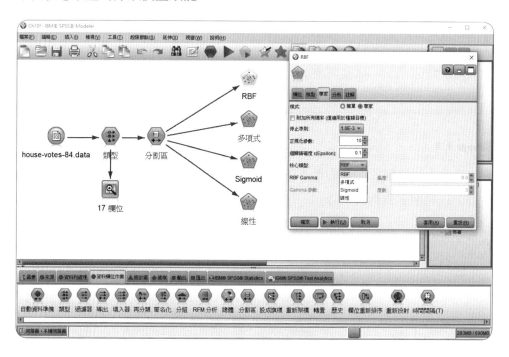

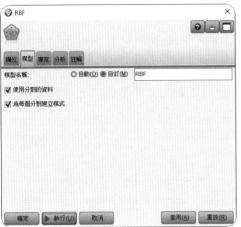

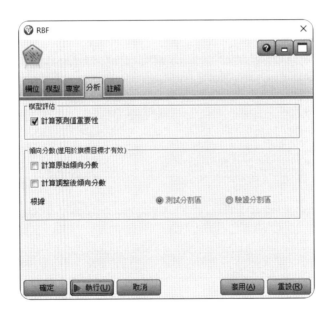

Step13：

完成 SVM 分類模型的建立之後，點選任一模型即可看到模型的相關資訊。在模型金塊的【模型】頁籤中可以看到每一輸入變數對於此模型預測值的重要性，由圖中的畫面可以清楚的瞭解每一個變數對於模型金塊的重要程度。

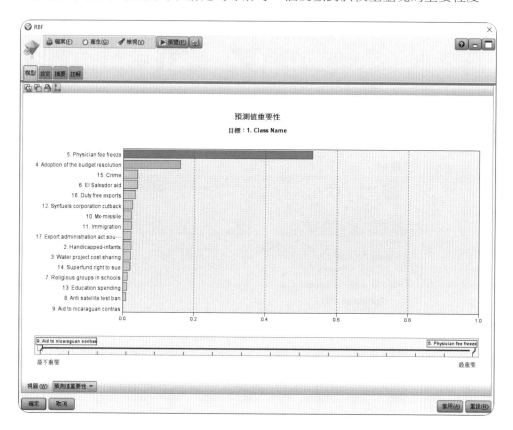

Step14：

將四個模型金塊連結在一條資料串流上，讓我們可以同時評估不同模型金塊的分類效能。同時，連結【資料欄位作業面板】的【總體 (Ensemble)】節點，取消【過濾掉由集成模型產生的欄位】。這個節點是能夠同時比較單一模

型與多個模型共同評分的分類效益。總體方法的投票，計有投票、採用信賴度
加權、採用原始傾向加權的原始投票、採用調整後傾向加權的投票、信賴度最
高者贏、平均原始傾向、平均調整後傾向等七種方式。

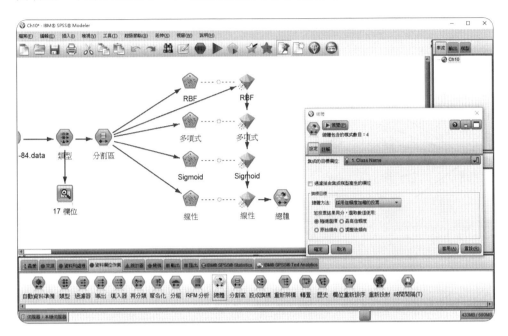

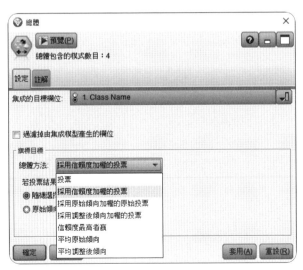

Step15：

也可以在模型金塊之後連結【統計圖面板】的【評估】節點，用圖示的方式來顯示不同模型的效益。因為目標欄位的內容是兩種類別，因此適合使用【接收端運作性質 (ROC) 】圖來表示模型的效益。

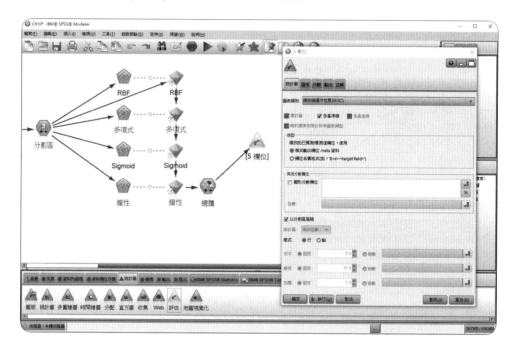

Step16：

由接收端運作性質 (ROC) 圖可以看到不同的模型所產生不同的效益。ROC 的表現方式以越靠近左上角的位置，表示模型效益越佳。同時，計算曲線下的面積 (Area under the curve, AUC)，亦即曲線下的面積越大，模型效益越佳。由下圖可以看到，黃色的 $XF-1（總體模型）的表現最佳。此外，左右兩個圖分別表示模型在訓練資料與測試資料中的表現。

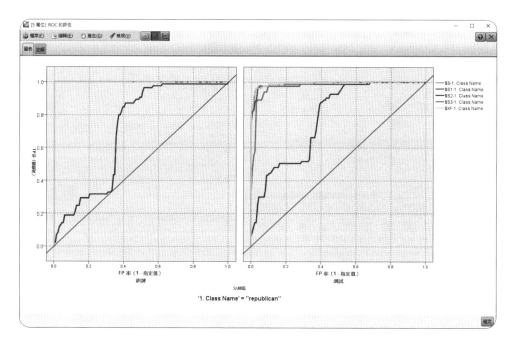

Step17：

接著，連結【輸出面板】的【分析節點】，可以同時顯示多個模型的準確度。請勾選【符合矩陣】、【評估度量值 (AUC 與 Gini，僅限二進位分類器)】。

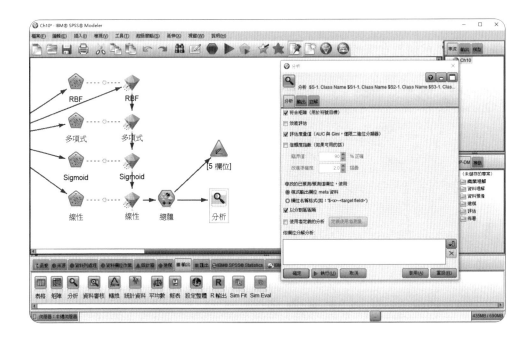

Step18：

點選執行之後，即可看到如下圖的報表。在個別模式中，可以看到每一個分類模型的正確率。以 $S-1 模型來說，訓練資料與測試資料的正確率 (accuracy) 分別是 99.54% 及 96.79%。模型在兩組資料中的錯差矩陣 (confusion matrix) 亦在圖中可以看到。錯差矩陣 (confusion matrix) 中的數字，可以另外計算出常見的分類模型指標，如 accuracy、recall、specificity、precision 等。

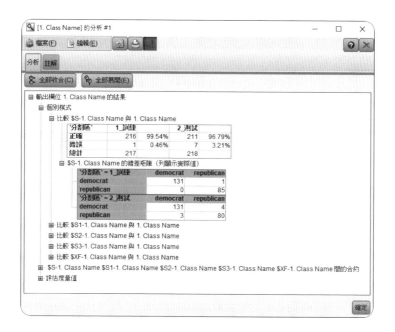

Step19：

在最後的評估度量值的報表中可以看到每一個分類模型的 AUC 及 Gini。AUC 表示 ROC 曲線下的面積，數值越大表示模型越佳。AUC 最大值是 1。同時，模型在測試資料中的表現，比其在訓練資料中的表現還要更為重要。所有在測試資料中的的模型的表現，其實都相當接近。其中，最好的則是 $S-1，其 AUC 為 0.989，且其 Gini 為 0.977。

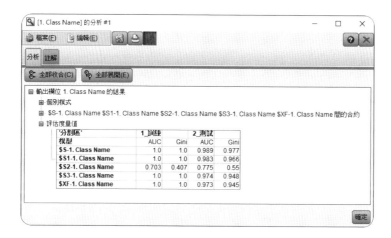

參考文獻

1. 林文暉、葉子銘、吳世逖、黃永昌 (2008)。**複雜環境下的臉部偵測和最佳訓練樣本辨識**。崑山科技大學主辦，2008 優質家庭生活科技 (U-home) 之關鍵技術研討會，台南。

2. 黃建榮 (2004)。**使用支援向量機分類變異特徵之影像查詢**，朝陽科技大學資訊管理系，碩士論文。

3. Alaíz, C.M., & Suykens, A. K. (2018). Modified Frank–Wolfe algorithm for enhanced sparsity in support vector machine classifiers. *Neurocomputing,* 320, 47-59.

4. Cortes, C. & Vapnik, V. (1995). Support-Vector networks. *Machine learning, 20,* 275-297.

5. IBM SPSS, (2016). *IBM SPSS Modeler 18.0 Algorithms Guide.* USA: Integral Solutions Limited.

6. IBM SPSS, (2016). *IBM SPSS Modeler 18.0 Node Reference.* USA: Integral Solutions Limited.

7. IBM SPSS, (2016). *IBM SPSS Modeler 18.0 User's Guide.* USA: Integral Solutions Limited.

8. Platt, J. C., Cristianini, N. & Shawe-Taylor, J. (2000). *Large Margin DAGs for Multiclass Classification.* Paper presented at the Advances in Neural Information Processing Systems, MIT Press, 12, 547-553.

9. Pontil, M., & Verri, A. (1998). Support Vector Machines for 3D Object Recognition. *IEEE Trans. on Pattern Analysis and Machine Intelligence, 20* (6), 637-646, 1998.

關聯規則 –
Association rules

・・學・習・目・標・・

- 瞭解何謂關聯規則。
- 瞭解何謂支持度 (support) 及可靠度 (confidence)。
- 瞭解關聯性規則的步驟。
- 瞭解何謂Apriori演算法。
- 瞭解Apriori演算法處理程序。
- 瞭解何謂候選項目集合和高頻項目集合。
- 瞭解候選項目集合和高頻項目集合的計算流程。
- 瞭解IBM SPSS Modeler資料格式與設定。
- 瞭解IBM SPSS Modeler個案實作的步驟。
- 瞭解IBM SPSS Modeler實際個案分析實作。

關聯規則 (Association rules) 是一種機率關係的應用，它是憑藉著過去的經驗或紀錄而在大型資料庫中尋找資料的屬性 (Agrawal, Imilienski & Swami, 1993)。關聯規則演算法起初是由不同型態的資料而發展，例如購物籃分析就是使用零售商的交易資料，而演算法的核心理念則是由 Agrawal, Imilienski & Swami 等人在 1993 年提出 (Shahbaz, Srinivas, Harding and Turner, 2006)。

11-1 關聯規則Apriori基本概念

　　在資料探勘的領域之中，**關聯性規則 (Association rule)** 是最常被使用的方法。關聯性規則在於找出資料庫中的資料間彼此的相關聯性，這種方法現已經普遍運用於各領域。此外，在關聯性規則之使用中，Apriori 是最為著名且廣泛運用的演算法 (Osadchiy et al., 2019)。

　　假設在資料庫中，L = {l_1, l_2, …,l_n} 是所有顧客的知識與需求之集合，其中 X 及 Y 均為決策變數且是 L 的子集合 (subset) 並互相獨立，因此關聯性規則的表示形式為：X → Y，X ⊂ L，Y ⊂ L 且 X ∩ Y= ⊠。關聯性規則的產生由兩個參數來決定：**支持度 (support)** 及**可靠度 (confidence)** (Wang, Chuang, Hsu & Keh, 2004)。

　　支持度的定義為決策變數在資料庫中所出現的比例，表現形式為 Sup(X)，也就是在整個資料庫 L 中出現的比例，支持度越高，越值得重視。支持度代表事件的發生機率。Sup(X → Y) 代表同時發生 X 和 Y 兩個交易事項的機率，支持度介於 0% 和 100% 之間。

$$Sup(X) = \frac{\text{項目集合X在資料庫中出現的總次數}}{\text{資料庫中的總交易筆數}}$$

可靠度的定義此關聯性規則可信的程度，也就是某決策變數 X 已確知或成立時，另一決策變數 Y 發生或成立的機率，與統計中的條件機率相同，表現形式為 $Conf(X{\rightarrow}Y)$。$Conf(X{\rightarrow}Y)$ 代表發生 X 的交易事項下，發生 Y 交易事項的機率，可靠度介於 0% 和 100% 之間。

$$Conf(X \rightarrow Y) = \frac{Sup(X \cap Y)}{Sup(X)}$$

在下圖中，我們以機率中典型的文氏圖來說明這個機率的簡單概念。假設藍色方框的面積是整個事件出現的集合 (set)，因此其機率表示是 100%，也可以 P(S) =1 來表示。X 在整個事件中所佔的面積就是 X 在整個事件中出現的機率，可用 P(X) 來表示。Y 在整個事件中所佔的面積就是 Y 在整個事件中出現的機率，可用 P(Y) 來表示。中間深色區塊表示 X 與 Y 同時出現的機率，即為 X 與 Y 的交集，所以可以用 來表示。則事件 X 的支持度即為 X 在事件中出現的機率，故 Sup(X) = P(X)。當已知 X 已經成立時，那麼 X 與 Y 同時出現的交集機率為 ，也就是 $Conf(X \rightarrow Y) = Sup(X \cap Y)/Sup(x)$。

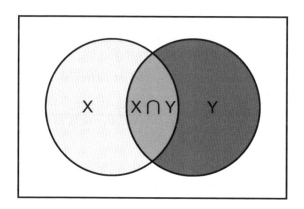

文氏圖

另外由下表及計算過程來說明支持度與可靠度的計算方式：

表11-1 原始資料表

ID	年齡	性別	所在縣市
001	27	男	台北
002	28	女	高雄
003	33	女	台北
004	34	女	高雄
005	29	男	台北

表11-2 關聯規則關係表

Rule	Support	Confidence
(年齡：25~30) and (性別：男) → (所在縣市：台北)	40％	100％
(所在縣市：台北) → (性別：女)	60％	33.3％

Support ((年齡：25~30) and (性別：男))

$$= \frac{(年齡：20~25) \text{ and } (性別：男) \text{ 在資料庫中出現的總次數}}{\text{資料庫中的總交易筆數}} = \frac{2}{5} = 40\%$$

Conf ((年齡：25~30) and (性別：男) → (所在縣市：台北))

$$= \frac{(25~30) \text{ and } (男) \text{、} (台北) \text{ 同於資料庫中出現的總次數}}{(25~30) \text{ and } (男) \text{ 在資料庫中的總交易筆數}} = \frac{2}{2} = 100\%$$

Support (所在縣市：台北)

$$= \frac{(所在縣市：台北) \text{ 在資料庫中出現的總次數}}{\text{資料庫中的總交易筆數}} = \frac{2}{5} = 60\%$$

Confidence ((所在縣市：台北) → (性別：女))

$$= \frac{(所在縣市：台北) \text{、} (性別：女) \text{ 同時在資料庫中出現的總次數}}{(所在縣市：台北) \text{ 在資料庫中的總交易筆數}}$$

$$= \frac{1}{3} = 33.33\%$$

一般而言，關聯性規則的支持度及可靠度皆必須分別大於使用者訂定的最低限制，才能據此判定其為有意義的關聯性規則 (Padmanabhan & Tuzhilin, 2002; Coenen, Goulbourne & Leng, 2004; Kouris, Makris & Tsakalidis, 2005; Wang et al., 2004)。

關聯性規則的建立，按照 Agrawal & Srikant (1994) 兩位學者所設計的流程，有以下二個步驟：

1. 從資料庫中找出**高頻的項目集合 (large itemsets)**，亦即此集合之各個決策變數的組合，同時要大於所設定之**最低支持度 (minimum support)**。

2. 接著，用前述步驟所產生的高頻項目集合產生關聯性規則，並計算其可靠度，若高於所設定的**最低可靠度 (minimum confidence)**，則規則成立。

此外，為減少僅憑藉此兩項指標可能造成之偏誤，因此，應該要再考量相關性 (correlation)，進行**相關分析 (correlation analysis)**，此處所提到相關分析，即為**增益值 (lift)** (Wang et al., 2004)。

$$Lift = \frac{Confidence(X \rightarrow Y)}{Support(Y)}$$

若：

增益值 > 1，表示 X 與 Y 呈現正相關，規則才具有實用性。

增益值 = 1，表示 X 與 Y 為獨立事件。

增益值 < 1，表示 X 與 Y 呈現負相關，比亂數取得之結果更差。

11-2 Apriori演算法簡介

在關聯性規則之使用中，Apriori 是最為著名且廣泛運用的演算法。最早是由 Agrawal & Srikant 等兩位學者於 1994 年首先提出，而在這之後許多應用的相關演算法，僅是修正 Apriori 中的部分概念而來，例如 DHP 演算法、DLG 演算法、DIC 演算法與 FP-Tree 演算法等，其處理程序說明如下：

1. 定義**最低支持度 (minimum support)** 及**最低可靠度 (minimum confidence)**。

2. Apriori演算法使用了**候選項目集合 (candidate itemsets)** 的觀念，若候選項目集合的支持度大於或等於最低支持度 (minimum support)，則該候選項目集合為**高頻項目集合 (large itemsets)**。

3. 首先由資料庫讀入所有的交易，得到第一候選項目集合 (candidate 1-itemset) 的支持度，再找出第一高頻項目的集合 (large 1-itemset)，並利用這些高頻單項目集合的結合，產生第二候選項目集 (candidate 2-itemset)。

4. 再掃描資料庫，得出第二候選項目集合的支持度以後，再找出第二高頻項目集合，並利用這些第二高頻項目集合的結合，產生第三候選項目集合。

5. 反覆掃描整個資料庫，再與最低支持度相比較，產生高頻的項目集合，再結合產生下一層候選項目集合，直到不再結合產生出新的候選項目集合為止。

以下則利用簡單的例子，來看 Apriori 演算法的處理過程。若資料庫中有四筆交易，每筆交易都具有不同的 ID 作代表，交易中都包含了有數種物品，如下所示：

表11-3 資料庫中交易記錄

ID	Items
001	A,C,D
002	B,C,E
003	A,B,C,E
004	B,E

表11-4 Apriori 演算法產生的候選項目集合和高頻項目集合

C1	
Itemset	Support
{A}	2
{B}	3
{C}	3
{D}	1
{E}	3

Scan Database →

L1	
Itemset	Support
{A}	2
{B}	3
{C}	3
{E}	3

→

C2
Itemset
{AB}
{AC}
{AE}
{BC}
{BE}
{CE}

Scan Database →

C2	
Itemset	Support
{AB}	1
{AC}	2
{AE}	1
{BC}	2
{BE}	3
{CE}	2

→

L2	
Itemset	Support
{AC}	2
{BC}	2
{BE}	3
{CE}	2

C3
Itemset
{BCE}

Scan Database →

C3	
Itemset	Support
{BCE}	2

→

L2	
Itemset	Support
{BCE}	2

資料來源：From 「Using Information Retrieval techniques for supporting data mining,」 by Kouris, I. N., Makris, C. H. & Tsakalidis, A. K., 2005, *Data & Knowledge Engineering, 52,* 362.

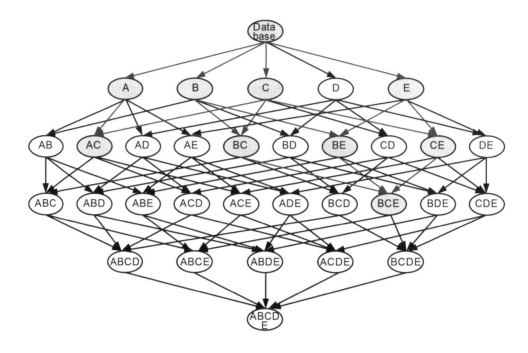

五維度的子集合示意圖

資料來源： From「Tree Structures for Mining Association Rules,」by Coenen, F.,
Goulbourne, G. & Leng, P., 2004, *Data Mining and Knowledge Discovery, 8,*
28.

Apriori 產生候選項目集合和高頻項目集合的計算流程如下：

首先在掃瞄整個資料庫後，將所有出現商品的次數予以計數，如此即得
C1 表 (第一候選項目集合)，將不符合最小支持度之項目剔除後，即得 L1 表
(第一高頻項目集合)。反覆遞迴後，依次產生第二高頻項目集合與第三高頻項
目集合 (表 11-4)。

當我們想要產生第三候選項目集合時，所產生的集合項目中，必須皆已產
生於第二高頻項目集合中，由上圖可以很清楚的看到整個演算的路徑。因此第
三候選項目僅剩 {BCE}，無法再產生 C4，所以演算法就此終止。

11-3 IBM SPSS Modeler Apriori 節點資料格式與設定

Step1：

1. 【使用預先定義的角色】：資料匯入時，依據資料串流中上游【類型】節點所設定的資料內容、格式與方向來進行資料分析。

2. 【使用自訂欄位指定】：資料匯入時，依據使用者自行設定的資料內容、格式與方向來進行資料分析。

3. 【使用交易格式】：如果來源資料為交易格式，則可以勾選此核取方塊。這種格式的交易紀錄包含了兩個欄位，一個是 ID 欄位，一個是內容欄位。每一條紀錄代表單一交易或單一品項，關聯項通過相同的 ID 得以連結。這種的格式有點類似統一發票上的記錄方式，再藉由顧客編號與顧客資料產生連結。

4. 【後項】：選擇在最終規則集中用作結果的欄位，也就是在【類型】節點中角色設定為目標或兩者的欄位。

5. 【前項】：選擇在最終規則集中用作條件的欄位，也就是在【類型】節點中角色設定為輸入或兩者的欄位。

6. 【分割區】：允許使用者使用指定特定的欄位將資料分割為幾個不同的樣本，分別用於模型構建過程中的訓練、測試和驗證階段。藉由使用某個樣本生成模型並用另一個樣本對模型進行測試，使用者可以預判出此模型對類似於當前資料的大型資料集的優劣。

Step2：

1. 【模型名稱】：使用預設自動產生或指定產生的模型名稱。

2. 【最小規則支援】：使用者可以指定在規則集中保留規則的支援度 (support) 標準。支援度指的是訓練資料中條件 (規則中的「if」部分) 為真的紀錄的百分比。

3. 【最小規則信賴度】：信心度基於其規則條件為真的紀錄，指的是其結果也為真的那些紀錄的百分比。換句話說，信心度是基於規則的正確預測的百分比，也就是前項條件成立時，後項項目出現的條件機率。

4. 【最大前項數目】：使用者可以為任何規則指定最大預設條件數。這是一種用來限制規則複雜性的方式，最大值可以支援到設定32個前項。

5. 【旗標只有真值】：如果對於表格格式的資料選擇了此選項，則在生成的規則中只會出現真值。這樣可能有助於使得規則更容易理解。

6. 【最佳化】：根據使用者的具體需求，選擇為了提高建模效能而設計的選項。若使用者的硬體配備許可，尤其是記憶體的大小是關鍵考量因素，那麼可以追求演算速度最佳化，否則將會佔用系統非常大的資源而導致硬體暫時停止作業。若在伺服器上計算，一般則較無硬體資源的問題。

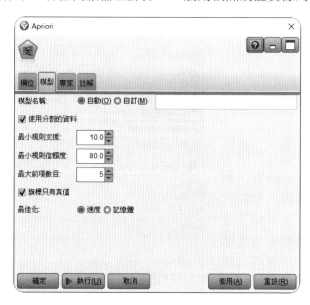

Step3：

⊙ 【評估測量】：Apriori 提供五種用來評估規則的方法。

⊙ 【規則信賴度】：該預設方法使用規則信賴度 (confidence) 來評估規則。

⊙ 【信賴度差異】：也可以稱為與先驗機率相比的絕對信賴度差。此評估測量是規則的信賴度與其先驗信賴度之間的絕對差。此選項有助於防止保留「很明顯的」規則。

⊙ 【信賴度比率】：此評估測量為 1 減去規則信賴度與先驗信賴度之間的比率，如果該比率大於一，則減去其倒數。與信賴度差相似，此方法會考慮不均勻分佈。此方法尤其適用於找出預測不常發生事件的規則。

⊙ 【資訊差異】：此評估測量基於資訊收益測量。資訊差異是給定條件的情況下資訊收益與只給定了結果的先驗信賴度的情況下資訊收益之間的差。此方法的一個重要特徵在於，它考慮了支持度，因此對於給定水準的信賴度，它傾向於覆蓋更多紀錄的規則。

⊙ 【正規化卡方】：也稱為標準化卡方。此評估測量進行了標準化，採用 0 和 1 之間的值。

⊙ 【允許沒有條件的規則】：選擇此選項可允許只出現後項的規則，也就是規則的前項為空集合。

11-4 IBM SPSS Modeler Apriori節點設定範圍

對於較大的問題，【Apriori】節點訓練的速度通常非常快，可以處理最多帶有 32 個前提條件的規則。Apriori 提供了五種不同的訓練方法，因此將資料採擷方法與當前問題相匹配時可以實現更強的靈活性。

⊙ 設定為【輸入】時，表示允許資料進入【Apriori】模型節點作分析，此欄位中的資料僅會在關聯規則的前項中出現。

⊙ 設定為【目標】時，表示設定資料為【Apriori】模型節點的輸出欄位，輸出欄位可以是連續型數值也可以是類別型資料。此欄位中的資料僅會在關聯規則的後項中出現。

⊙ 設定為【兩者】時，資料進入【Apriori】模型節點分析，此欄位中的資料可以在關聯規則的前項也可以在關聯規則的後項中出現。

⊙ 設定為【無】時，表示資料將被【Apriori】模型節點忽略。

⊙ 設定為【分割區】時，【Apriori】模型節點之【欄位】頁籤可以選用此欄位之資料。

11-5 個案應用—零售業購物籃分析應用

本章節的範例是使用軟體內建的範例資料檔案 BASKETS1n.csv。此資料集有 1000 筆紀錄與 18 個屬性 (欄位)。屬性分別是卡號 (cardid)、價值 (value)、付款方式 (pmethod)、性別 (sex)、是否應有自有住宅 (homeown)、收入 (income)、年齡 (age)、水果蔬菜 (fruitveg)、新鮮肉品 (freshmeat)、日用品 (dairy)、罐頭蔬菜 (cannedveg)、罐頭肉品 (cannedmeat)、冷凍肉品 (frozenmeal)、啤酒 (beer)、紅酒 (wine)、汽水 (softdrink)、魚類 (fish)、零食點心 (confectionery) 等。

Step4：

使用變數檔案節點，連結範例資料 BASKETS1n.csv。

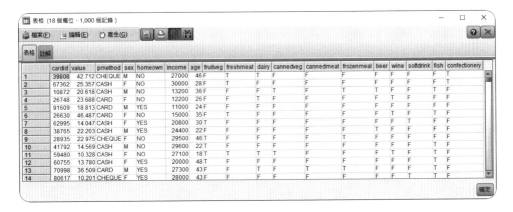

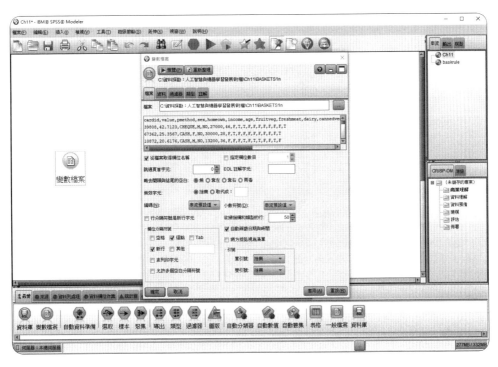

Step5：

選擇【資料欄位作業面板】的【類型節點】，完成資料實體化。按下讀取值後，建立每一個欄位的資料測量，亦即確認資料尺度。其中，性別欄位需要修正測量為【列名】。進入下一分析流程之前，設定每一欄位的角色。選取所有的商品欄位【水果蔬菜 (fruitveg)、新鮮肉品 (freshmeat)、日用品 (dairy)、罐頭蔬菜 (cannedveg)、罐頭肉品 (cannedmeat)、冷凍肉品 (frozenmeal)、啤酒 (beer)、紅酒 (wine)、汽水 (softdrink)、魚類 (fish)、零食點心 (confectionery) 等】設定為【兩者】。其餘的欄位，則設定角色為【無】。

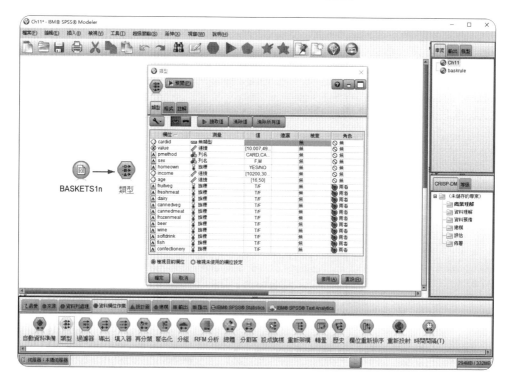

Step6：

連結【建模面板】的【Apriori 節點】，建立關聯規則模型。在【欄位頁籤】點選【使用預先定義的角色】，直接承襲類型節點對於每一欄位的設定內容。在【模型頁籤】，取消【使用分割資料】的勾選。其餘的【最小規則支援】、【最小規則信賴度】、【最大前項數目】等，依使用者的需求反覆調整至最

佳參數。【最小規則支援】，即 Minimum Support threshold，表示的單位是 %。
Min Sup. 的數字越高，規則的數量越少；反之，則規則數量越多。【最小規則信賴度】，即 Minimum Confidence threshold，表示的單位是 %。Min Conf. 的數字越高，規則的前提項目 (antecedents) 越少；反之，則規則的前提項目 (antecedents) 則越多。

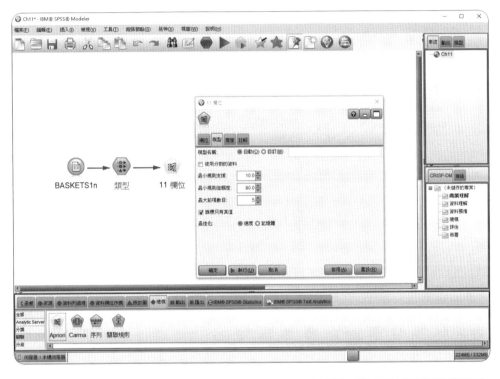

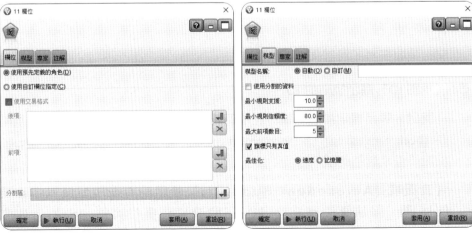

Step7：

　　點選執行之後，就可以建立關聯規則模型。畫面中，就可以產生被建立的模型金塊。雙擊模型金塊，開啟模型內容檢視。從模型畫面中可以看到建立的三條關聯規則。以及每一條規則的前項 (antecedents)、後項 (consequent)、支援度 (support) 及信賴度 (confidence)。點選 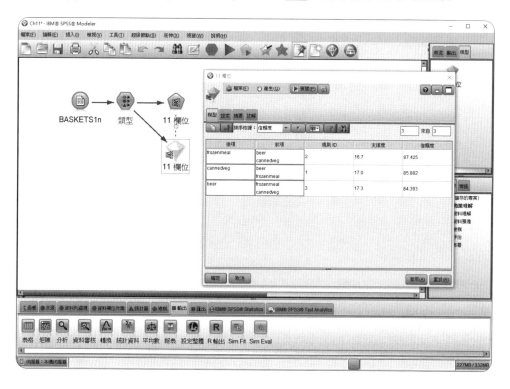 可以開啟更多參數呈現。

Step8：

　　開啟規則所有的指標參數，如圖所示。

⊙　【規則 ID】顯示規則的 ID。

⊙　【實例】表示規則中的前項，在所有紀錄中出現的次數。例如，假設規則為 {beer, cannedveg} → {forzenmeal}，資料中包含條件 {beer, cannedveg} 的記錄數量稱為例項。

⊙　【支援度 (Antecedent Support)】表示前項在所有資料中出現的比例。即其條件為真的 ID 在訓練資料中的比例。例如，如果

167/1000=0.167=16.7% 的資料購買了 {beer, cannedveg}，那麼規則 {beer, cannedveg} → {forzenmeal} 的條件支援度為 50%。

- ⊙ **【信賴度 (Confidence)】表示當前項出現，則後項出現的條件機率。** 顯示規則支援度與條件支援度的比值。此比值表明了帶有指定條件、並且其結果也為真的 ID 的比例。例如，如果 16.7% 的資料購買了 {beer, cannedveg} (這就是條件支持度)，但只有 14.6% 的顧客同時購買 {beer, cannedveg, forzenmeal} (此為規則支援度)，則規則 {beer, cannedveg} → {forzenmeal} 的信賴度為Rule Support / Antecedent Support，在這裡為 (14.6%)/(16.7%) = 87.425%。

- ⊙ **【規則支援% (Rule Support)】表示當前項與後項的項目，同時出現在所有交易資料的比例。** 顯示其中整個規則、條件和結果均為真的 ID 的比例。例如圖中，僅有 146筆的資料同時購買 {beer, cannedveg, forzenmeal} 這三項商品，那麼規則 {beer, cannedveg} → {forzenmeal} 的規則支援度則為 146 /1000 = 0.146 =14.6%。

- ⊙ **【提昇 (Lift)】顯示規則信賴度與具有結果的先驗機率的比值。** 規則信賴度與預測的先驗機率之比值。規則中的後項出現在母體中的百分比，相對於信賴度的比值。這個比率可以衡量規則相對於偶發性的規則內容。也就是說，減少不使用規則反而後項在母體中的先驗機率較高的情形發生。例如，如果在全部的資料中有10% 購買了 bread，那麼預測人們是否購買 bread、且信賴度為 20%的規則具有的Lift將為 20/10 = 2。總之，Lift大於 1 的規則比Lift接近 1的規則的相關性更強。在本例中，在全部的資料中有16.7% 購買了{beer, cannedveg}，信賴度為87.425%，{forzenmeal} = 302/1000 = 30.2%。因此，Lift = (87.425%) / (30.2%) = 2.895。

- ⊙ **【可部署性 (Deploy ability)】是一個有關分析資料中滿足了前項條件而未滿足後項結果的百分比。** 在產品購買領域，它的意思大致為：所有的客戶群中有多少百分比擁有了 (或已經購買了) 前項條件的商品，但尚未購買後項結果的商品。部署性被定義為【((條件支持度的資料筆數 - 規則支援度的資料筆數) / 資料庫中資料的筆數)*100】 ((Antecedent Support in # of Records - Rule Support in # of Records) / Number of Records) * 100。其中，條件支持度 (Antecedent Support) 表示前項為真的記錄數，規則支援度 (Rule Support) 表示條件和結果都為真的記錄數。在此例，((167-146)/1000) * 100 = 2.1。

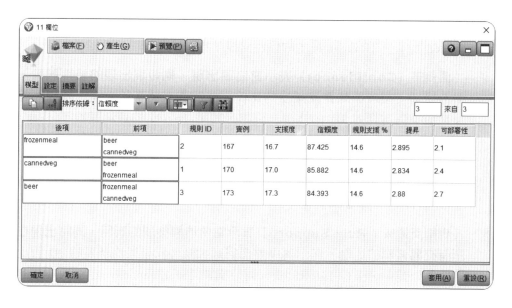

Step9：

下表是以表格方式呈現經過關聯規則之後所衍生的欄位。在 SPSS Modeler 中衍生的欄位名稱，$ 表示經過模型產生的預測欄位。【$A-11 欄位 -1】表示經過計算後，關聯規則對於該位顧客推薦的產品項目。【$AC-11 欄位 -1】表示對於該項目預測的信心度機率值。【$A-Rule_ID1-1】表示符合該顧客的規則 ID。

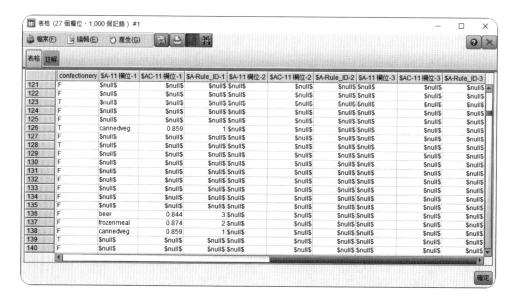

Step10：

連接【資料列處理面板】的【選取節點】，挑選。挑選規則為【'\$A -Rule_
ID-1' = 1 or '\$A-Rule_ID-1' = 2 or '\$A-Rule_ID-1' = 3】，亦即滿足第一項產品推
薦之顧客，選取所有適用的關聯規則來進行推薦。

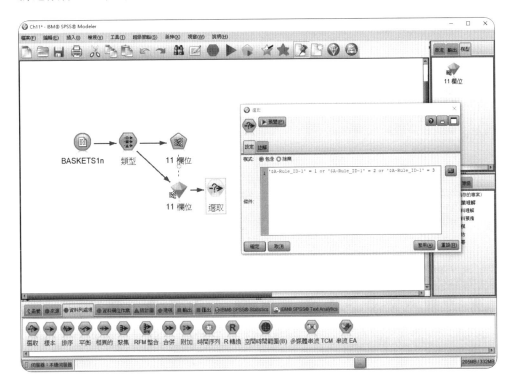

Step11：

連結【資料欄位作業面板】的【過濾器節點】。只留下【cardid】、【$A-11 欄位 -1】、【$AC-11 欄位 -1】、【$A-Rule_ID1-1】等欄位，其餘皆被阻擋。

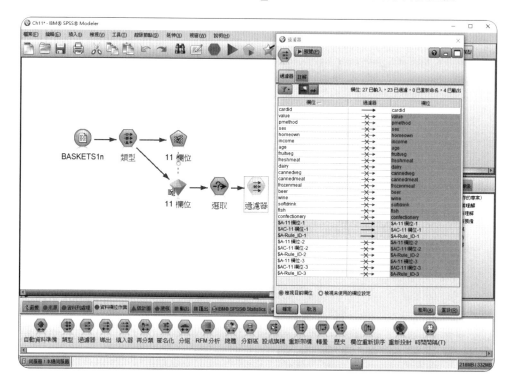

Step12：

重新命名欄位名稱。【$A-11 欄位 -1】改為【推薦商品】、【$AC-11 欄位 -1】改為【預期成功機率】、【$A-Rule_ID1-1】改為【規則編號】。

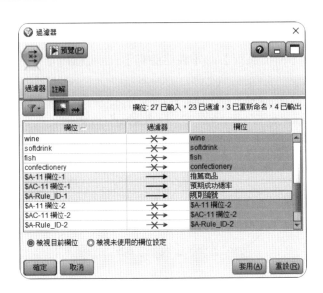

Step13：

使用【資料列處理面板】的【排序節點】，將資料排序。重點於將【預期成功機率以【遞減】的方式排列。

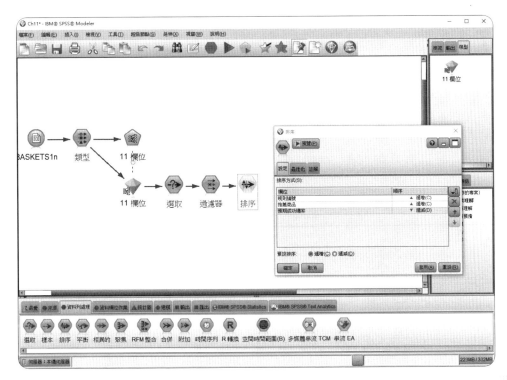

Step14：

最後，連結【輸出面板】的【表格節點】，呈現輸出結果。

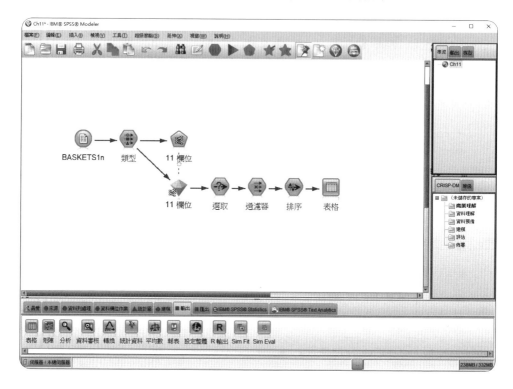

Step15：

下圖即為輸出的表格畫面。

參考文獻

1. 韋端 (主編) (2003)。**Data Mining概述：以Clementine7.0為例**。台北：中華資料探勘協會。

2. Agrawal, R. & Srikant, R. (1994). Fast Algorithms for Mining Association Rules. *Proceedings of the 20th International Conference on Very Large Databases,* 487-499.

3. Agrawal, R., Imilienski, T. & Swami, A. (1993). Mining Association Rules between Sets of Items in Large Databases. *Proceedings of the ACM SIGMOD Int'l Conf. on Management of Data,* 207-216.

4. Coenen, F., Goulbourne, G. & Leng, P. (2004). Tree Structures for Mining Association Rules. *Data Mining and Knowledge Discovery, 8,* 25-51.

5. IBM SPSS, (2016). *IBM SPSS Modeler 18.0 Algorithms Guide.* USA: Integral Solutions Limited.

6. IBM SPSS, (2016). *IBM SPSS Modeler 18.0 Node Reference.* USA: Integral Solutions Limited.

7. IBM SPSS, (2016). *IBM SPSS Modeler 18.0 User's Guide.* USA: Integral Solutions Limited.

8. Kouris, I. N., Makris, C. H. & Tsakalidis, A. K. (2005). Using Information Retrieval techniques for supporting data mining. *Data & Knowledge Engineering, 52,* 353-383.

9. Osadchiy, T., Poliakov, I., Olivier, P., Rowland, M., & Foster, E. (2019). Recommender system based on pairwise association rules. *Expert Systems with Applications, 115,* 535-542.

10. Padmanabhan, B. & Tuzhilin, A. (2002). Knowledge refinement based on the discovery of unexpected patterns in data mining. *Decision Support Systems, 33,* 309-321.

11. Shahbaz, M., Srinivas, Harding, J. A. and Turner, M. (2006). Product design and manufacturing process improvement using association rules. *J. Engineering Manufacture, 220,* 243-254.

12. Wang, Y. F., Chuang, Y. L., Hsu, M. H. & Keh, H. C. (2004). A personalized recommender system for the cosmetic business. *Expert Systems with Applications, 26,* 427-434.

NOTE

CHAPTER **12**

次序分析 –
Sequence analysis

・・學・習・目・標・・

- 瞭解關聯法則與次序分析的關係
- 瞭解何謂次序類型
- 瞭解次序資料分析與類型資料分析的差異
- 瞭解次序分析中有三個重要的參數
- 瞭解何謂次序分析演算法
- 瞭解何謂次序分析演算法的步驟
- 瞭解為何在所有最高頻次序 (large k-sequences) 中找出最大次序
- 瞭解IBM SPSS Modeler次序分析資料格式與設定
- 瞭解IBM SPSS Modeler個案實作的步驟
- IBM SPSS Modeler次序分析實際個案分析實作

12-1 次序分析Sequence analysis基本概念

　　資料探勘在近年來成為十分熱門的資料分析技術之一，甚至被美國麻省理工學院選為改變未來的十大創新技術一。在這其中，「**關聯法則 (Association Rule)**」是較為人知的技術之一，主要是藉由尋找資料間的關聯性，挖掘出有價值的規則。例如：若 X 出現然後則 Y 也會跟著出現這樣的一個規則，且在資料庫中需要有足夠代表性的那些規則才會允許被生成。當顧客購買「XBOX 遊戲機」，則他可能會購買「電視護目鏡」，假設這樣的規則被多數人所使用且人數超過訂定的門檻值時，則此規則即可成立並稱為是一條「關聯規則」；但在各種不同來源的資料中，有些資料卻是有**次序 (Sequence)** 的特性存在，也就是時間前後順序的關係存在。所謂的次序型資料，重點在於資料中必須存在先後順序的關係 (例如時間)，而所有的項目則依該條件來呈現次序性的排列狀況，次序型的資料分析則是希望能夠在此循序排列的資料中找到有趣的規則；以顧客的購買順序為例，若我們發現有許多人在買完「XBOB 遊戲機」後，間隔一段時間會再來買「電視護目鏡」，便可稱為**次序類型 (Sequential pattern)** (Granata et al., 2018)。

　　次序類型就是將不同的類型依照發生的先後順序排列，如：同一疾病在不同時期出現的各種症狀、商業上的交易行為、DNA 的排序等。因此，「**次序資料分析 (Sequence data analysis)**」與「**類型資料分析 (Pattern data analysis)**」最大的差異在於次序分析中的各項目 (Item) 具有先後的關係，存在著「時間」的元素，而類型分析則不具先後關係。以「類型資料分析」來說，其門檻值的設定是以**支持度 (support)** 與**可靠度 (confidence)** 作為規則成立與否的標準，所以在同一次的交易中不會出現重複的項目，如「 (巧克力、巧克力) 」；反之，「次序資料分析」則因不同時間的購買行為，所以有可能會出現重複的項目，如「 (啤酒) (啤酒) 」。因此「次序資料分析」所產生的資訊，其餘與「類型資料分析」差異很大，若不能夠掌握其中的重點，則可能會遺漏重要的關鍵資訊而失去商業利益。

目前次序分析有兩種方式，一種是只考量時間的先後順序，僅著重時間的順序作資料關聯的分析；另一種則是考量時間的區段，也就是週期性發生的類型，重點在於時間區段內的變化。在次序分析中有三個重要的參數需要注意，分別為**事件期間 (Duration)**、**事件滑動視窗 (Event folding window)** 及**事件間隔時間 (Event Interval)**。

⊙ 「**事件期間**」：為分析資料的起迄期間，如某大賣場為了要因應中元節的促銷專案，所以訂定年度內五月至七月的交易銷售資料為分析事件期間。訂定分析時間的長短需取決於單位軟硬體的配合，若時間過長，會造成分析資源的浪費、系統的額外負荷以及加長分析的時間；但是若訂定的事件時間過短，則可能會挖掘不出有價資訊，因此需要單位所累積的專業知識 (Know-How) 來協助資料探勘者做研析。

⊙ 「**事件滑動視窗**」：是指在同一周期內發生的所有事件。假設我們現在需要作學生在就學期間3C產品的次序分析，視窗長度設定為一學期，事件期間設定為五年，因此在週期內會有十個事件滑動視窗作為分析的標的。但是若將視窗長度設定為五年，那麼事件的發生相對於時間就失去其意義，和一般的關聯式法則分析無異。

⊙ 「**影響事件的間隔時間**」：是指在一個項目發生之後，時間間隔多久才會發生下一個項目。例如學生在開學後「一週」會購買「個人電腦」，間隔「五週」後有63% 的比例會購買印表機，並在「六週」後有75%的比例會購買「墨水匣」。這樣的次序分析資料，就是影響事件的間隔時間。

12-2 次序分析演算法簡介

次序分析之目的是希望藉由一群有順序性的資料，找出經常循序出現的項目組合，進而瞭解顧客的長期 (購買) 行為。因此，次序分析可分為五個步驟：

1. **排序**：以顧客代號為主要欄位，交易時間為次要欄位，將原始交易資料進行排序，如表12-1、表12-2。

表12-1 顧客交易購買次序

顧客編號	顧客交易次序
T001	〈C〉〈Y〉
T002	〈 (A,B) (C) (D,F,G) 〉
T003	〈 (C,E,G) 〉
T004	〈 (C) (D,G) (Y) 〉
T005	〈Y〉

表12-2 顧客交易次序轉換表

顧客編號	交易時間	交易項目集合
T001	3月5日	C
T001	7月8日	Y
T002	2月1日	A,B
T002	4月5日	C
T002	6月7日	D,F,G
T003	3月8日	C,E,G
T004	3月15日	C
T004	4月27日	D,G
T004	8月23日	Y
T005	7月19日	Y

2. **產生頻繁項目組 (L-itemset)**：找出所有頻繁項目組 (L-itemset) 的集合 L1 (所有大於或等於最小支持度的頻繁次序 (large 1-sequence) 的集合，也就是 l-itemset)，並將每個頻繁項目組對映到一個代號。將頻繁項目組對映到一個代號的目的是為了將每一個項目視為單一個體來處理，如表12-3所示。

表12-3 頻繁項目組與對應代號

頻繁項目組	項目組代號
〈C〉	1
〈D〉	2
〈G〉	3
〈D,G〉	4
〈Y〉	5

3. **轉換**：將每筆紀錄由該紀錄所包含的頻繁項目組取代。若一筆紀錄沒有包含任何頻繁項目組，則該筆紀錄將不會被保留在交易次序 (transaction sequence) 中。若某顧客的購買次序 (customer purchase sequence) 不包含任何頻繁項目組，則該顧客的購買次序將會被捨棄，如表12-4所示。

表12-4 轉換後的資料集

顧客編號	原始交易紀錄	轉換後交易紀錄
T001	〈C〉〈G〉	《 (C) 》《 (G) 》
T002	〈A,B〉〈C〉〈D,F,G〉	《 (C) 》《 (D) , (G), (D,G) 》
T003	〈C,E,G〉	《 (C), (G) 》
T004	〈C〉〈D,G〉〈Y〉	《 (C) 》《 (D) , (G), (D,G) 》《 (Y) 》
T005	〈Y〉	《 (Y) 》

4. **確認最大化**：在所有最高頻次序 (large k-sequences) 中找出最大次序：

   ⊙ 產生候選次序 (Candidate Sequence)：就是被用來產生頻繁次序組的次序。

   ⊙ 最大頻繁次序 (Maximal Frequent Sequence)：不被其他頻繁序列所包含的次序即可稱為最大頻繁次序。

5. **次序型樣 (Sequential Patterns)**：符合最小支持度的最大頻繁次序即稱為次序型樣。

12-3 IBM SPSS Modeler 序列節點資料格式與設定

Step1：

1. 【ID 欄位】：從來源資料中選擇表示 ID 的欄位。此欄位的每個唯一值都應該表明一個特定的分析單元或顧客。ID可以是IP位址，也可能是客戶編號。

2. 【連續ID】：如果在分析之前已經對資料中的ID欄位預先排序，那麼選擇此選項可以加快處理速度。

3. 【使用時間欄位】：如果使用者要在資料中使用欄位來表明事件時間，請選擇使用時間欄位並指定要使用的欄位。時間欄位必須是數位、日期、時間或時間戳記類型。

4. 【內容欄位】：指定模型的內容欄位元。這些欄位包含與序列建模有關的事件。序列節點可以處理表格格式的資料，也可以處理交易格式的資料。

5. 【分割區】：允許使用者使用指定特定的欄位將資料分割為幾個不同的樣本，分別用於模型構建過程中的訓練、測試和驗證階段。藉由使用某個樣本生成模型並用另一個樣本對模型進行測試，使用者可以預判出此模型對類似於當前資料的大型資料集的優劣。

Step2：

1. 【模型名稱】：使用預設自動產生或指定產生的模型名稱。

2. 【使用分割的資料】：如果定義了分割區欄位，則此選項可確保僅使用訓練資料集的資料去建構模型。

3. 【最小規則支援】：使用者可以指定支援度標準。規則支援度指的是訓練資料中包含整個序列的 ID 的比例。

4. 【最小規則信賴度】：使用者可指定在序列集中的序列信賴度標準。

5. 【最大序列大小】：序列中不同前項集合的最大數量。

6. 【新增至串流的預測】：指定生成的結果模型節點要增加到串流中的預測數量。

Step3：

1. 【模式】：簡單或專家。

2. 【設定最大持續期】：演算的時間或是停止標準。序列將被限制為小於或等於指定值的一個持續時間。若未指定時間欄位，則持續時間以原始資料中的紀錄筆數表示。若使用的時間欄位為時間、日期或時間戳記型欄位，該持續時間則以秒數表示。

3. 【設定刪修值】：選擇此選項可調整刪修的頻率。指定的數字決定了刪修的頻率。輸入較小的值可降低該演算法的記憶體要求，但卻可能會延長所需的訓練時間。

4. 【設定記憶體中的最大序列】：若選擇此選項，演算法會限制在建模過程中記憶體暫存的序列比數。一般會盡量以較大的值來設定，以免在演算過程中受限。

5. 【項目集合間的限制差距】：使用者可以針對生成規則時，限制同一項目間出現的時間間隔作為限制條件。超出使用者設定的時間間隔，該項目組合將被忽略。

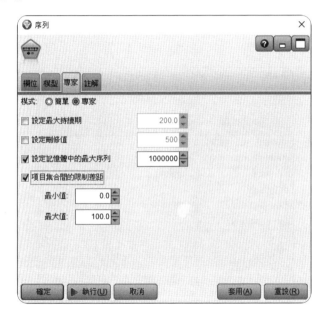

12-4 IBM SPSS Modeler 序列節點設定範圍

　　【序列】節點建立的生成的模型節點可以插入到資料流程中來建立預測。生成的模型節點還可生成超級節點用於偵測或計數特定的序列，以及基於特定的序列作出預測。使用者除了以下的設定之外，還需要指定一個 ID 欄位以及一個可選的時間欄位。

- ⊙ 設定為【輸入】時，表示允許資料進入【序列】模型節點作分析。

- ⊙ 設定為【目標】時，表示設定資料為【序列】模型節點的輸出欄位，輸出欄位可以是連續型數值也可以是類別型資料。

- ⊙ 設定為【兩者】時，表示資料將被【序列】模型節點忽略。

- ⊙ 設定為【無】時，表示資料將被【序列】模型節點忽略。

- ⊙ 設定為【分割區】時，【序列】模型節點之【欄位】頁籤可以選用此欄位之資料。

12-5 個案應用－零售業的需求推估

　　本章節示範的交易序列資料為一虛擬的資料，資料的內容及格式是由筆者自行設計以提供給學者練習使用。同時，本範例亦指導使用者可以藉由【使用者輸入】節點來設計一虛擬資料集，作為練習的測試資料使用。只是使用者在自行設計資料時須考量本身電腦的硬體配備演算能力以及設計資料可能產生的紀錄筆數而決定設定的參數多寡，以免電腦因被占用過多資源而暫時停止運作。

　　序列節點可以處理**交易型 (Transactional)** 資料與**表單型 (Tabular)** 資料。

- ⊙ 交易型資料中的紀錄是以分散的方式儲存交易或項目。當一個顧客有多次的購物紀錄時，會分散在多筆紀錄中，分析時以顧客編號作連結。

顧客編號	交易內容
1	apple
1	coffee
2	apple
2	muffin
2	coffee

⊙ 表單型資料中的內容是以分散的布林值來儲存，每一個布林值都表示特定的項目是否被購買。

顧客編號	apple	coffee	muffin
1	T	T	F
2	T	T	T

Step4：

從下載檔中開啟本章練習檔案，選擇 Ch12.xlsx 檔，並選擇資料來源節點面板上的【Excel】節點。在檔案欄位中建立檔案連結的路徑。預設勾選「第一列包含直欄名稱」，可以直接讀取並建立欄位名稱。請【依名稱】去選擇正確的【Sequence 工作表】。

Step5：

連結【類型】節點，讓匯入的資料實體化。由欄位的測量及值可以得知，輸入的欄位計有三個，分別是 TID、購買項目 (ITEM) 以及購買時間 (TIME)。

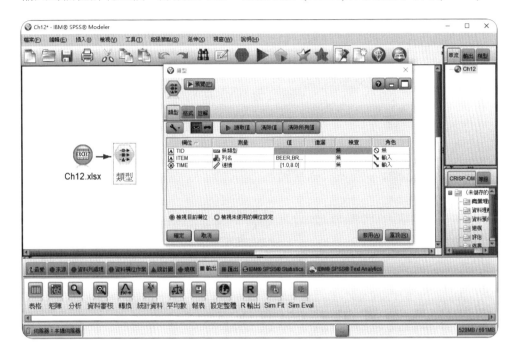

Step7：

連結【資料稽核】節點，檢視資料品質。主要是看【品質】頁籤的完成 %
數及有效紀錄欄位是 100%，則可以進行後續的分析，否則應對遺漏資料選擇
適當的插補。

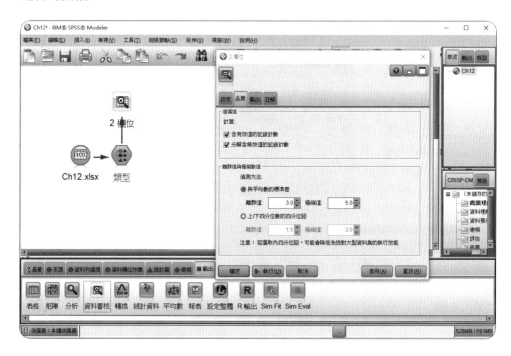

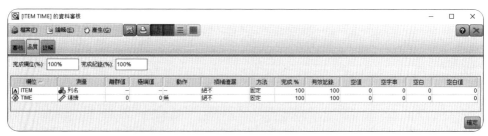

Step8：

連結【序列】節點，依序設定節點中的欄位。請分別在 TID 欄位、時間欄位以及內容欄位選用適當的欄位資料。

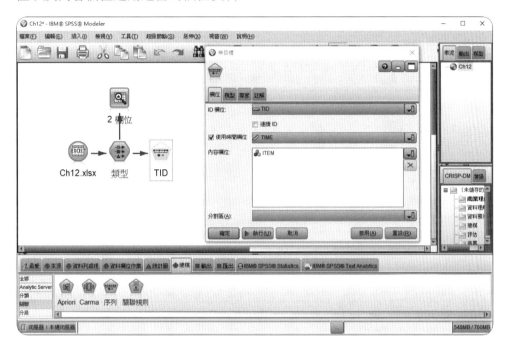

Step9：

【模式】及【專家】頁籤中的設定，使用者可依需求調整或是使用預設及亦可直接進行節點演算。

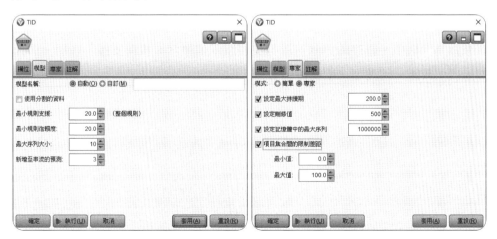

Step10：

演算完成之後，會在串流工作區以及右側的模式面板中出現生成的序列模型。使用者可以將右側視窗的模型節點拉至工作區中使用，亦可儲存至右側下方的 CRISP-DM 專案管理區。

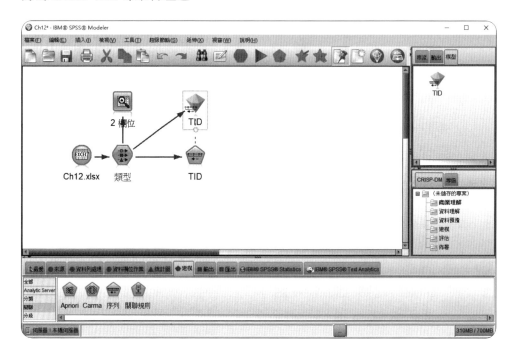

Step11：

點選生成模型，可進入模型內容瀏覽生成的規則。在【模型】頁籤中，可以看到生成的規則呈現方式與關聯規則相似，同時皆是以支援度、信賴度的方式來做為門檻值。排序的方式可以是支援度、信賴度、規則支援、後項、第一個前項、最後一個前項、項目數目等。

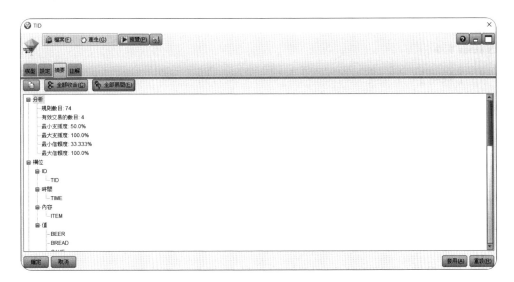

前信賴度		後項	支援度	信賴度
MUFFIN	MUFFIN		50.0	100.0
MUFFIN	VEGETABLE		50.0	100.0
BEER	HONEY		50.0	100.0
BEER	PUDDING		50.0	100.0
FRUIT	POPCORN		50.0	100.0
BEER	POPCORN		50.0	100.0
COFFEE	POPCORN		100.0	100.0
MUFFIN	HONEY		50.0	100.0
MUFFIN	PUDDING		50.0	100.0
MUFFIN	POPCORN		50.0	100.0
BEER	BEER		50.0	100.0
BEER	COFFEE		50.0	100.0
FRUIT	VEGETABLE		50.0	100.0
HONEY	PUDDING		75.0	100.0
BEER	MUFFIN		50.0	100.0
BEER	VEGETABLE		50.0	100.0

Step12：

在【摘要】頁籤中，則可以看到生成模型的詳細輸入與輸出資料，以及規則的最大和最小支援度和信賴度。

- 分析
  - 規則數目：74
  - 有效交易的數目：4
  - 最小支援度：50.0%
  - 最大支援度：100.0%
  - 最小信賴度：33.333%
  - 最大信賴度：100.0%
- 欄位
  - ID
    - TID
  - 時間
    - TIME
  - 內容
    - ITEM
  - 值
    - BEER
    - BREAD

Step13：

要從序列規則中生成規則超級節點：在序列規則模型塊的【模型】頁籤上，按一下表中的任一行以選擇所需的規則。在按下上方的產生下拉式選單，選擇規則超級節點。

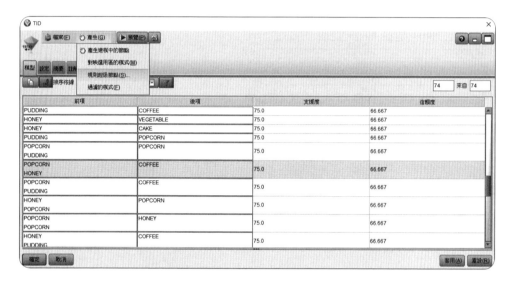

Step14：

【偵測】：指定建立超級節點的資料定義方式。

- ⦿ **僅前項**：超級節點會以被選定規則的前項為主，建立符合的規則集。

- ⦿ **整個序列**：超級節點會同時考量被選定規則的條件和後項，建立規則。

【顯示】：指定超級節點輸出的資料要增加的資料欄位。

- ⦿ **後項值 (對初次發生)**：對於資料中的紀錄第一次發生的事件符合預測的後項值。

- ⦿ **真值 (對初次發生)**：對於每一個 ID 來說，至少符合任一個規則，則顯示為真；若沒有符合任何規則，則顯示為假。

⊙ **發生計次**：每一個ID符合規則的次數。

⊙ **規則號碼**：將選中的規則增加規則號碼。

⊙ **納入信賴度指數**：將規則信賴度增加到資料流程中。

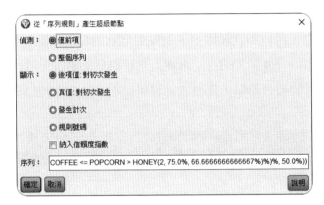

Step15：

選擇完選項後，即可在串流操作面板上產生【規則超級節點】，把這個節點與【類型】節點做連結，即可檢視規則中的設定。

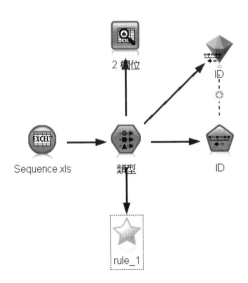

Step16：

說明檢視超級節點的方法。超級結點就是結點的收納盒。由於串流工作區的畫面有限，若是在處理資料時需要使用上百個節點時，畫面將會非常凌亂，也會影響工作的效率，因此可以將同一性質或同一工作的節點使用超級節點整理成一個子集合，再分別管理即可。先點選星狀的超級節點，按下滑鼠右鍵，點選【放大 (Ctrl + Alt + Z)】，即可進入超級節點。點選上方快捷圖示的 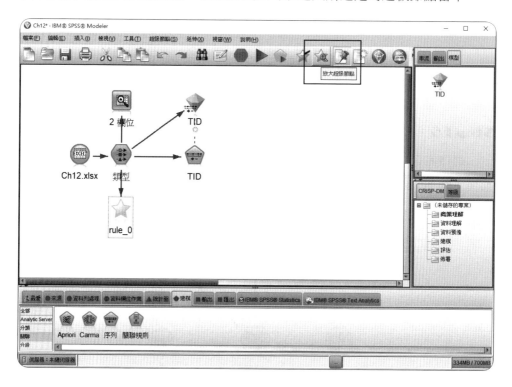，表示要放大所選的超級節點，這個方式也可以進入所選定的超級節點當中。

Step17：

　　進入之後，可以發現所選的規則超級節點中收納了剛剛所建立的規則集。回到上一層的串流工作區，可以檢視經過這些規則超級節點後產生的欄位集內容則如下圖中的表格所示。

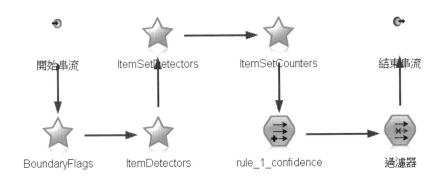

參考文獻

1. 尹相志 (2006)。**Microsoft SQL Server 2005資料探勘聖經**。台北：學貫。

2. 韋端 (主編) (2003)。**Data Mining概述：以Clementine7.0為例**。台北：中華資料探勘協會。

3. 曾憲雄、蔡秀滿、蘇東興、曾秋蓉、王慶堯 (2005)。**資料探勘**。台北：旗標。

4. 廖述賢 (2007)。**資訊管理**。台北：雙葉書廊。

5. 謝邦昌 (2014)。**SQL Server資料探勘與商業智慧**。臺北：碁峰圖書。

6. Granata, M.F., Longo, G., Recupero, A., & Arici, M. (2018). Construction sequence analysis of long-span cable-stayed bridges. *Engineering Structures, 174,* 267-281.

7. IBM SPSS (2016). *IBM SPSS Modeler 18.0 Algorithms Guide.* USA: Integral Solutions Limited.

8. IBM SPSS (2016). *IBM SPSS Modeler 18.0 Node Reference.* USA: Integral Solutions Limited.

9. IBM SPSS (2016). *IBM SPSS Modeler 18.0 User's Guide.* USA: Integral Solutions Limited.

CHAPTER **13**

集群分析 –
Clustering analysis

・・學・習・目・標・・

- 瞭解何謂K平均法
- 瞭解K平均法演算過程
- 瞭解何謂K-Means集群分析
- 瞭解K-Means集群分析演算法
- 瞭解Clementine K-Means資料格式與設定
- 瞭解何謂對於大型資料集，K-means模型常常是最快的分群方法
- 瞭解何謂「組內同質，組間異值」
- 瞭解IBM SPSS Modeler集群分析資料格式與設定
- 瞭解IBM SPSS Modeler個案實作的步驟
- IBM SPSS Modeler集群分析實際個案分析實作

13-1 集群分析K-means的基本概念

集群分析就是從一大群資料中，獲得知識的基礎過程，目前廣泛應用在各個領域，包含了資料探勘、統計數據分析…等等。**K 平均法 (K-means)** 是最受使用者青睞以及最佳的集群分析法之一 (Ji & Lu, 2018)。K-Means 演算法是麥昆 (J. B. MacQueen) 於 1967 年正式發表，由於原理簡單、計算快速，很快就成為商用資料探勘軟體中的基本配備。它是屬於前設式的集群演算法，也就是必須先設定集群的數量，然後根據該設定找出最佳的集群結構 (尹相志，2003)。

K-Means 的集群過程是依據下列步驟來完成 (Kuo, Liao, & Tu, 2005; Vrahatis, Boutsinas, Alevizos, & Pavlides, 2002; Liao, & Wen, 2007)：

1. 從資料中依據預期要劃分的群數 (K) 來隨機選定K個種子，而這些種子就變成這些集群的初始中心。

2. 對於每一個現有的觀察值，以計算該點至群中心為歐氏距離 (Euclidean distance) 為最小值時，接著將資料指派到最接近的群，表示方式為 $x_i = (x_{i1}, x_{i2}, \ldots ; x_{ip}, \ldots x_{iP})$，這時，又需要再重新計算各群的中心。最後，在所有的值都被分發完畢之後，重新確認所有的觀察值是否被指派到正確的集群中心以及其歐氏距離是否為最小值。

演算過程亦可以下列圖示概念來說明 (尹相志，2003)：

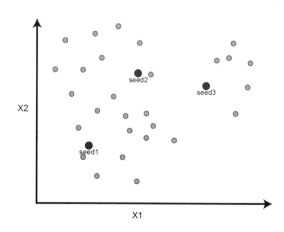

首先，根據使用者設定的值，在訓練組資料中隨意找出 K 筆紀錄來作為初始種子 (初始群集的中心)。

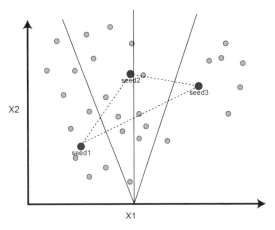

計算每一筆紀錄到 K 個隨機種子之間的距離，然後比較該筆紀錄究竟離哪一個隨機種子最近，然後這一筆紀錄就會被指派到該群集。

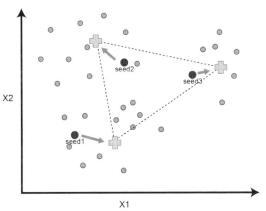

由於距離，就會形成每一個初始群集的邊界，然後演算法就會將邊界內的每一個案例重新計算**質量中心 (means)**，這就是為什麼會稱之為 K-Means 的主因。計算質量中心之後，降這個質量中心取代之前的隨機種子，來作為該群的中心。

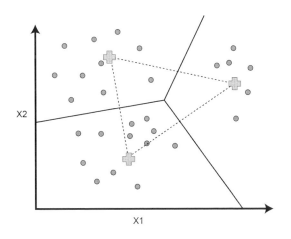

然後再比較一次每一筆紀錄與新的集群中心之間的距離，然後根據距離，再度重新分配每一個案例所屬的集群。

我們會發現，集群之間的邊界會開始移動，所屬的案例成員也會開始變動，一直反覆以上的動作，集群邊界的變動會越來越小，一直到最後集群成員不在變動為止，就形成了最後的集群結構。

13-2 K-Means演算法簡介

K-Means 集群分析 (K-Means Clustering) 就是按照預設的標準將資料集分割成不同的**集群 (Cluster)**，以使同一類別內的資料物件的相似性大，不同類別中的資料差異性大，首先以資料核心分佈距離歐式距離極小使組內同質，然後再以資料核心中心點之間歐式距離極大使組間異值，也就是「組內同質，組間異質」。K-Means 使用反覆迭代的演算過程處理資料，是目前最被廣泛運用的分群技術之一 (Tou & Gonzalez, 1974)。其演算法如下 (Bandyopadhyay & Maulik, 2002)：

Step 1　隨機從資料集 { x_1, x_2, . . . , x_n } 之中選擇 K 個**初始集群中心 (initial cluster center)** z_1, z_2, . . . ,z_K，將資料分為 C 個集群，每個集群資料的選擇是經由隨機選取而產生。

Step 2　將每一資料歸類至與其最近群集中心的群集。指派每一個點 X_i, i=1, 2,. . ., n 到最近距離的集群 C_j, j = { 1, 2, . . . , K }

$$\left\| X_i - Z_i \right\| \le \left\| X_i - Z_p \right\|, \qquad p = 1, 2, ..., K \qquad and \qquad j \ne p.$$

Step 3　計算新的集群中心 z_1, z_2, . . . , z_K, 步驟如下：

$$Z_i^* = \frac{1}{n_i} \sum_{x_j \in C_i} x_j, \qquad i = 1, 2, ..., K,$$

其中，n_i 是屬於集群 C_i 的資料向量數之一。

Step 4　當 $Z_i^* = Z_i$ 　$\forall i = 1, 2, ..., K$ 則停止，否則，繼續回到 step 2 重新計算。

　　注意，除非它在 Step 4 結束，否則資料會持續處理到預先設定的迭代數量才結束。

　　雖然 K-Means 法是被廣泛使用的集群技術之一，但是它必須取決於最初群中心的選擇來處理資料 (Tou & Gonzalez, 1974)。此外，此演算法可能會忽略

收斂在特定條件下的局部最小值 (Selim & Ismail, 1984)。目前不同學者仍在評估分群數量究竟訂定多少才算合理 (Spath, 1989)。

一般使用側影係數 (silhouette coefficient) 來協助我們判斷較適集群數量。側影係數 (silhouette coefficient) 是一種同時考慮集群內聚力和分散力的指標：

⊙ 對第 i 個物件，計算它至群集內所有點的平均距離，稱這個值為 a_i。

⊙ 對第 i 個物件和任何沒有包含這個物件的群集，計算它至特定群集內所有物件之平均距離，找到所有群集的最小值 b_i。

⊙ 對第 i 個物件，其側影係數為 $s_i = (b_i - a_i)/max(a_i, b_i)$。

⊙ s_i 的值，介於-1~1之間，1表示最佳，反之則最差。

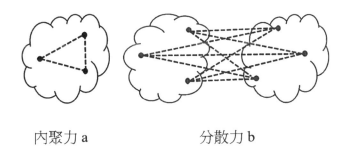

內聚力 a　　　　　　　分散力 b

13-3 IBM SPSS Modeler K-Means 節點資料格式與設定

Step1：

1. 【使用預先定義的角色】：資料匯入時，依據資料串流中上游【類型】節點所設定的資料內容、格式與方向來進行資料分析。

2. 【使用自訂欄位指定】：資料匯入時，依據使用者自行設定的資料內容、格式與方向來進行資料分析。

3. 【分割區】：允許使用者使用指定特定的欄位將資料分割為幾個不同的樣本，分別用於模型構建過程中的訓練、測試和驗證階段。藉由使用某個樣本生成模型並用另一個樣本對模型進行測試，使用者可以預判出此模型對類似於當前資料的大型資料集的優劣。

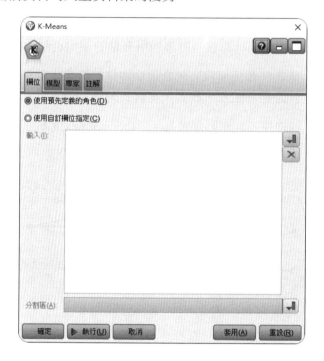

Step2：

1. 【模式名稱】：使用預設自動產生或指定產生的模型名稱。

2. 【使用分割的資料】：如果定義了分割區欄位，則此選項可確保僅使用訓練資料集建構模型。

3. 【集群數目】：指定要生成的集群數。預設值為 5。

4. 【產生距離欄位】：如果勾選此選項，則模型金塊中將另外產生一個欄位，該欄位會顯示每一筆紀錄與所分配到的集群中心之間的距離。

5. 【集群標籤】：為每一個生成的集群命名的方式。

6. 【最佳化】：根據使用者的具體需求，選擇為了提高建模效能而設計的選項。若使用者的硬體配備許可，尤其是記憶體的大小是關鍵考量因

素，那麼可以追求演算速度最佳化，否則將會占用系統非常大的資源而導致硬體暫時停止作業。若在伺服器上計算，一般則較無硬體資源的問題。

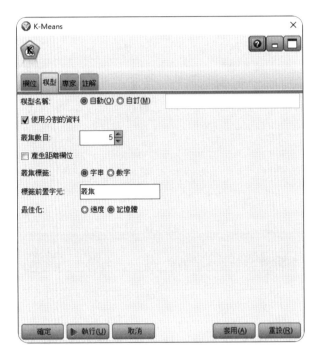

Step3：

1.　【模式】：簡單模式或專家模式。

2.　【停止於】：指定訓練模型時的停止標準。預設停止標準為 20 次疊代運算或距離差異值 <0.000001，滿足任一條件演算即停止。

　　⊙　最大疊代 (次數)。指定疊代運算次數後停止訓練。

　　⊙　改變容忍度。指定與集群中心的最大差異小於指定值時即停止。

3.　【組集的編碼值】：將數值型的欄位分群為一組一組的欄位值內容，且其值介於0-1之間。預設值是0.5的平方根 (大約是0.707107)，這提供了重新編碼為旗標型欄位足夠的權重。值越接近1，對於數值型欄位的權重則越高。

13-4 IBM SPSS Modeler K-Means節點設定範圍

【K-Means】模型是進行大型資料集集群的最快方法。

⊙ 設定為【輸入】時，表示允許該欄位資料內容將被忽略。

⊙ 設定為【目標】時，表示設定資料進入【K-Means】模型節點維分析的內容，可以設定一個或多個欄位。

⊙ 設定為【兩者】時，表示允許該欄位資料內容將被忽略。

⊙ 設定為【無】時，表示允許該欄位資料內容將被忽略。

⊙ 設定為【分割區】時，【K-Means】模型節點之【欄位】頁籤可以選用此欄位之資料。

13-5 個案應用—城市汙水處理廠的水質資料

　　本章節示範的資料是西班牙的巴塞隆納市 (Barcelona) 的汙水處理廠的感測器量測資料。資料來自美國加州大學歐文分校的機械學習資料庫 (UC Irvine Machine Learning Repository)。http://archive.ics.uci.edu/ml/datasets/Water+Treatment+Plant

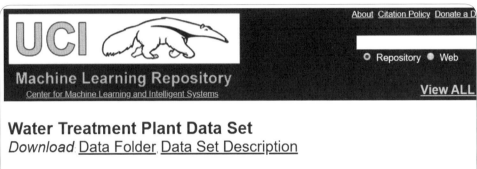

這個資料集包含了 527 筆的紀錄與 38 個描述資料的屬性 (維度)。本書範例使用的檔案,是微幅修正自此資料集而來。亦即,不完全等於原始的城市汙水處理資料的內容。資料當中的 38 個欄位如下:

1　　Q-E (input flow to plant)

2　　ZN-E (input Zinc to plant)

3　　PH-E (input pH to plant)

4　　DBO-E (input Biological demand of oxygen to plant)

5　　DQO-E (input chemical demand of oxygen to plant)

6　　SS-E (input suspended solids to plant)

7　　SSV-E (input volatile supended solids to plant)

8　　SED-E (input sediments to plant)

9　　COND-E (input conductivity to plant)

10　　PH-P (input pH to primary settler)

11　　DBO-P (input Biological demand of oxygen to primary settler)

12　　SS-P (input suspended solids to primary settler)

13　　SSV-P (input volatile supended solids to primary settler)

14　　SED-P (input sediments to primary settler)

15　　COND-P (input conductivity to primary settler)

16　　PH-D (input pH to secondary settler)

17　　DBO-D (input Biological demand of oxygen to secondary settler)

18　　DQO-D (input chemical demand of oxygen to secondary settler)

19　　SS-D (input suspended solids to secondary settler)

20　　SSV-D (input volatile supended solids to secondary settler)

21   SED-D (input sediments to secondary settler)

22   COND-D (input conductivity to secondary settler)

23   PH-S (output pH)

24   DBO-S (output Biological demand of oxygen)

25   DQO-S (output chemical demand of oxygen)

26   SS-S (output suspended solids)

27   SSV-S (output volatile supended solids)

28   SED-S (output sediments)

29   COND-S (output conductivity)

30   RD-DBO-P (performance input Biological demand of oxygen in primary settler)

31   RD-SS-P (performance input suspended solids to primary settler)

32   RD-SED-P (performance input sediments to primary settler)

33   RD-DBO-S (performance input Biological demand of oxygen to secondary settler)

34   RD-DQO-S (performance input chemical demand of oxygen to secondary settler)

35   RD-DBO-G (global performance input Biological demand of oxygen)

36   RD-DQO-G (global performance input chemical demand of oxygen)

37   RD-SS-G (global performance input suspended solids)

38   RD-SED-G (global performance input sediments)

Step4：

從下載檔中開啟本章練習檔案，選擇 water-treatment.csv 檔，並選擇資料來源節點面板上的【變數檔案】節點。在檔案欄位中建立檔案連結的路徑。

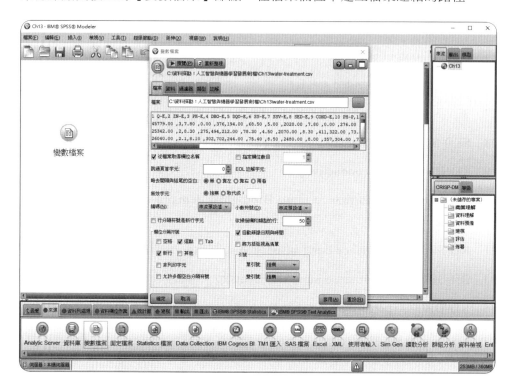

Step5：

點選【類型】頁籤，設定資料的測量值以及設定資料的角色。資料的測量值可以在前段描述欄位屬性的內容中看到，除了【D-1/3/90】為列名 (Nominal) 外，其餘的各欄位的屬性都是數值資料。角色的設定，除了【D-1/3/90】欄位外，其餘皆設定為輸入。

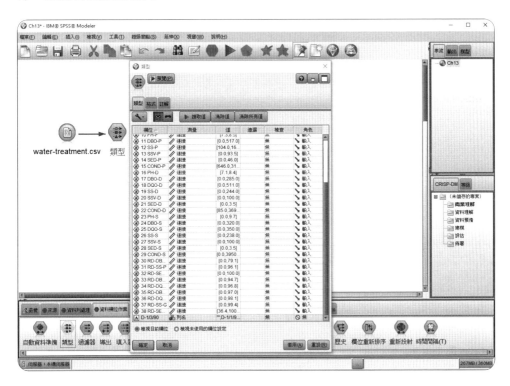

Step6：

連結【建模面板】的【K-means 節點】，建立集群分析模型。取消【使用分割資料】的勾選，設定叢集數目維 5，以及勾選【產生距離欄位】。

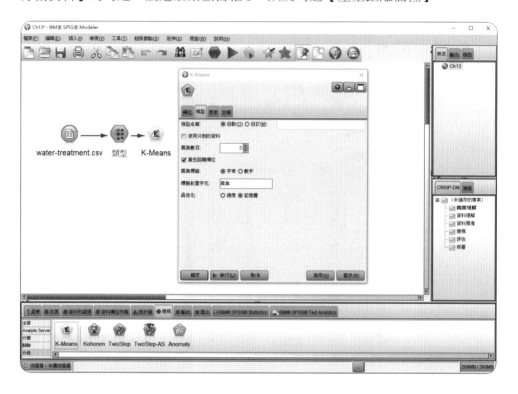

Step7：

點選執行後，即可產生如下的 K-Means 模型金塊。

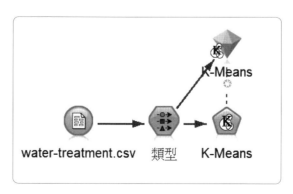

Step8：

點選模型內容，可以查看模型建立集群的相關資訊。左側視窗選擇模型摘要、右側視窗選擇叢集大小，顯示畫面如下。在模式摘要中可以簡單地看到使用的演算法、輸入的欄位、叢集數量以及叢集的品質。右側的視窗中可以用圖示的圓餅圖方式來展示各叢集的數量以及所占資料多寡。在此畫面中，我們可以看到集群數目 5 的叢集品質約略為 0.3，此即為側影係數的數值。

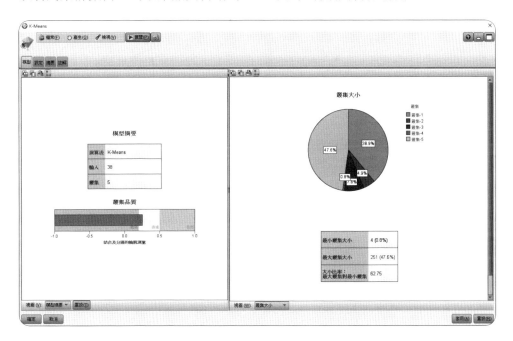

Step9：

　　點選下方【視圖】，即可看到每一個叢集其中的欄位資料。逐一點選叢集，按下鍵盤的【Ctrl】可以連續選擇。右側即會出現每一叢集的盒鬚圖，以及每一叢集相對整體資料的表現。

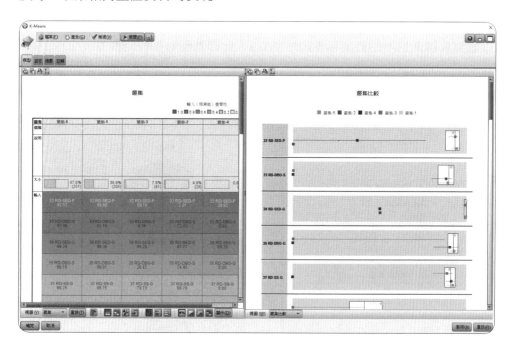

Step10：

點選右側視窗下方，按下【視圖】，即可選擇呈現每一個變數對於此集群模型的【預測值重要性】。

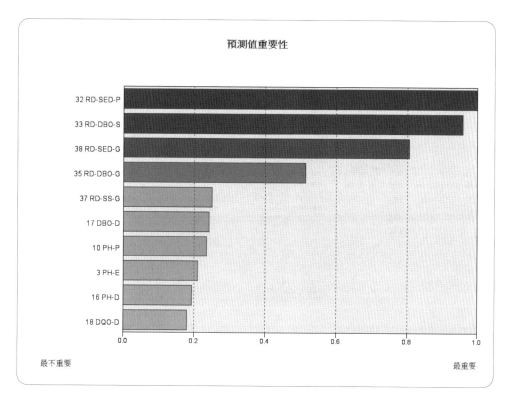

Step11：

　　對於集群分析來說，群數的決定，往往是一個不容易判斷的工作。IBM SPSS　Modeler 提供【自動叢集】的節點，讓使用者可以一次產生多個集群模型，判斷最適群數。

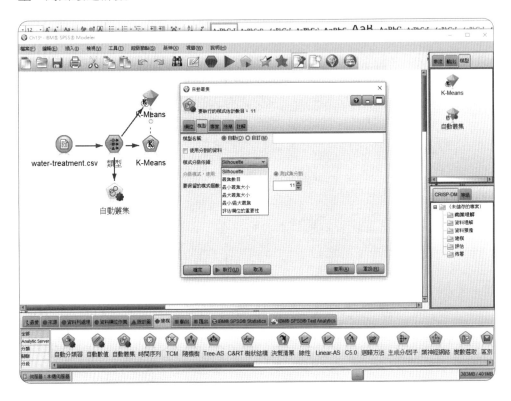

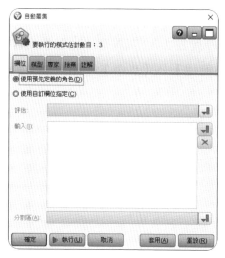

Step12：

在【自動叢集】的【專家頁籤】中可以設定模式參數的相關細節。點選【指定】進入【演算法設定 -K 平均值】。在此畫面中，點選【叢集數目】的【指定】，進入【參數編輯器】設定演算群數。

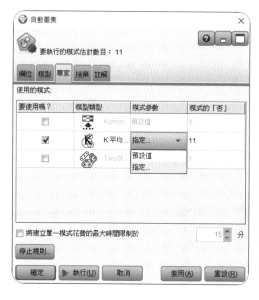
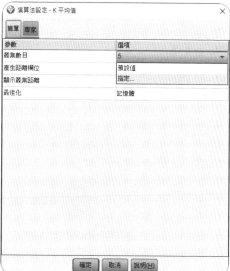

Step13：

在【參數編輯器】中，我們可以選擇依序建立 2~12 個集群，並在事後比較集群的側影係數。接著，設定【產生距離欄位】為【真值】;【顯示叢集距離】為【真值】。

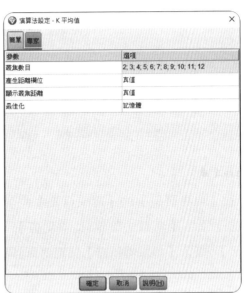

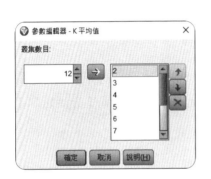

Step14：

點選執行後，產生集群分析的【自動叢集】模型。

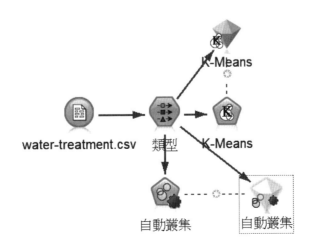

Step15：

　　點選【自動叢集】模型，即可檢視不同叢集數目的模型。在下圖的檢視畫面中可以看到，叢集數目為 7 的模型，側影係數是 0.259，表現最佳。因此，可以建議集群分析時的叢集數目為 7。其餘相關內容，請參閱下圖。

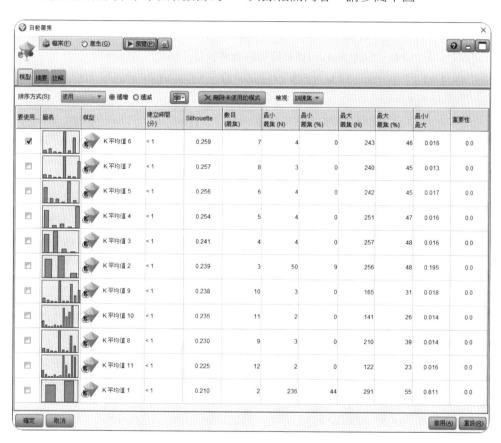

參考文獻

1. 尹相志 (2003)。**SQL2000 Analysis Service資料探勘服務**。臺北：維科圖書。

2. 韋端 (主編) (2003)。**Data Mining概述：以Clementine7.0為例**。臺北：中華資料探勘協會。

3. 廖述賢 (2007)。**資訊管理**。臺北市：雙葉書廊。

4. 謝邦昌 (2014)。**SQL Server資料探勘與商業智慧**。臺北：碁峰圖書。

5. IBM SPSS, (2016). *IBM SPSS Modeler 18.0 Algorithms Guide.* USA: Integral Solutions Limited.

6. IBM SPSS, (2016). *IBM SPSS Modeler 18.0 Node Reference.* USA: Integral Solutions Limited.

7. IBM SPSS, (2016). *IBM SPSS Modeler 18.0 User's Guide.* USA: Integral Solutions Limited.

8. Ji, X., & Lu, F. (2018). K-means clustering analysis and evaluation for internet of acoustic environment characteristics. *Cognitive Systems Research, 52,* 603-609.

9. Kuo, R. J., Liao, J. L., & Tu, C. (2005). Integration of ART2 neural network and genetic K-means algorithm for analyzing Web browsing paths in electronic commerce. *Decision Support Systems, 40* (2), 355-374.

10. Liao, S. H. & Wen, C.H. (2007). Artificial neural networks classification and clustering of methodologies and applications - literature analysis from 1995 to 2005. *Expert Systems with Applications, 32,* 1-11.

11. Selim, S.Z. & Ismail, M.A. (1984). K-means type algorithms: a generalized convergence theorem and characterization of local optimality. *IEEE Trans. Pattern Anal. 6,* 81-87.

12. Spath, H. (1989). *Cluster Analysis Algorithms.* Ellis Horwood, Chichester, UK.

13. Tou, J. T. & Gonzalez, R. C. (1974). *Pattern Recognition Principles,* Addison-Wesley, Reading, MA.

14. Vrahatis, M. N., Boutsinas, B., Alevizos, P., & Pavlides, G. (2002). The new k-windows algorithm for improving the k-means clustering algorithm. *Journal of Complexity, 18* (1), 375-391.

CHAPTER 14

類神經網路 –
Kohonen neural network

·· 學 · 習 · 目 · 標 ··

- 瞭解何謂自我組織映射網路
- 瞭解何謂競爭式類神經網路架構
- 瞭解何謂非監督式學習
- 瞭解何謂類神經網路Kohonen neural network演算法
- 瞭解類神經網路Kohonen neural network演算法的步驟
- 瞭解何謂特徵映射方式的演算法
- 瞭解IBM SPSS Modeler Kohonen neural network資料格式與設定
- 瞭解IBM SPSS Modeler個案實作的步驟
- IBM SPSS Modeler Kohonen neural network實際個案分析實作

資料探勘可區分為監督式學習與非監督式學習兩種方式，這兩種方式的差異在於我們實施資料探勘時，監督式學習是採用預先設定所要預測的變數標籤來作為分析標的，但是非監督式學習則是探詢多個變數間的相互影響程度，再從中找尋我們感興趣的類型。Kohonen neural network 是屬於類神經網路技術的其中一種，也是一種非監督式學習網路模式，是由 Tuevo Kohonen 在 1979 年～1982 年間發展的類神經網路模式。

14-1 類神經網路Kohonen基本概念

　　Kohonen 是屬於類神經網路技術的一種，又可稱為**自我組織映射網路 (Self-Organizing Feature Map network, SOM or SOFM)**，一般而言是由神經元的二次元個格子所構成。各神經元與各輸入相連接，與其他的類神經網路情形相同，這些的連接每一個都加上比重。各神經元再與其周圍的神經元相連接，這些之連接同樣也設定比重 (牛田一雄、高井勉與木幕大輔，2006)。Kaski (1997) 指出 Kohonen 基本上是一種視覺化，分群與映射之工具，特別適合應用在資料探勘 (data mining) 或資料洞悉 (data understanding) 領域中，透過特定圖形呈現出資料集合之結構狀態。Jain (1999) 等人提到，透過 Kohonen 分群便是將**類型 (patterns)**，包括觀察值、資料項目或是特徵向量等，進行非監督式學習，可將資料**分類 (classification)** 成若干群組或**群集 (clusters)**。Kohonen neural network 源於**競爭式類神經網路架構 (competitive neural network)**，其輸出層的神經元會依照輸入資料的特徵，以有意義的**拓撲結構 (topological structure)** 呈現在輸出空間中，由於所產生的拓撲結構可以代表不同輸入資料特性的分類，因此稱為自我組織映射網路 (陳世杰，2005)。

　　Kohonen neural network 的設計理念很特別，它是基於模仿大腦中的細胞對於記憶處理的概念所設計。大腦中的細胞對於聽覺、味覺、觸覺、嗅覺等訊息都有各自處理與記憶的區塊，但是大腦接收到多元的訊息若是直接傳送到反應神經的話，會使訊息過多造成混亂，同時使人類無法理解訊息所造成的效應，因此會

自動將**高維度的資料 (high-dimensional data)** 轉換成**二維資料 (2-dimensional data)** 或是**一維資料 (1-dimensional data)** 的圖像式訊息給大腦處理並輸出，讓使用者能夠更易於理解資料中隱藏的意涵 (Moreira et al., 2019)。

14-2 類神經網路Kohonen neural network演算法

在 SOM 的網路之中，輸出層在一維或二維的空間中將類神經元以矩陣方式做排列，並根據輸入向量來調整鍵結值向量，最後輸出層的神經元會依輸入向量的「型樣」以有意義的「**拓蹼結構**」(topological structure) 在空間中輸出，包含輸入層 $x = [x, x_2, x_3, \cdots x_p]$ 和輸出層 $y = [y_1, y_2, y_3, \cdots y_n]$ 以及之間的鍵結值向量 $w_j = [w_{j1}, w_{j2}, w_{j3}, \cdots w_{jp}]$，$j = 1.2.3 \cdots n$，p 表示輸入資料的維度、n 表示神經元個數。此演算法是以特徵映射的方式，將任意維度的資訊投 (project) 至一維或二維的映射圖上。詳細步驟如下 (林政儀，2006)：

Step1 初始化：將鍵結值向量$w_j = [w_{j1}, w_{j2}, w_{j3}, \cdots w_{jp}]$，$j = 1.2.3 \cdots n$以隨機的方式初始化，且所有鍵結值向量皆需不同。

Step2 輸入資料：從訓練資料中，隨機選取一筆資料輸入此網路。

Step3 計算得勝類神經元：利用最小歐幾里德距離的方式找出得勝的類神經元j*。

$$\left\| \underline{x} - \underline{w}_{j^*} \right\| - b_{j^*} = \min_j (\left\| \underline{x} - \underline{w}_j \right\| - b_j) \quad j = 1, 2, \ldots n$$

Step4 良心機制： j_P 為第 j 個類神經元成為得勝者的機率，則：

$$P_j^{new} = p_j^{old} + \beta(Q_j - P_j^{old})$$

$$Q_j = \begin{cases} 1, j = j^* \\ 0, j \neq j^* \end{cases}$$

其中$0 < \beta << 1$ (一般設定為0.001)， P_j初始值設定為0。

Step5　重新尋找得勝類神經元：利用 心機制找出得勝者j*：

$$\left\| \underline{x} - \underline{w}_{j^*} \right\| - b_{j^*} = \min_j (\left\| \underline{x} - \underline{w}_j \right\| - b_j)$$

其中，b_j為修正的偏移量，定義為：

$$b_j = C(\frac{1}{n} - P_j^{new})$$

其中，C為偏移因子，一般設定為10。

Step6　調整鍵結值向量：以下列公式調整鍵結值向量：

$$\underline{w}_j(t+1) = \begin{cases} \underline{w}_j(t) + \eta(t)\pi_{j.j^*}(t)\left[x(t) - \underline{w}_j(n)\right] & j \in \wedge_{j^*}(t) \\ \underline{w}_j(t) & j \notin \wedge_{j^*}(t) \end{cases}$$

其中 $\eta(t)$ 是學習率函數，為鄰近區域函數，為得勝神經元 j* 的鄰近區域，三者皆為時間 t 的函數。

Step7　終止條件：回到step2，直到學習結束。

14-3 IBM SPSS Modeler Kohonen neural network節點資料格式與設定

Step 1：

1.　【使用預先定義的角色】：資料匯入時，依據資料串流上游【類型】節點所設定的資料內容、格式與方向來進行資料分析。

2.　【使用自訂欄位指定】：資料匯入時，依據使用者自行設定的資料內容、格式與方向來進行資料分析。

3.　【分割區】：允許使用者使用指定特定的欄位將資料分割為幾個不同的樣本，分別用於模型構建過程中的訓練、測試和驗證階段。藉由使用某個樣

本生成模型並用另一個樣本對模型進行測試，使用者可以預判出此模型對
類似於當前資料的大型資料集的優劣。

Step 2：

1. 【模型名稱】：使用預設自動產生或指定產生的模型名稱。

2. 【使用分割的資料】： 如果定義了分區欄位，則此選項可確保僅訓練分區
   的資料用於構建模型。

3. 【繼續訓練現有模式】：預設情況下，每次執行 Kohonen 節點時，就會創
   建一個全新的網路。如果選中此選項，則會繼續訓練該節點成功生成的最
   後一個網路。

4. 【顯示反饋圖】：如果選中此選項，則會在訓練期間顯示二維陣列的直觀
   表示。每個節點的強度用顏色表示。紅色表示聚集了許多紀錄的單元 (強
   單元)，白色表示聚集的紀錄較少或沒有紀錄的單元 (弱單元)。如果構建
   模型所花費的時間相對較短，可能不會顯示回饋。注意，此功能會減慢訓
   練進度。要加快訓練進度，請取消選中此選項。

5. 【停止於】：設定停止標準的參數。可以預設值作為停止演算標準，亦可
   以指定時間 (以分鐘計) 作為停止標準。

6. 【可重複的分割區指派】：設定隨機種子的目的在於執行節點時用於初始化網路權重的隨機值的序列都會不同，若使用了隨機種子的設定，則可以在每次執行相同串流時，產生相同的生成模型。

7. 【最佳化】：根據使用者的具體需求，選擇為了提高建模效能而設計的選項。若使用者的硬體配備許可，尤其是記憶體的大小是關鍵考量因素，那麼可以追求演算速度最佳化，否則將會占用系統非常大的資源而導致硬體暫時停止作業。若在伺服器上計算，一般則較無硬體資源的問題。

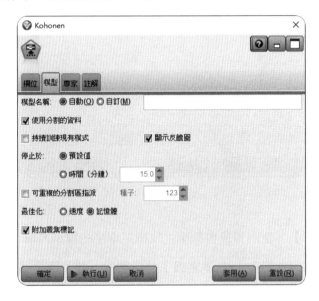

Step 3：

1. 【模式】：簡單或專家模式。

2. 【寬度、長度】：指定輸出的Kohonen二維圖上的長度與寬度單元數。

3. 【學習率衰退】：使用者可以選擇線性或指數。

4. 【階段 1 和階段 2】：Kohonen 網路訓練分為兩個階段。階段 1 是概略估計階段，用於捕獲資料中的大致模式。階段 2 是調整階段，用於調整圖以便為資料更精細的特徵建模。

每個階段都有以下三個參數：

- **芳鄰**。設定芳鄰的起始半徑。Kohonen為競爭式的神經網路，特點為勝者全拿，因此須設定的芳鄰起始半徑。此參數在訓練期間會與得勝的單元一起被更新為鄰近單元數。在階段 1，芳鄰大小以階段 1 芳鄰為起始值，然後減少到 (階段 2 芳鄰 + 1)。在階段 2，芳鄰大小起始為階段 2 芳鄰，然後減少到1.0。階段 1 芳鄰應大於階段 2 芳鄰。

- **最初的預估到達時間 (Eta)**。為學習速率 eta 設定起始值。以下圖為例，階段1的Eta會從0.3遞減到0.1，而階段2的Eta會從0.1遞減到0。階段 1 的Eta不可以小於階段 2 的Eta。

- **週期**。為訓練的每個階段設定週期數 (演算圈數)。

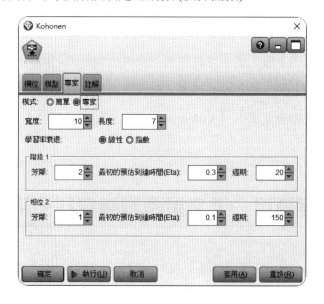

14-4 IBM SPSS Modeler Kohonen neural network 節點設定範圍

建構 Kohonen 網路模型不需要有成員關係資料。您甚至不需要知道要尋找的組的個數。Kohonen 網路剛開始會有大量的單元，隨著訓練的進行，這些單元會向資料中的自然聚類集中。可通過查看模型金塊中每個單元捕獲的觀測值數來識別強單元，進而瞭解適當的聚類數。

⊙ 設定為【輸入】時，表示允許該欄位資料內容將被忽略。

⊙ 設定為【目標】時，表示設定資料進入【Kohonen】模型節點維分析的內容，可以設定一個或多個欄位。

⊙ 設定為【兩者】時，表示允許該欄位資料內容將被忽略。

⊙ 設定為【無】時，表示允許該欄位資料內容將被忽略。

⊙ 設定為【分割區】時，【Kohonen】模型節點之【欄位】頁籤可以選用此欄位之資料。

14-5 個案應用─天文星體辨識資料應用

本章節的 HTRU 範例資料是來自美國加州大學歐文分校的機械學習資料庫 (UC Irvine Machine Learning Repository)。原始資料是由英國曼徹斯特大學物理與天文學院 (University of Manchester, School of Physics and Astronomy) 的 Dr Robert Lyon 所捐贈。資料網址是 http://archive.ics.uci.edu/ml/datasets/HTRU2。

HTRU 是一個名為高時間解析度的宇宙巡天計畫 (High Time Resolution Universe Survey, HTRU) 長期針對脈衝星 (Pulsar) 的調查與蒐集資料。脈衝星搜索是天文學中的重要前沿領域 (王元超、鄭建華、潘之辰與李明濤，2018)。

脈衝星 (Pulsar) 是中子星的一種，會週期性主動發射脈衝訊號的星體。早在 1967 年時美軍位在阿拉斯加的彈道飛彈預警中心的雷達控制人員就已經發現這一些來自外太空的脈衝信號源。但是因為軍事保密的要求，值到 21 世紀才被世人所知。

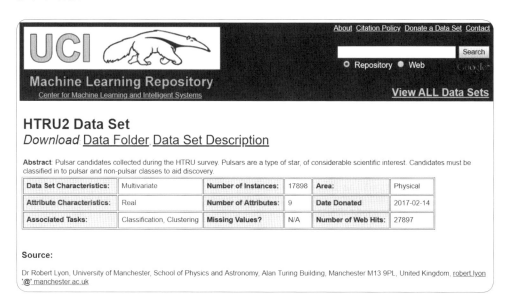

脈衝星是一種罕見的中子星，觀測者可以在地球上探測到其發射的無線電波。作為時空探測，恆星間介質和物質狀態的研究，脈衝星具有相當大的科學意義。脈衝星是一種有強引力作用、強磁場並快速旋轉的中子星，具有穩定的自轉週期。脈衝星相關的發現先後兩次獲得諾貝爾物理學獎（第一顆脈衝星的發現和脈衝星雙星系統的首次發現）。對脈衝星的觀測研究，大幅地推動了天文、天體物理、粒子物理、等離子體物理、廣義相對論、引力波和導航等眾多領域的發展 (王元超、鄭建華、潘之辰與李明濤，2018)。但是隨著天文探測儀器的技術攀升，產生帶分析的資料已經非常可觀。同時，觀測時會受到無線射頻的干擾 (Radio Frequency Interference，RFI) 和雜訊 (noise) 的影響。因此，如何有效地從海量資料中篩選出有價值的脈衝星候選樣本，以便進一步觀測確認成為需要解決的一個重要問題。

在本範例中的資料集包含由 RFI／雜訊產生的 16,259 個干擾資料，以及 1,639 個真正的脈衝星資料。這些資料都經過了人工檢查及標註類別。每一筆資料都包含了 8 個數值變數，以及一個標註類別的欄位。前面四個數值變數是來自整體資料的簡單統計數據。後面四個數值變數，則是來自 DM-SNR 曲線。

1. Mean of the integrated profile.

2. Standard deviation of the integrated profile.

3. Excess kurtosis of the integrated profile.

4. Skewness of the integrated profile.

5. Mean of the DM-SNR curve.

6. Standard deviation of the DM-SNR curve.

7. Excess kurtosis of the DM-SNR curve.

8. Skewness of the DM-SNR curve.

9. Class.

Step 4：

從下載檔中開啟本章練習檔案，選擇 HTRU_2.csv 檔，並選擇資料【來源面板】上的【變數檔案節點】。在檔案欄位中建立檔案連結的路徑。

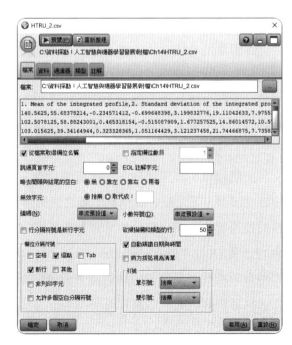

Step 5：

在【資料欄位作業面板】的【類型節點】，完成資料實體化。如下圖所示，欄位 1~8 分別是關於星體或是資料的屬性，欄位 9 則是該筆資料經過人工判定後的類別，【1】表示為脈衝星。

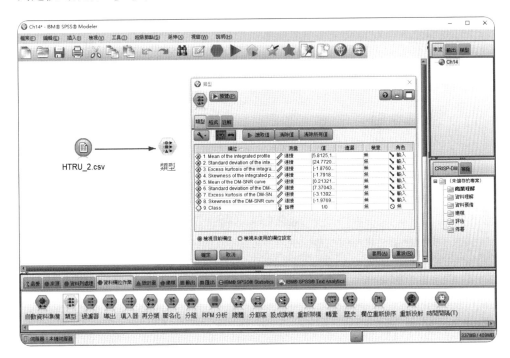

Step 6：

連接【建模面板】的【Kohonen 節點】，建立集群分析模型。模型的參數，選擇系統預設值即可完成建模。

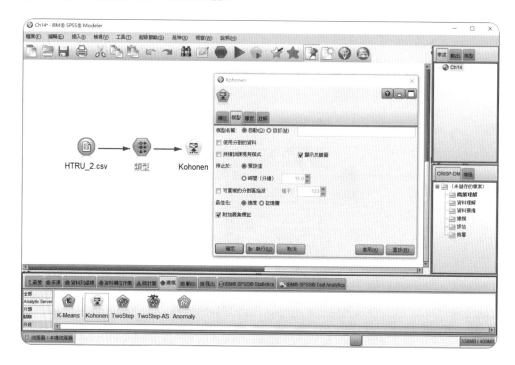

Step 7：

連結【Kohonen】結點，準備建模。節點內詳細的參數設定如前所述，使用者可以依需求自行設定。勾選【顯示反饋圖】時，則在運算時會顯示如下的反饋圖。

Step 8：

　　建立 Kohonen 模型後，點選模型金塊，檢視模型內容。如下圖所示，已建立的 Kohonen 集群模型，輸入 8 個變數，分為 12 個叢集 (cluster)。最小的叢集有 417 筆資料，占總資料的 2.3%。最大的叢集有 2435 筆資料，占總資料的 13.6%。

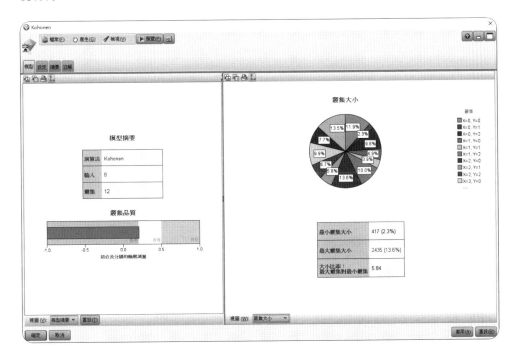

Step 9：

Kohonen 屬於類神經網路家族的集群分析法，因此反覆訓練既有模型，可以改善分群效益。在建立完一個 Kohonen 模型，可以再返回【Kohonen 節點】，勾選【持續訓練現有模式】，繼續改善模型。

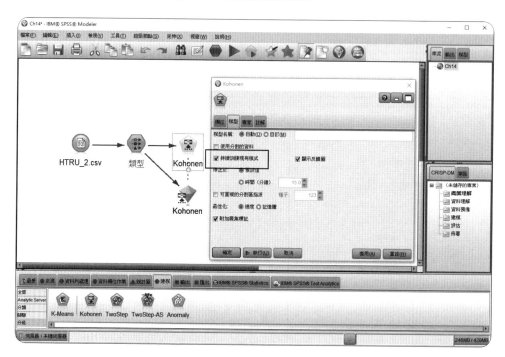

Step 10：

連結【統計圖面板】的【分配節點】，繪製類別資料的頻率圖。欄位是【$KXY-Kohonen】，顏色是以【9.Class】來顯示。我們希望可以用這樣的圖是來表現，經過競爭式的分群後，將多維度的變數投射到二維平面的分群結果。

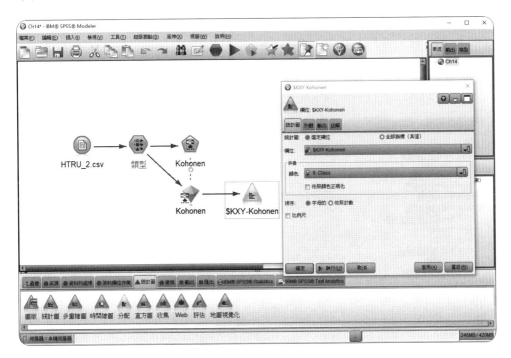

Step 11：

　　如下圖所示，我們可以看到 X 軸是由 0、1、2、3 和 Y 軸由 0、1、2 組成的 12 個集群。在【X=0, Y=0】、【X=0, Y=1】、【X=0, Y=2】、【X=1, Y=0】、【X=1, Y=1】、【X=1, Y=2】、【X=2, Y=0】、【X=2, Y=1】、【X=3, Y=0】、【X=3, Y=1】等集群中，【0】的類別非常高。【1】的類別大多被集群在【X=1, Y=2】、【X=2, Y=2】、【X=3, Y=2】之中。

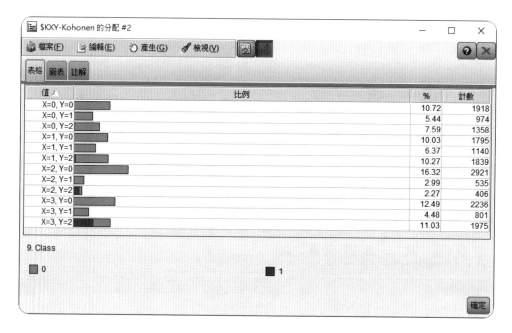

值	比例	%	計數
X=0, Y=0		10.72	1918
X=0, Y=1		5.44	974
X=0, Y=2		7.59	1358
X=1, Y=0		10.03	1795
X=1, Y=1		6.37	1140
X=1, Y=2		10.27	1839
X=2, Y=0		16.32	2921
X=2, Y=1		2.99	535
X=2, Y=2		2.27	406
X=3, Y=0		12.49	2236
X=3, Y=1		4.48	801
X=3, Y=2		11.03	1975

9. Class

□ 0　　　　■ 1

Step 12：

透過矩陣，呈現上圖內容。

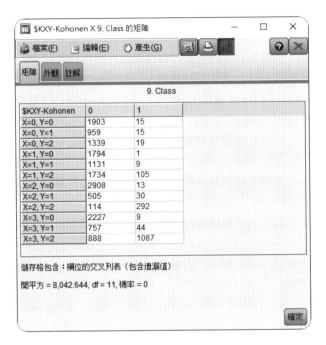

參考文獻

1. 王元超，鄭建華，潘之辰，李明濤 (2018)。**脈衝星候選樣本分類方法綜述**。深空探測學報，第5卷第3期，頁203-211。DOI: 10.15982/j.issn.2095-7777.2018.3.001

2. 林政儀 (2006)。**利用模糊自我組織類神經網路作即時視訊監控系統**。國 中央大學資訊工程研究所碩士 文，未出版，桃園。

3. 韋端 (主編) (2003)。**Data Mining概述：以Clementine7.0為例**。台北：中華資料探勘協會。

4. 陳世杰 (2005)。**中央空調直接負載控制績效分類與評估系統**。中原大學電機工程學系博士學位論文，未出版，桃園縣。

5. 楊東昌 (2004)。**自組織映射圖神經網路改善模式與分群應用之回顧研究**。華梵大學工業管理學系碩士論文，未出版，台北。

6. 蘇木春與張孝德 (2004)。**機械學習：類神經網路、模糊系統以及基因演算法則**。台北：全華。

7. IBM SPSS (2016). *IBM SPSS Modeler 18.0 Algorithms Guide.* USA: Integral Solutions Limited.

8. IBM SPSS (2016). *IBM SPSS Modeler 18.0 Node Reference.* USA: Integral Solutions Limited.

9. IBM SPSS (2016). *IBM SPSS Modeler 18.0 User's Guide.* USA: Integral Solutions Limited.

10. Jain, A. K., Murty, M. N. and Flynn P. J. (1999). Data clustering: a review. ACM *Computing Surveys, 31* (3), 264-323.

11. Kohonen, T. (1990), The Self-Organizing Map. *Proceedings of the IEEE, 78* (9), 1464-1480.

12. Kohonen, T. (2001). *Self-organizing maps 3rd,* ser. Springer series in information sciences 30, 30. New York: Springer-Verlag.

13. Moreira, L.S., Chagas, B.C., Pacheco, C.S.V., & Santos, H.M. (2019). Development of procedure for sample preparation of cashew nuts using mixture design and evaluation of nutrient profiles by Kohonen neural network. *Food Chemistry,* 273, 136-143.

CHAPTER 15

資料探勘與人工智慧發展

- 瞭解人工智慧的起源
- 瞭解人工智慧的領域
- 瞭解人工智慧的方法
- 瞭解資料探勘與人工智慧的發展

15-1 人工智慧起源

　　人工智慧 (Artificial intelligence, AI)，有時也稱為機器智慧 (Machine intelligence)，是機器展示的智慧，與人類和其他動物展示的自然智慧相反。在計算機科學中 (Computer science)，人工智慧研究被定義為對「智慧代理人」(Intelligent agents) 的研究：任何能夠感知其環境並採取行動以最大化其成功實現目標的機制的設備 (廖述賢，2007)。簡言之，當機器模仿人類與其他人類思維相關的「認知」功能時，應用術語「人工智慧」，例如「學習」和「解決問題」。通常歸類為 AI 的現代機器功能包括：成功地理解人類語音，在戰略遊戲系統 (例如國際象棋和圍棋人機對奕) 中的最高級別競爭，自駕汽車，智能環境，以及在網絡和軍事模擬中的智能路由內容傳遞等 (廖述賢，2008)。回顧文獻 Kaplan 和 Haenlein 將人工智慧分為三種不同類型的人工智慧係統：分析性 (Analytical)，人類啟發 (Human-inspired) 和人性化 (Humanized) 人工智慧 (Kaplan & Haenlein, 2018)。分析性的 AI 只具有與認知智慧相一致的特徵，從而產生世界的認知表徵，並使用基於過去經驗的學習來為未來的決策提供信息。除了認知元素之外，人類啟發的 AI 還具有認知和情感智力、理解，以及在決策中考慮智慧的人類情感。再者，人性化 AI 顯示了所有類型智慧能力 (即認知，情感和社交智能) 的特徵，能夠在與他人的交互中自我意識和自我意識。

　　人工智慧的起源，1997 年在電腦科學發展史上，抑或者是人工智慧的發展，是個重要的年代，當 IBM 所設計的電腦深藍 (Deep blue) 擊敗了人類西洋棋王 Garry Kasparov 那一刻，人工智慧的發展再度成為人們茶餘飯後的熱門話題。在二十世紀中葉時，電腦的誕生，為研究智慧領域的科學家們注入一劑強心劑。從此之後人們可以借助電腦的快速運算，來研究何謂人工智慧這項議題。科學著手的目的是放在專家系統 (Expert systems) 的應用。在各領域的專家們，可以利用電腦來分析手上的資料，但是一般人不一定懂電腦程式，於是就有人開始構思：如果電腦知道這些人的思考方式，由電腦來取代決策過程中浪費人力的部分，那麼將會是推動人類生活發展的一大步。不過，由「取代」(Replace) 這方面的進展並不是特別明顯，所以大家對於人工智慧最直觀的體認

是從遊戲開始。例如：星海爭霸和世紀帝國，是近年來頗為盛行的即時戰略，而從打電腦開始到網路對戰，要看看程式設計者 (Game Programmer)；如何讓遊戲變的那麼好玩。除了刺激和易上手的設計，在初學者剛開始遊戲的時期，電腦的攻擊往往會讓你的防守顧此失彼。其實 AI 所要思考的是，當遊戲玩家在和電腦玩家對戰 (對奕) 時，玩家們也會有他們一定的思考 (或者不能算是思考) 的邏輯，而這也是人工智慧的範疇，也是一般人所熟悉的「遊戲智能」(Game intelligence)。從遊戲智能開始，其實在人工智慧的領域之中，這方面只是比較大眾化的應用，而這些設計，也是從數十年前的高深研究開始的。殊不知而再更深一層的發展 (當然也更複雜的設計)。因此，人工智慧在電腦科學領域中，已經扮演著越來越重要的角色了 (Schank, 1991)。

　　人工智慧的發展，早在 1950 年代，即有科學家開始著手從事人工智慧的研究，主要集中在學理問題或棋奕競局 (Game theory) 的解決，至 1970 年代，科學家開始著手理論觀念的研究，傾向於實際應用的問題。人工智慧的演進，大致可區分為底下幾個階段：1940 ～ 1960 時期：電腦發明，此時期研究重心擺在定理證明與通用問題求解；例如：數字理論證明、西洋棋、西洋象棋等研究。1960 ～ 1970 時期：研究重點在於使電腦具有理解能力。在此時期，人工智慧語言 LISP 開發出來，機器人學受到重視，許多知識表示方法問世，如：框架理論 (Frame theory)。1970 ～ 1980 時期：利用述語邏輯 (Predicate logic) 開發出來的 PROLOG 語言問世，針對特定問題領域所開發出來的專家系統 (Expert systems) 陸續出籠，如分子構造固定系統 (DENDRAL)、血液感染疾病診斷系統 (MYCIN) 等。1980 ～ 1999 時期：此階段著重在研究各種行事之學習系統，如類比研究法、指點學習法等 (Clark, 2015)。2000 ～迄今時期：雲端運算 (Cloud computing)、物聯網 (Internet of things)、無線寬頻 (4G ～ 5G)、巨量資料 (Big data)、演算法 (Algorithm 在搜尋、深度學習發展，例如 AlphaGo) 等。透過資訊科技的運算 (Computing)、內容 (Content)、寬頻 (Conduit) 強大功能，將機器在人類認知推理 (Reasoning) 及推論 (Reference) 的智慧能力，大量且快速地發展及運用在真實的生活與工作之中，未來的發展跟對人類的影響將會是無可限量。

15-2 人工智慧的領域

人工智慧的領域 (Domain)，人工智慧的總體研究目標是創建允許計算機和機器以智能方式運行的技術。模擬（或創建）智能的一般問題已經分解為子問題。這些由研究人員期望智能係統顯示的特定特徵或能力組成。下面描述的領域是長期以來，受到學術界及實務界最多關注領域。

一、推理 (Reasoning)、推論 (Reference)、解決問題 (Problem solving)

早期的研究人員開發了一些演算法，模仿人類在解決謎題或進行邏輯演繹時使用的逐步推理 (Reasoning) 及推論 (Reference)。到了 20 世紀 80 年代末和 90 年代，人工智慧研究開發了處理不確定或不完整信息的方法，採用概率和經濟學的概念。事實證明，這些演算法 (Algorithm) 不足以解決大型推理問題，因為它們經歷了「組合爆炸」(Combinatorial explosion) 的問題：隨著問題變得越來越大，它們呈指數級增長。事實上，即使是人類也很少使用早期 AI 研究能夠建模的逐步演繹。他們使用快速，直觀的判斷來解決他們的大多數問題。這部分在後來 IBM 出多重處理器的平行處理架構 (Multi-processors Parallel Processing Architecture, MPPA) 之後，解決了組合爆炸的運算問題，在不需要浮點運算 (Floating computing) 的支援下，即能提供大量且複雜的能力，這也是深藍 (Deep blue) 擊敗了人類西洋棋王 Garry Kasparov 的主要原因，也為後來基因定序 (DNA Sequencing) 提供了運算技術的架構，將基因定序的時間縮短，造福人類的醫學與生物科技的發展 (Teijeiro & Félix, 2018)。

二、知識呈現 (Knowledge representation)

知識呈現和知識工程是經典人工智慧研究的核心。一些專家系統試圖將某些狹隘領域的專家所擁有的顯性知識聚集在一起。此外，一些知識工程項目

試圖將一般普通人所知的常識及知識，收集到包含有關世界的廣泛知識的數據庫中。綜合常識知識庫將包含的內容包括：對象，屬性，類別和對象之間的關係；情況，事件，狀態和時間；原因和影響；關於知識的知識（我們對其他人所了解的知識）；以及許多其他研究較少的領域。「存在什麼」的表示是本體 (Ontology)：正式描述的對象，關係，概念和屬性的集合，以便軟體代理可以解釋它們。這些語義被捕獲為描述邏輯概念，角色和個體，並且通常在 Web 本體語言中實現為類別 (Class)，屬性 (Attribute) 和個體 (Object)。最普遍的本體被稱為上層本體，它試圖通過充當領域本體之間的介體來為所有其他知識提供基礎，這些領域本體涵蓋了關於特定知識領域（感興趣的領域或關注領域）的特定知識。這種形式知識表示可用於基於內容的索引和檢索，場景解釋，臨床決策支持，知識發現 (Knowledge discovery) 以及其他領域 (Chiachío et al., 2018)。

三、規劃 (Planning)

在規劃的問題領域中，智慧代理人 (Intelligence agents) 必須能夠設定目標並實現目標。這種技術需要一種可視化未來的方式：一種其實世界狀況的表示，並能夠預測他們的行為將如何改變它－並且能夠做出最大化可用選擇的效用（或「價值」）的選擇。在傳統的規劃問題中，代理可以假設它是世界上唯一的系統，允許代理確定其行為的後果。但是，如果智慧代理人不是唯一的參與者，那麼它要求代理人可以在不確定的情況下進行推理。這要求代理人不僅可以評估其環境並進行預測，還可以評估其預測並根據其評估進行調整。多從代理人規劃 (Multi-agent planning) 使用許多代理的合作和競爭來實現給定的目標，諸如此類的緊急行為被進化演算法和群體智慧使用。再者，隨著無線網路與雲端運算的興起，行動運算 (Mobile computing) 及行動代理人 (Mobile agents) 的普及，也將人工智慧在規劃的應用發展，提供了更好的發展環境，諸如行動商務 (Mobile commerce) 與智能生活 (Intelligent living) 等，將會越來越普及 (Tenorio-González, C., & Morales, 2018)。

四、學習 (Learning)

機器學習 (Machine learning) 是自該領域誕生以來人工智慧研究的一個基本概念，它是對通過經驗自動改進的計算機演算法的研究。無監督學習 (Unsupervised learning) 是指在輸入流中找到模式的能力，而無需人類首先標記輸入。監督學習 (Supervised learning) 包括分類和數字迴歸，這需要人首先標記輸入數據。從資料集中探勘到幾個類別的事物的一些例子之後，分類 (Classification) 用於確定某些類別屬於哪個類別。迴歸 (Regression) 是試圖產生描述輸入和輸出之間關係的函數，並預測輸出在輸入變化時應如何變化。這兩種學習方法，試圖學習未知 (可能是隱含的) 函數，可以將分類器和迴歸學習者視為「函數逼近器」；例如，電子垃圾郵件分類器可以被視為學習從電子郵件文本映射到兩種類別之一的功能，「垃圾郵件」或「非垃圾郵件」。人工智慧計算學習理論可以通過計算複雜性，樣本複雜度 (需要多少數據) 或其他優化概念來評估學習成效。另外，在強化學習 (Reinforcement learning) 中，智慧代理人會因良好反應而獲得獎勵，並因不良反應而受到懲罰。代理人使用這一系列的獎勵和懲罰的準則 (Criteria)，來形成在其問題空間中運作的策略。機器學習不但是人工智慧的發展領域，也是資料探勘發展的重點，更多內容將於下一章 (第十六章) 說明 (Boselli et al., 2018)。

五、自然語言處理 (Natural language processing, NLP)

自然語言處理 (NLP) 使機器能夠閱讀和理解人類語言。一個足夠強大的自然語言處理系統將支持自然語言用戶界面，和直接從人類書面來源獲取知識，例如：人機介面 (Man-machine interface) 與語音控制 (Voice control)。自然語言處理的一些直接應用包括信息檢索 (Information retrieve)，文字探勘 (Text mining)，問答 (Response)，和機器翻譯 (Machine interpretation)。許多當前的 NLP 方法使用單詞共現頻率來構造文本的句法表示。「關鍵字發現」搜索策略很受歡迎，可擴展但很愚蠢；「dog」的搜索查詢可能只匹配帶有文字「dog」

的文檔，並且會錯過帶有「poodle」一詞的文檔。「詞彙親和力」策略使用諸如「意外」之類的詞語的出現來評估文檔的情緒。現代統計 NLP 方法可以結合所有這些策略以及其他策略，並且通常在頁面或段落級別上達到可接受的準確性，但是仍然缺乏對孤立句子進行良好分類所需的語義理解。除了編碼語義常識知識的常見困難之外，現有的語義 NLP 有時會擴展得太差，無法在業務應用程序中實現。除了語義 NLP 之外，「敘事」NLP 的最終目標是體現對常識推理的全面理解。例如 Google 的語意搜尋法 (Semantic search)，搜尋的字彙是語意字彙，而不是單字字彙，如此更能精準地從文字當中，搜尋到使用者所需要的內容 (Content and context) (Miller & Brown, 2018)。

六、感知 (Perception)

機器感知 (Machine perception) 能夠使用來自傳感器 (例如攝像機 (可見光譜或紅外)，麥克風，無線信號以及有源激光雷達，聲納，雷達和触覺傳感器) 的輸入來推斷世界各個方面。應用包括語音識別，面部識別和對象識別。計算機視覺 (Computer vison) 是分析視覺輸入的能力。這種輸入通常是模棱兩可的；一個巨大的，五十米高的建築可以產生與附近正常大小的行人完全相同的像素，要求 AI 判斷不同解釋的相對可能性和合理性，例如通過使用其「對像模型」來評估 那五十米的建築不存在。人臉辨視 (Facial recognition) 是機器感知的重要發展，除了電子商務的無人商店之外，安全監測 (Security surveillance) 與犯罪預防 (Criminal prevention)，也是新興的應用，再者智能生活 / 工作，例如機器人 (Robots) 、長照 (Long-term care, LTC) 、及智能駕駛 (Intelligent driving) 等，隨著物聯網的普及，也增加了機器感知的觸角與範圍，透過感知生物 (例如生理數據) 及非生物 (例如圖像) 特徵資料的蒐集，將能提供更多、更廣泛的人工智慧應用 (Abu-Salih et al., 2018)。

七、機器人 (Robotics)

人工智慧大量用於機器人技術。在現代工廠中廣泛使用的先進機器人手臂和其他工業機器人，可以從經驗中學習，如何在有摩擦和齒輪滑動的情況下高效移動。 現代移動機器人在給定小而靜態且可見的環境時，可以輕鬆確定其位置並繪製其環境圖。然而，動態環境，例如在醫學診斷 (在內窺鏡檢查中)，偵測患者呼吸體的內部，提出了更大的人工智慧功能。運動規劃 (Motion planning) 是將運動任務分解為諸如個體關節運動之類的「原始」的過程。 這種運動通常涉及順應運動，其中運動需要保持與物體的物理接觸。將智能活動，導入於機器人的控制 (manipulation)，從智能製造 (Intelligent manufacturing) 、智能生活 (Intelligent living) 、智能醫療 (Intelligent medical care) 、 智能服務 (Intelligent service) 、 及智能戰場 (Intelligent battle field operations) 等，都是人工智慧未來在此領域的重要發展 (Pransky, 2018)。

八、社交智能 (Social intelligence)

情感運算 (Affective computing) 是一個跨學科的研究領域，包括識別，解釋，處理或模擬人類影響的系統。與情感運算相關的適度成功包括文本情感分析，以及最近的多模態情感分析 (參見多模式情感分析)，其中 AI 對由錄像主題顯示的影響進行分類，例如透過線上臉部識別及語音識別，來分析人類的情感與情緒。從長遠來看，社交技能和對人類情感和博弈論的理解，對社會行動者來說是有價值的。通過了解他人的動機和情緒狀態來預測他人的行為，可以讓智慧代理人做出更好的決策。一些計算機系統模仿人類情感和表達，使其對人類交互的情緒動態更敏感，或以其他方式促進人機交互。同樣地，一些虛擬助手被編程為會話或甚至幽默地說話；例如直播 (Online streaming) 的直播主與版主 (Moderator)，更能透過社交智能，瞭解及推估線上使用者在社群媒體 (Social media) 與網路社群 (Social community) 中的行為，增加網路互動的能力，進而提升對網路社群的影響力，因此不論是電子商務，社會心理，犯罪預防，新聞傳播，政治 (選舉) 議題操作等，亦都是人工智慧的發展領域 (Azarnov et al., 2018)。

15-3 人工智慧的方法

人工智慧的方法非常多樣，早期的人工智慧研究聚焦在邏輯推論的方法，後來越來越多元化，像是類神經網路、模糊推論、遺傳演算法、機率模型等都被包含進來。邏輯推論的方法，由於需要百分之百確定的事實配合，因此在實務上不容易使用，因此像模糊推論等方法，雖然在理論上較不優美，但是在實務上卻很有用。類神經網路則是在影像辨識、語音辨識等領域，表現得較為傑出。近來，機率式的方法開始越來越受到重視，像是 Hidden Markov Model (HMM)、Bayes Network、Monte Carlo Marko Chain (MCMC)、Expectation-Maximization (EM) 等方法，都有越來越多的應用。舉例而言，HMM 在語音辨識上具有非常好的辨識率、而 EM 學習演算法則在機器翻譯上被大量的使用。由於機率式的方法在數學理論上較為完備，因此有更多的數學工具可以使用，因此未來人工智慧與數學的關係應該會越來越密切，這個領域將有待數學背景強的新研究者加入與探索，以便創造出更好的數學模型，讓 AI 成為一門「真正的科學」。AI 理論不斷的創新，而且越來越具有實務性，本文提出已發展的人工智慧方法 (Barry, 2018; Hernandez-Orallo & Dowe, 2010)：

一、搜尋法 (Search)

搜尋法一直是 AI 研究的主要方法，但是很少人會將邏輯推論與類神經網路也視為一種搜尋法。然而，近來的發展顯示，用搜尋法的觀點，可以很清楚的看出每一個方法都優缺點，其他的各種方法也都可以用搜尋法的角度，進行理論上的分析。許多無法歸類到邏輯推論與類神經網路的方法，像是「貪婪式演算法 (Greedy algorithm)、模擬退火法 (Simulate Anneal Arithmetic，SAA)、遺傳演算法 (Genetic algorithm)、粒子群優化演算法 (Particle Swarm optimization, PSO)、蟻群演算法 (Ant Colony Optimization)」等等，都是在進行法則 (Rules) 搜尋工作。

二、控制論和腦模擬 (Cybernetics and brain simulation)

在 20 世紀 40 年代和 50 年代，許多研究人員探索了神經生物學 (Neuroscience)，信息理論 (information theory) 和控制論 (Cybernetics) 之間的聯繫。他們中的一些人建造了使用電子網絡展示基本情報的機器，例如 W. Gray Walter 的海龜和約翰霍普金斯野獸的研究，探勘生物的腦部認知功能。這些研究人員中的許多人聚集在普林斯頓大學的遠程學會，和英國的比例俱樂部會議。這種方法和認知科學漸漸接近，認知科學 (Cognitive sciences)，是一門研究訊息如何在大腦中形成以及轉錄過程的跨領域學科。這方面研究在於何為認知，認知有何用途以及它如何工作，研究信息如何表現為感覺、語言、注意、推理和情感。其研究領域包括：心理學、哲學、人工智慧、神經科學、學習、語言學、人類學、社會學和教育學。它跨越相當多層次的分析，從低層次的學習和決策機制，到高層次的邏輯和策劃能力，以及腦部神經電路。透過類神經網路的模擬及學習，進一步藉由腦部控制 (Brain control) 的傳導控制，來與機械功能結合。

三、符號處理 (Symbolic processing)

符號人工智慧 (Symbolic artificial intelligence) 是人工智慧研究中所有方法的集合，它基於問題，邏輯和搜索的高級「符號」(人類可讀) 表示。該方法基於這樣的假設：智能的許多方面可以通過操縱符號來實現，這一假設被 Allen Newell 和 Herbert A. Simon 定義為 20 世紀 60 年代中期的「物理符號系統假設」。從 20 世紀 50 年代中期到 80 年代末期，AI 符號處理 (Symbolic processing) 是人工智慧研究的主要範例。當人們在 20 世紀 50 年代中期開始使用數字計算機時，人工智慧研究開始探索人類智慧，如何可以簡化為符號操作的可能性。該研究集中在三個機構：卡內基梅隆大學，斯坦福大學和麻省理工學院，如下所述，每個機構都有自己的研究方式。 John Haugeland 將這些象徵性的方法命名為 AI「老式 AI」

或「GOFAI」。在 20 世紀 60 年代，象徵性方法在模擬小型示範項目的高層次思考方面取得了巨大成功。 基於控制論或人工神經網絡的方法被放棄或推入後台。 20 世紀 60 年代和 70 年代的研究人員相信，符號方法最終將成功創造出具有人工智慧的機器並將其視為其領域的目標。機器最初設計用於根據符號表示的輸入來製定輸出。當輸入是明確的並且確定性時，使用符號。但是當涉及不確定性時，例如在製定預測時，表示是使用模糊邏輯 (Fuzzy logic) 完成的。這可以在人工神經網絡 (Artificial neural networks) 中看到。

四、邏輯推論 (Logic reasoning)

有些 AI 研究人員認為可以將全世界的知識，透過邏輯敘述的方式累積，然後利用這些知識進行推論，這便是知識工程或專家系統的任務。此種方式企圖直接解答智慧之謎，其研究方法上認為『知識 = 智慧』。從早期的「布林邏輯、洪氏邏輯、一階邏輯」等確定性的邏輯系統開始，發展出了「計劃系統、專家系統」等模擬大腦推理行為的系統，這讓邏輯推論成為了人工智慧的核心方法，但由於這些推理方法需要建構在 100% 確定的事實，並依賴 100% 確定的推理法則才能進行，因此在複雜的現實事件通常很難使用。後來的 AI 研究逐漸導向「非確定性」的推論方法上，像是「模糊推論、機率推論」等方法，這些推理方法比較能夠在「現實世界」中有效的運用，因此近來的人工智慧研究者大多採用這類的方法近型更深入的研究。麻省理工學院的研究人員 (如 Marvin Minsky 和 Seymour Papert) 發現解決視覺和自然語言處理中的難題需要臨時解決方案，他們認為沒有簡單而一般的原則 (如邏輯) 能夠捕捉到所有智能行為方面的問題，所以邏輯推論除了傳統的法則推論 (Rule-based reasoning) 之外，還必須加上其他的邏輯推論方法，例如框架推論 (Frame-based reasoning)，及個案庫推理 (Case-based reasoning)，方能克服單一邏輯推理的問題。

五、內嵌式智慧 (Embodied intelligence)

這包括內嵌，定位，基於行為和新的 AI。機器人相關領域的研究人員，如 Rodney Brooks 拒絕了符號 AI，並專注於允許機器人移動和生存的基本工程問題。他們的工作重新啟動了 20 世紀 50 年代早期控制論研究者的非象徵性觀點，並重新引入了控制理論在人工智慧中的應用。這恰好與認知科學相關領域中具體的心理論題的發展相吻合：身體的各個方面 (如運動，感知和可視覺化) 是更高智力所必需的。在發展機器人技術中，詳細闡述了發展學習方法，允許機器人通過自主自我探索，與人類教師的社交互動以及使用指導機制 (主動學習，成熟，運動協同作用等) 來積累新技能的曲目。在人工智慧中，具體代理 (有時也稱為接替代理)，是通過該環境中的物理主體與環境交互的智慧代理。用身體 (例如人類或卡通動物) 以圖形方式表示的代理也稱為實體代理，儘管它們僅具有虛擬的而非物理的實施例。內嵌式智慧是人工智慧的一個分支方法，側重於賦予這些代理人與人類和環境自主互動的能力。移動機器人是內嵌式智慧的代理的一個例子；Ananova 和 Microsoft Agent 是圖形化代理的示例。體驗式會話代理是具體的智慧代理 (通常具有圖形前端而不是機器人體)，能夠與人類進行對話，並與人類使用與人類相同的語言和非語言手段 (例如手勢，面部) 表達等。

六、柔性運算 (Soft computing, SC)

在計算機科學中，柔性運算是使用不精確的解決方案來解決計算難度較大的任務，例如 NP 完全問題的解決方案，其中沒有已知的演算法 可以在多項式時間內運算精確解。柔性運算與傳統 (硬) 運算 (最適化運算) 的不同之處在於，與硬運算 (Optimization computing) 不同，它可以容忍不精確，不確定，部分真實和近似。實際上，柔性計算的角色模型是人類的頭腦。柔性運算 (SC) 的主要組成部分是模糊邏輯 (Fuzzy logic)，進化計算 (Evolutionary computation)，機器學習 (Machine learning) 和概率推理 (Probabilistic reasoning)，後者包含信念網絡和學習理論的一部分。與努力求精確和完全真實的硬運算方案不同，柔性運算技術利用給定的對於特定問題的不精確，部分真實和不確定性的容忍度。 另一個常見的對比，來自於觀察到歸納推理在柔性運算中比在硬運算中扮演更重要的角色。

七、人工類神經網路 (Artificial neural network, ANN)

人工神經網絡是神經元的網絡或電路，或者在現代意義上，是由人工神經元或節點組成的人工神經網絡。 因此，神經網絡要麼是由真實生物神經元組成的生物神經網絡，要麼是人工神經網絡，用於解決人工智慧 (AI) 問題。生物神經元的連接被建模為權重。 正重量反映了興奮性聯繫，而負值則表示抑制性聯繫。 所有輸入均由權重修改並求和。 此活動稱為線性組合。 最後，激活功能控制輸出的幅度。 例如，可接受的輸出範圍通常在 0 和 1 之間，或者可以是 -1 和 1。與 Neumann 模型計算不同，人工神經網絡不通過網絡連接分離存儲器，和處理並通過信號流進行操作，有點類似於生物網絡。這些人工網絡可用於預測建模，自適應控制和可通過數據集訓練它們的應用。經驗產生的自我學習可以在網絡中發生，這可以從複雜且看似無關的信息集得出結論。邏輯推論與類神經網路，都可以視為搜尋方法的一種特例。因為，這些方法都是在搜尋問題的答案，然而在問題的表達上，布林邏輯堆論採用了二分法，也就是只有 0 與 1 的世界。而類神經網路，則採用了實數的方式表達神經元之間的強度，於是造成了一個由實數所構成的世界。這兩者並非是互斥的，或許在未來人工智慧的方法發展，我們會發現兩者攜手合作的研究陸續出現。

八、統計學習 (Statistical learning)

統計學習理論 (Statistical learning theory) 是從統計學和功能分析領域中抽取機器學習的框架。這種方法處理基於數據找到預測函數的問題。統計學習理論已成功應用於計算機視覺，語音識別，生物信息學和棒球等領域。許多傳統的 GOFAI (Good Old-Fashioned Artificial Intelligence) 陷入了對符號計算的臨

時資料轉換問題，這些轉換問題解決對他們自己的統計模型起學習的作用，但未能推廣到現實世界的結果。統計學習方法在其他領域通常很快就成為主流方法，但是在 AI 領域卻經過了很久都沒受到重視，直到由於隱馬可夫模型 (hidden Markov models, HMM) 逐漸在語音辨識領域嶄露頭角，才開始有越來越興盛的趨勢。然而，統計方法在機器翻譯上有越來越強的趨勢，像是貝氏網路 (Bayisian Network)、期望最佳化學習法 (Expectation-Maximization, EM)、蒙地卡羅馬可夫學習法 (Montecarlo Markov Chain, MCMC) 等，都開始展露其優勢。統計學習的優勢在於，統計有共享的數學語言，在運算上允許與更成熟的分析領域 (如數學，經濟學或運籌學)。與 GOFAI 相比，新的「統計學習」技術 (如 HMM 和神經網絡) 在許多實際領域 (如數據挖掘) 中獲得了更高的準確度，而不必獲得數據集的語義解釋。隨著實際數據的成功增加，人們越來越重視將不同的方法與共享測試數據進行比較，以確定哪種方法在統計模型，提供的分析結果表現最佳。如今，統計的實驗結果通常是嚴格可測量的，並且有時 (難以) 可重複。不同的統計學習技術有不同的局限性，例如，基本的 HMM 無法模擬自然語言的無限可能組合。相信在未來的幾年，統計學習法將會在 AI 領域大展身手，推進整個 AI 科學技術的進展。

九、智慧代理人 (Intelligent agent)

在人工智慧中，智能代理 (IA) 是一個自主實體，它通過傳感器觀察並使用執行器 (即它是代理) 作用於環境，並指導其活動實現目標 (即它是「理性的」，如 經濟學)。智慧代理也可以學習或使用知識來實現他們的目標。它們可能非常簡單或非常複雜。智慧代理是一種能夠感知其環境，並採取最大化其成功機會的行動的系統。最簡單的智慧代理是解決特定問題的程序。更複雜的代理人包括人類和人類組織 (如企業或政府組織)。典範 (Paradigm) 允許研究人員通過詢問哪個代理符合最大化給定的目標函數，來直接比較甚至將不同的方法結合到特殊的問題 (Isolated problems) 中。 解決特定問題的代理可以使用任何有效的方法，例如一些代理是符號和邏輯的，一些是子符號人工神經網絡

(Sub-symbolic artificial neural networks)，其他可能使用新方法。建立的問題解決典範，還為研究人員提供了與其他領域 (如決策理論和經濟學) 進行交流的通用語言，這些問題領域也使用抽象智慧代理人的概念。建立一個完整的代理人需要研究人員解決現實的整合問題；例如，由於感官系統提供有關環境的不確定信息，規劃系統必須能夠在存在不確定性的情況下發揮作用。智慧代理人典範方法發展，在 20 世紀 90 年代被廣泛接受，目前已是人工智慧的主要方法之一。

15-4 資料探勘與人工智慧發展

本書介紹了十種資料探勘的理論，以及分析方法的實例，包括：決策樹：C5.0；分類與迴歸樹：C&RT；因素分析 :FA/PCA；類神經網路 :NN；貝氏網路；支援向量機 (SVM)；關聯法則：Apriori；次序分析 :Sequence；集群分析 :K-Means；及類神經網路：Kohonen。這些方法與人工智慧的發展是息息相關。本文以資料探勘理論為經，人工智慧方法為緯，來說明資料探勘與人工智慧的發展 (Clark, 2015; Teijeiro, & Félix, 2018)。

一、最適化 (Optimization)

在人工智慧發展中，資料探勘可用於評估優化演算法的特徵，例如：運算的收斂率 (Computation convergence rate)，精準度 (Precision)，穩定度 (Robustness)，以及績效 (Performance)。資料探勘通過智慧搜索許多可能的問題解決方案，可以解決 AI 中的許多最適化問題 (Optimization problems)，資料探勘推理可以減少資料庫搜索的時間及幅度。例如，邏輯推理證明可以被視為搜索從前提到結論的路徑，其中每個步驟都是推理規則最適化的應用。規劃演算法 (Planning algorithms) 搜索目標和子目標函數可行解，嘗試找到目標函式與限制條件間的最適解。對於人工智慧而言，用於移動肢體和抓取對象的

機器人演算法，在配置空間中使用本地搜索，許多學習演算法使用基於優化的最適搜索演算法。進化運算 (Evolutionary computation) 使用一種優化搜索形式。例如，它們可以從一群生物 (猜測) 開始，然後允許它們變異和重組，只選擇最適合每一代生存 (精煉猜測)。經典進化演算法 (Classic evolutionary algorithms) 包括遺傳演算法 (Genetic algorithms)，基因表達編程和遺傳編程。或者，分佈式搜索過程 (Distributed search processes) 可以通過群體智慧演算法 (Swarm intelligence algorithms) 進行協調。在人工智慧最適化中使用的資料探勘理論包含：決策樹：C5.0；分類與迴歸樹：C&RT；類神經網路 :NN；關聯法則：Apriori；次序分析 :Sequence；及類神經網路：Kohonen 等。

二、分類器 (Classifiers)

在資料探勘和人工智慧中，分類器 (Classifiers) 是基於包含其類別成員資格已知的觀察 (或實例) 的訓練數據集，來識別新觀察所屬的一組類別 (子群體) 中的哪一個的問題。例如，將給定的電子郵件分配給「垃圾郵件」或「非垃圾郵件」類，並根據觀察到的患者特徵 (性別，血壓，某些症狀的存在或不存在等) 為給定患者分配診斷。分類是模式識別的一個例子。最簡單的 AI 應用程序可分為兩種類型：分類器 (「如果閃亮然後鑽石，證明鑽石是有價值的」) 和控制器 (「如果鑽石是有價值的，然後就應該去獲得」)。然而，控制器也會在推斷動作之前對條件進行分類，因此分類構成了許多 AI 系統的核心部分，分類器是使用模式匹配來確定最接近匹配的一種資料探勘理論與函數方法。這種方法可以根據示例進行調整，使其非常適合用於 AI。這些 AI 發展被稱為資料探勘的觀察或模式建立，在監督學習中，每個分析模式屬於某個預定義的類別分類 (Classification)。可以將類別 (Class) 視為必須作出的決策，所有觀察結果與其類別標籤相結合被稱為數據集，當新的資料匯入時時，新的資料集會根據以前的分類標準進行分類。有許多統計和機器學習方法，可以以各種方式訓練分類器，例如決策樹可能是最廣泛使用的機器分類學習的演算法。其他廣泛使用的資料探勘理論，為神經網絡，k-means，諸如支持向量機 (SVM)，高斯混

合模型 (Gaussian mixture model) 和極其流行的單純貝氏分類器 (Naive Bayes classifier)。分類器性能在很大程度上取決於要分類的數據的特徵，例如數據集大小，跨類別的樣本分佈，和維度等。如果假設模型非常適合實際數據，則模型為基礎的分類器 (Model-based classifier) 演算結果會較佳。否則，如果沒有可用的匹配模型，並且如果準確性 (而不是速度或可伸縮性) 是唯一關注的問題，傳統觀點認為，判別分類器 (尤其是 SVM) 往往比基於模型的分類器 (如單純貝氏) 更準確。

三、資料分析 (Data Analytics)

　　資料探勘與人工智慧的發展，對於資料分析能力的提升，扮演著非常重要的角色。預測分析 (predictive analytics) 指的是利用電腦科學和統計學，收集大量資料進行分析，並根據預測採取行動。這是一種從資料中學習，以對事物未來發展的趨勢和水準進行判斷和推測的一種活動，也是預測未來行為並做出更佳決策的一種技術。預測分析是一個統計領域，涉及從數據中提取信息並使用它來預測趨勢和行為模式。預測分析通常被定義為在更詳細的粒度級別進行預測，即為每個單獨的組織元素生成預測分數 (概率)。預測分析統計技術包括資料建模，機器學習，AI，深度學習演算法和資料探勘。預測基於歷史數據，創建驗證模式然後測試假設，從過去的經驗中得出的假設預示著未來將遵循相同的模式。通過人類對過去的理解來了解假設是什麼，預測能力受到人類資料分析師的數量，時間和成本限制的限制。預測分析包括來自資料探勘，預測建模和機器學習的各種統計技術，分析當前和歷史事實，以預測未來或未知事件。在商業範疇，預測模型利用歷史和交易數據中的模式來識別風險和機會。 模型捕捉許多因素之間的關係，以允許評估與特定條件相關的風險或潛力，提供可能交易的決策支援。資料探勘與 AI 的發展議題包括：決策樹：C5.0；分類與迴歸樹：C&RT；支援向量機 (SVM)；集群分析 :K-Means；類神經網路 :NN；及類神經網路：Kohonen 等。

四、知識工程 (Knowledge engineering)

　　1977 年美國斯坦福大學電腦科學家費根鮑姆教授 (B.A. Feigenbaum) 在第五屆國際人工智慧會議一提出知識工程的新概念。他認為「知識工程是人工智慧的原理和方法，對那些需要專家知識才能解決的應用難題提供求解的手段。恰當運用專家知識的獲取、表達和推理過程的構成與解釋，是設計基於知識的系統的重要技術問題。」這類以知識為基礎的系統，就是通過智能軟體而建立的專家系統。知識工程是一門以知識為研究對象的新興學科，它將具體人工智慧系統研究中那些共同的基本問題抽出來，作為知識工程的核心內容，使之成為指導具體研製各類智能系統的一般方法和基本工具，成為一門具有方法論意義的科學。知識工程可以看成是人工智慧在知識信息處理方面的發展，研究如何由電腦表示知識，進行問題的自動求解。知識工程的研究使人工智慧的研究從理論轉嚮應用，從基於推理的模型轉向基於知識的模型，包括了整個知識信息處理的研究，知識工程已成為一門新興的邊緣學科。知識表示有九種方法，分別為：邏輯表示法、產生式表示法、框架表示法、腳本表示法、過程表示法、語義網表示法、Petri 網表示法、面向對象表示法。不同的知識類型使用不同的表示方法。如規則適宜用產生式表示法，實驗過程適宜用過程表示法，概念特徵適宜用面向對象表示法，概念之間的關係適宜用語義網表示法。知識利用 (Knowledge utilization) 包括知識搜索 (Knowledge search) 以及知識推理 (Knowledge reasoning)。知識搜索確定在什麼情況下需要什麼樣的知識，搜索到的知識是否滿足當前的需求。找到了適當的知識後，進行推理，得到結果。知識抽取 (Knowledge extraction) 則是知識工程的關鍵一環。另一方面，知識抽取實現一種知識序化，而知識組織是知識管理的關鍵一環。因此，透過資料探勘及人工智慧，發展知識工程的方法，通過分析獲取知識主要指知識抽取、知識表示 (Knowledge representation)、知識轉化 (Knowledge transformation) 與知識映射 (Knowledge mapping)，知識之間的關係分析體現在知識挖掘 (Knowledge mining)，進而達到組織知識管理 (Knowledge management) 的目的。

參考文獻

1. 廖述賢 (2007)。**資訊管理**。台北市：雙葉書廊。

2. 廖述賢 (2008)。**知識管理**。台北市：雙葉書廊。

3. Azarnov, A., Chubarov, A., & Samsonovich, V. (2018). Virtual Actor with Social-Emotional Intelligence. *Procedia Computer Science*, 123, 76-85.

4. Abu-Salih, B., Wongthongtham, P., & Chan, K. Y. (2018). Twitter mining for ontology-based domain discovery incorporating machine learning. *Journal of Knowledge Management*, 22, 949-981.

5. Barry, D. T. (2018). Adaptation, Artificial Intelligence, and Physical Medicine and Rehabilitation. *PM&R*, 10, Pages s131-s143.

6. Boselli, R., Cesarini, M., Mercorio, F., & Mezzanzanica, M. (2018). Classifying online Job Advertisements through Machine Learning. *Future Generation Computer Systems*, 86, 319-328.

7. Chiachío, M., Chiachío, J., Prescott, D., & Andrews, J. (2018). A new paradigm for uncertain knowledge representation by Plausible Petri nets. *Information Sciences*, 453, 323-345.

8. Clark, J. (2015). *Why 2015 Was a Breakthrough Year in Artificial Intelligence*. Bloomberg News. Archived from the original on 23 November 2016.

9. Hernandez-Orallo, J., & Dowe, D. L. (2010). Measuring Universal Intelligence: Towards an Anytime Intelligence Test. *Artificial Intelligence Journal*. 174, 1508–1539.

10. Kaplan, A., & Haenlein, M. (2018) Siri, Siri in my Hand, who's the Fairest in the Land? On the Interpretations, Illustrations and Implications of Artificial Intelligence. *Business Horizons*, 62 (1), 23-56.

11. Miller, D. D., & Brown, E. W. (2018). Artificial Intelligence in Medical Practice: The Question to the Answer? *The American Journal of Medicine*, 131, 129-133.

12. Pransky, J. (2018). The Pransky interview – Martin Haegele, Head of Department Robotics and Assistive Systems, Fraunhofer IPA. *Industrial Robot: An International Journal*, 45, 307-310.

13. Schank, R. C. (1991). Where's the AI. *AI magazine*, 12 (4). p. 38.

14. Teijeiro, T. & Félix, P. (2018). On the adoption of abductive reasoning for time series interpretation. *Artificial Intelligence*, 262, 163-188.

15. Tenorio-González, C., & Morales, F. (2018). Automatic discovery of concepts and actions. *Expert Systems with Applications*, 92, 192-205.

NOTE

CHAPTER 16

資料探勘與機器學習發展

··學·習·目·標··

- 瞭解機器學習的起源。
- 瞭解機器學習的領域。
- 瞭解機器學習的方法。
- 瞭解資料探勘與機器學習的發展。

16-1 機器學習起源

　　機器學習 (Machine learning, ML) 這個名字是由 Arthur Samuel 於 1959 年創造的。Tom M. Mitchell 在機器學習領域提供了一個被廣泛引用，較正式的演算法定義為：計算機程序可以從經驗 E 中學習某些任務 T 和績效測量 P，如果它在 T 中的任務中的表現，由 P 測量，隨著經驗 E 而提高。機器學習所涉及的任務的定義提供了基本的操作定義，而不是在認知術語中定義該領域。機器學習是計算機系統用於逐步改善其在特定任務上性能的演算法 (Algorithm) 和數學模型 (Math model) 的研究。機器學習演算法建立樣本資料的數學模型，稱為「訓練資料」(Trained data)，以便在不明確的情況，來進行預測或決策。機器學習演算法用於電子郵件過濾，網路入侵者檢測和計算機視覺的應用，其中開發用於執行任務的特定指令的演算法不可行 (Bishop, 2006)。機器學習與統計密切相關，統計側重於使用計算機進行預測。優化的計量研究方法以及工具，為機器學習領域不斷提供了新的方法，理論和應用領域。例如資料探勘是機器學習中的一個研究領域，側重於藉由無監督學習進行探索性資料分析。在跨領域的問題應用中，機器學習也被稱為預測分析 (Harnad, 2008)。

　　機器學習，是人工智慧的一個分支。人工智慧的研究歷史有著一條從以「推理」(Reasoning) 為重點，到以「知識」(Knowledge) 獲得與應用為導向，再到以「學習」(Learning) 為重點的發展脈絡。顯然，機器學習是實現人工智慧的一個途徑，即以機器學習為方法來解決人工智慧中的問題。機器學習在近 30 多年已發展為一門多領域的學科，涉及機率論、統計學、逼近論 (Theory of approximation)、凸分析 (Convex analysis)、計算複雜性理論 (Computational complexity theory) 等多門學科。機器學習理論主要是設計和分析一些讓電腦可以自動「學習」的演算法。機器學習的演算法是一類從資料中自動分析獲得規律，並利用規律對未知資料進行預測的演算法。因為學習演算法中涉及了大量的統計學理論，機器學習與推斷統計學聯絡尤為密切，也被稱為統計學習理論 (Statistical learning theory)。在演算法設計方面，很多推論問題屬於無程

式可遵循的難度,所以部分的機器學習研究,是開發容易處理的近似演算法 (Approximation algorithm) 為方法 (Mohri, 2012)。

機器學習,是一門人工智慧的科學,該領域的主要研究物件是人工智慧,特別是如何在經驗學習中改善具體演算法的效能。機器學習,是對能藉由經驗自動改進的電腦演算法的研究。機器學習是用資料或以往的經驗,以此最佳化電腦程式的效能標準。機器學習已廣泛應用於資料探勘、電腦視覺、自然語言處理、生物特徵辨識、搜尋引擎、醫學診斷、檢測信用卡欺詐、證券市場分析、DNA 序列測序、語音和手寫辨識、戰略遊戲和機械人等領域 (Otterlo & Wiering, 2012)。

機器學習,是人工智慧研究較為年輕的分支,它的發展過程大體上可分為 5 個時期。第一階段是在 50 年代中葉到 60 年代中葉,屬於熱烈時期。第二階段是在 60 年代中葉至 70 年代中葉,被稱為機器學習的冷靜時期。第三階段是從 70 年代中葉至 80 年代中葉,稱為復興時期。第四個階段是機器學習的最新階段始於 1986 年。第五個階段是 20 年代迄今屬於深度學習期 (Deep learning) (Manukian et al., 2019)。

16-2 機器學習的領域

自從 1980 年在卡內基梅隆大學 (Carnegie Mellon University) 召開第一屆機器學習研討會以來,機器學習的研究工作發展很快,已成為中心課題之一。隨著機器學習的蓬勃發展,人們在工作中累積了大量可供測試演算法的資料集,或者是超大資料集,機器學習工作者在此基礎上可以進行更精準的研究。學習是人類具有的一種重要智能行為,但究竟什麼是學習,長期以來卻眾說紛紜。社會學家、邏輯學家和心理學家都各有其不同的看法 (Bertsekas, 2012)。下面描述的領域是長期以來,受到學術界及實務界最多關注的機器學習領域 (廖述賢,2007)。

一、監督式學習 (Supervised learning)

　　監督式學習 (Supervised learning)，是一個機器學習中的方法，可以由訓練資料中學到或建立一個以函數為主的學習模式 (learning model)，並依此學習模式推測新的實例。訓練資料是由輸入物件 (通常是向量的型態) 和預期輸出的物件所組成的。函數的輸出可以是一個連續的值 (稱為迴歸分析)，或是預測一個分類標籤 (稱作分類)。一個監督式學習的任務，在於觀察完一些訓練範例 (輸入和預期輸出) 後，去預測這個函數對任何出現的輸入的值的可能輸出結果。要達到此目的，學習者必須以「合理」(歸納的方式)，從現有的資料中一般化歸納到可以觀察與描述的情況。在人類和動物的感知中，則通常被稱為概念學習 (Concept learning)。監督式學習有兩種型態的模型。最一般的，監督式學習產生一個全域模型，會將輸入物件對應到預期輸出結果。而另外一種型態，則是將這種對應實作在一個區部模型 (如案例推論及最近鄰居法)。為了解決一個給定的監督式學習的問題 (手寫辨識)。另外對於監督式學習所使用的辭彙則是分類 (Classification)。目前有著各式的分類器 (Classifier)，各自都有強項或弱項。分類器的表現很大程度上，跟要被分類的資料特性有關。並並沒有任何單一分類器，可以在所有給定的問題上，都具有完美的分類效果。各式的經驗規則被用來比較分類器的表現，以及尋找會決定分類器表現的資料特性。故決定適合某一問題的分類器仍舊是一項解決問題的藝術，而非純粹為科學的作法。目前最廣泛被使用的分類器有人工神經網路、支援向量機、最近鄰居法、高斯混合模型、貝氏方法、決策樹、和輻射基底函數分類。主動式學習 (Active learning) 則是另一種監督式學習，學習演算法會主動去讓使用者建立學習的標記 (Tag)(Russell & Norvig, 2010)。

二、非監督式學習 (Unsupervised learning)

　　監督學習和非監督學習的差別就是訓練集目標是否具有標記 (Tag)，他們都有訓練集 (Trained set) 且都有輸入和輸出的資料標記方法。非監督學習是機器學習的一個分支，它從未經標記或分類的測試資料中學習。非監督式學習是

一種機器學習的方式，並不需要人力來輸入標記。它是監督式學習和強化學習等策略之外的一種選擇。在監督式學習中，典型的任務是分類和迴歸分析，且需要使用到人工預先準備好的範例 (examples)。非監督學習的核心應用是統計學中的密度估計領域，其包含許多涉及總結和解釋資料特徵的其他領域。在人工類神經網路 (Artificial Neural Network，ANN) 中，生成對抗網路 (Generative Adversarial Network, GAN)、自組織映射 (Self-Organizing Maps, SOM) 和適應性共振理論 (Adaptive Resonance Theory, ART) 則是最常用的非監督式學習方法。ART 模型允許資料叢集的個數可隨著問題的大小而變動，並讓使用者控制成員和同一個資料叢集之間的相似度分數，其方式為透過一個由使用者自定的常數。ART 也用於模式識別，如自動目標辨識和數位信號處理 (Trevor et al., 2009)。

三、半監督學習 (Semi-supervised learning)

半監督學習是一種機器學習的技術，它們也利用未標記的資料進行訓練，通常是用來處理少量帶有未標記的資料。半監督學習介於非監督學習 (沒有任何標記的訓練資料) 和監督學習 (具有完全標記的訓練資料) 之間。許多機器學習研究人員發現，未標記的資料與少量標記資料結合使用，可以比非監督學習 (沒有標記資料) 學習的準確性能有較大的提升，但沒有監督學習所需的時間和成本學習 (標記所有資料)。針對學習問題獲取標記資料通常需要熟悉問題的專業人員 (例如，轉錄音頻片段)，或物理實驗 (例如，確定蛋白質的 3D 結構或確定在特定位置是否存在油)。因此，與標記過程相關的專業難度，可能使得完全標記的訓練集變得不可行，而未標記資料的獲取則變得相對可行。在這種情況下，半監督學習具有較大的實用價值。 半監督學習的基本概念，是利用資料分佈上的模型假設，創建學習器對未標記樣本進行標記。過程可以描述為：給定一個來自某未知分佈的樣本集 S=L ∪ U, 其中 L 是已標籤樣本集 $L = \{(x_1, y_1)\ (x_2, y_2),...,(x_{|L|}, y_{|L|})\}$, U 是一個未標籤樣本集 $U = \{x_1, x_2, x_3,..., x_{|U|}\}$，希望得到函數 f:X → Y 可以準確地對樣本 x 預測其標

籤 y，這個函數可能是參數的形式，如最大概似估計法；也可能是非參數的，如最鄰近法、類神經網路法、支援向量機法等；也可能是非數值的，如決策樹分類。其中，x 與 x' 均為 d 維向量，$y_i \in Y$ 為樣本 x_i 的標籤，|L| 和 |U| 分別為 L 和 U 的大小，即所包含的樣本數目。半監督學習就是在樣本集 S 上尋找最優的學習器。如何綜合利用已標記的案例和未標記的案例，是半監督學習需要解決的問題。半監督學習問題從樣本的角度而言，是利用少量標記樣本和大量未標記樣本進行機器學習，從機率學習角度可理解為，研究如何利用訓練樣本的輸入邊緣機率 P (x)，和條件輸出機率 P (y | x) 的關聯設計，具有良好性能的分類器 (Classifier)。這種關聯的存在是建立在某些假設的基礎上的，亦即為集群假設 (Cluster assumption)，和流形假設 (Maniford assumption)。

四、強化學習 (Reinforcement learning)

強化學習 (Reinforcement learning) 是機器學習的一個領域，涉及如何在變動的環境中採取資料集學習的概念，例如博弈論，控制理論，運籌學，資訊論，基於模擬的優化，多智能體系統，群體智能，統計學和遺傳演算法。在運籌學 (Logistics) 和控製 (Control) 文獻中，強化學習被稱為近似動態規劃 (Approximate dynamic programming，ADP) 或神經動態規劃 (Nero-dynamic programming)。強化學習是機器學習中的一個領域，其靈感來源於心理學中的行為主義理論，即有機體如何在環境給予的獎勵 (Reward) 或懲罰 (Punishment) 的刺激下，逐步形成對資料學習的預期成果，產生能獲得最大利益的習慣性學習行為。這個方法具有一般性，因此在許多領域都有類似的研究，例如博弈論、控制論、運籌學、資訊理論、仿真優化 (Simulation optimization)、多主體系統學習、群體智能、統計學以及遺傳演算法 (Genetic algorithm, GA) 等。在最優控制理論中也有研究這個問題，雖然大部分的研究是關於最優解的存在和特性，並非是純粹在機器學習方面。在經濟學和博弈論中，強化學習被用來解釋在有限理性的條件下如何出現運算的均衡解 (Equilibrium solution)。在機器學習問題中，通常被規範為馬可夫決策過程 (Markov Decision Processes,

MDP) 的環境，所以許多強化學習演算法在這種情況下使用動態規劃 (Dynamic programming) 技巧，資料通常是隨機的，觀察值通常涉及與最後過渡相關的標記值。強化學習和標準的監督式學習之間的區別在於，它並不需要出現正確的資料輸入 / 輸出，也不需要精確校正次優化的行為。強化學習更加專注於確定性的規劃，需要在探索 (在未知的領域) 和遵從 (現有知識) 之間找到平衡 (Otterlo & Wiering, 2012)。

16-3 機器學習的方法

　　機器學習可以將各種過程，技術和方法應用於一種或者多種類型的機器學習演算法以增強其性能。機器學習方法不斷的創新，而且越來越具有實務性，本書提出已發展的機器學習方法 (Alpaydin, 2010; Ucci et al., 2019) 如下：

一、構造間隔理論分布 (Degrees of Separation)：集群分析與型樣辨識

　　集群分析 (Cluster analysis) 是對於統計資料分析的一門技術，在許多領域受到廣泛應用，包括機器學習，資料挖掘，模式識別 (Pattern recognition)，圖像分析以及生物資訊。集群是把相似的資料藉由靜態分類的方法分成不同的組別，或者更多的子集 (Data subset)，這樣讓在同一個子集中的資料成員，都有相似的一些屬性，一般把資料集群歸納為一種非監督式學習。資料集群演算法可以分為結構性或者分散性。結構性演算法利用以前成功使用過的集群器進行分類，而分散型算規則是一次確定所有的集群數目。結構性演算法可以從上至下，或者從下至上雙向進行計算。從下至上演算法從每個資料作為單獨分類開始，不斷融合其中相近的資料。而從上至下算規則是把所有資料作為一個整體分類，然後逐漸分群。分散式集群演算法，是一次性確定要產生的類別，這種演算法也已應用於從下至上集群演算法。基於密度的集群演算法，是為了挖

掘有任意資料特性的類別而發明的。此演算法把一個類別視為資料集中大於某臨界值的一個區域。DBSCAN 和 OPTICS 是兩個典型的演算法。許多集群演算法在執行之前,需要指定從輸入資料集中產生的分類個數。除非事先準備好一個合適的值,否則必須決定一個大概值,關於這個問題已經有一些現成的技術。在結構性集群中,關鍵性的分群步驟就是要選擇測量的距離 (Distance)。一個簡單的測量就是使用曼哈頓距離 (Manhattan distance),它相當於每個變數的絕對差值之和。該名字的由來起源於在紐約市區測量街道之間的距離,就是由人步行的步數來確定的。一個更為常見的測量是歐幾里得空間距離 (Euclidean space distance),這種演算法是找到一個空間,來計算每個空間中點到原點的距離,然後對所有距離進行換算。常用的幾個距離計算方法:歐式距離 (Euclidean distance),標準化歐氏距離 (Standardized Euclidean distance),曼哈頓距離 (Manhattan distance, 1-norm 距離),LP 空間 (Infinity norm),閔可夫斯基距離 (Minkowski Distance),切比雪夫距離 (Chebyshev Distance),馬氏距離 (Mahalanobis distance),漢明距離 (Hamming distance) 等 (Romesburg, 2004)。

型樣辨識 (Pattern recognition),就是藉由電腦用數學技術方法來研究型樣 (Pattern) 的自動處理和判讀。我們把環境與客體統稱為「型樣 (pattern)」。型樣辨識是對資料中模式和規則的自動識別。型樣辨識與人工智慧和機器學習以及資料探勘和資料庫中的知識發現 (KDD) 等應用密切相關,並且通常與這些術語互換使用。然而,這些是有區別的:機器學習是型樣辨識的一種方法,而其他方法包括手工製作 (未經學習) 規則或啟發式;模式識別則是人工智慧的一種方法,而其他方法包括符號人工智慧。型樣辨識的定義是:型樣辨識領域涉及藉由使用計算機演算法,自動發現資料的規律性,以及使用這些規則,來採取諸如將資料分類成不同類別的動作。隨著電腦技術的發展,人類有可能研究複雜的資訊處理過程。資訊處理過程的一個重要形式是生命體對環境及客體的辨識。對人類來說,特別重要的是對光學資訊 (藉由視覺器官來獲得) 和聲學資訊 (藉由聽覺器官來獲得) 的辨識。這是型樣辨識的兩個重要方面。市場上可見到的代表性產品有光學字元辨識、語音辨識系統。電腦辨識的顯著特點是

速度快、準確性高、效率高，在將來完全可以取代人工手工輸入。辨識過程與人類的學習過程相似。以光學字元識別之「漢字辨識」為例：首先將漢字圖像進行處理，抽取主要表達特徵並將特徵與漢字的程式碼存在電腦中。就像老師教我們「這個字叫什麼、如何寫」記在大腦中。這一過程叫做「資料訓練」。辨識過程就是將輸入的漢字圖像，經處理後與電腦中的所有字進行比較，找出最相近的字就是辨識結果。這一過程叫做「比對符合 (Match)」(Chiswell, 2007)。

二、構造條件機率 (Conditional probability)：迴歸分析和統計分類

條件機率 (Conditional probability) 就是事件 A 在另外一個事件 B 已經發生條件下的發生機率。條件機率表示為 P (A|B)，讀作「在 B 條件下 A 的機率」。迴歸分析 (Regression analysis) 是一種統計學上分析資料的方法，目的在於了解兩個或多個變數間是否相關、相關方向與強度，並建立數學模型以便觀察特定變數來預測研究者感興趣的變數。更具體的來說，迴歸分析可以幫助人們了解在只有一個自變數變化時應變數的變化量。一般來說，藉由迴歸分析我們可以由給出的自變數估計應變數的條件期望。在統計建模中，迴歸分析是一組用於估計變數之間關係的統計過程。當焦點在於因變數與一個或多個自變數 (或「預測變數」) 之間的關係時，它包括許多用於建模和分析多個變數的技術。更具體地說，迴歸分析有助於理解當任何一個自變數變化時，因變數 (或「標準變數」) 的典型值如何變化，而其他自變數則保持固定。最常見的是，迴歸分析在給定自變數的情況下，估計因變數的條件期望，即當自變數固定時，因變數的平均值。不太常見的問題則是，在於給定自變數的因變數的條件分佈，所屬的分位數或其他位置參數。在所有情況下，都要估計稱為迴歸函數的自變數的函數。迴歸分析廣泛用於預測，其使用與機器學習領域有很大的重疊。迴歸分析還用於了解獨立變數中哪些與因變數相關，並探索這些關係的形式。在受限制的情況下，迴歸分析可用於推斷獨立變數和因變數之間的因果關係。在各種應用領域中，使用不同的術語 (Term) 代替依賴和獨立變數。迴歸分析是

建立因變數 Y（或稱依變數，反應變數）與自變數 X（或稱獨變數，解釋變數）之間關係的模型。簡單線性迴歸使用一個自變數 X，複迴歸使用超過一個自變數 $\{x_1, x_2, x_3, ..., x_n\}$。

分類方法 (Classification method)，是認識紛繁複雜的世界的一種工具。分類，把世界條理化，它使表面上雜亂無章的世界變得井然有序起來。分類，基本上有兩種方法。一種是人為的分類，它是依據事物的外部特徵進行分類，為了方便，人們把各種商品分門別類，陳列在不同的櫃檯裡，在不同的商店出售。這種分類方法，可以稱之為外部分類法。另一種分類方法是根據事物的本質特徵進行分類。生活在海洋中的鯨魚，體型像魚，但是，它不屬於魚類，它胎生、哺乳，身上沒有鱗片、不用鰓而用肺呼吸，具有哺乳動物的特徵。把鯨魚劃為哺乳類，這就是一種本質的分類。稱之為本質分類法。分類，它使事物高度有序化，從而極大地提高了我們的認識效率和工作效率。資料分類的方法在資料探勘方法中佔極為重要的一項議題，在日常生活中，我們常遇到有些資料型態是屬於間斷型 (Discrete)，而要如何將其分門別類呢，我們通常可以以一些簡單且常用的分類方法，來將其分門別類，假設現有一筆觀察資料，若將這筆觀察資料分類並標示為 1,2,…..,K, 共 K 個類別 (classes)，倘若我們現在要配適的是一組線性模型 (Linear model)，而使此模型能將這筆觀察資料分成 K 類，則其第 k 個分類的應變數預測值為 $\hat{f}k(x) = \hat{\beta}_{k0} + \hat{\beta}_k^t x$，而決定 k 與 1 的判別邊界 (decision boundary) 則為當 $\hat{f}_k(x) = \hat{f}_l(x)$ 時，即集合 $\left(x : (\hat{\beta}_{k0} - \hat{\beta}_{l0}) + (\hat{\beta}_k - \hat{\beta}_l)\right)^T X = 0$ 所成的點。分類方法更進一步而言，統計的線性與二次分類方法包括：線性判別分析 (Linear discriminant analysis)，二次判別分析 (Quadratic discriminant analysis)，及邏輯斯迴歸 (Logistic regression)等。這些方法從統計的方法，提供機器學習在分類方面的方法 (Mogull, 2004)。

三、近似推斷 (Approximate inference)

近似推斷方法 (Approximate inference method) 是指從大量資料中抽樣學習，並採用假設 - 驗證的邏輯來不斷逼近真實模型。機率推斷的核心任務是計算某分佈下的某個函數的期望；或者計算邊緣機率分佈、條件機率分佈等等。

這些任務通常需要積分或求和操作，同時參數條件並不十分明確，或計算代價比較高。近似推斷的方法可以降低推導結果的成本和難度。機率推斷的核心任務就是計算某分佈下的某個函數的期望、或者計算邊緣機率分佈、條件機率分佈等等。這些任務往往需要積分或求和操作，但在很多情況下，計算這些東西往往不那麼容易。首先，積分中涉及的分佈可能有很複雜的形式，這樣就無法直接得到解析解；其次，我們要積分的變數空間可能有很高的維度，這樣就把我們做數值積分的路都給堵死了。因此，進行精確計算往往是不可行的，需要引入一些近似計算方法。

近似推斷的方法包括：隨機方法 (Random method)，例如 Gibbs 抽樣法，藉由大量的樣本估計真實的後驗，以真實資料為基礎來近似目標分佈。優點如下：更精確；而且抽樣過程相對簡單；易於操作，有著良好的理論收斂性，並且實現更加簡單。但是收斂速度較慢，難以判斷收斂程度的問題。確定近似法 (Certainly approximation)：例如變分法 (Variations)，變分法是處理泛函的數學領域，和處理函數的普通微積分相對。變分法有解析解、計算開銷較小、速度快、易於在大規模問題中應用。譬如，這樣的泛函數可以藉由未知函數的積分，和它的導數來構造。變分法最終尋求的是極值函數：它們使得泛函取得極大或極小值。有些曲線上的經典問題採用這種形式表達：一個例子是最速降線，在重力作用下一個粒子沿著該路徑可以在最短時間從點 A 到達不直接在它底下的一點 B。在所有從 A 到 B 的曲線中必須極小化代表下降時間的表達式。變分法的關鍵定理是歐拉－拉格朗日方程式 (Euler-Lagrange equation)。它對應於泛函的臨界點。在尋找函數的極大和極小值時，在一個解附近的微小變化的分析給出一階的一個近似值。它不能分辨是找到了最大值或者最小值 (或者都不是)。變分法在理論物理中非常重要：在拉格朗日力學 (Lagrangian mechanics) 中，以及在最小作用量原理在量子力學的應用中。變分法提供了有限元方法的數學基礎，它是求解邊界值問題的強力工具。它們也在材料學中研究材料平衡中大量使用。而在純數學中的例子有，黎曼在調和函數 (Harmonic function) 中使用狄利克雷原理 (Dirichlet principle)。同樣的材料可以出現在不同的標題中，例如希爾伯特空間技術 (Hilbert space)，莫爾斯理

論 (Morse theory)，或者辛幾何 (Symplectic geometry)。變分一詞用於所有極值泛函 (Extremum function) 問題。微分幾何 (Differential geometry) 中的測地線的研究，是很顯然的變分性質的領域。極小曲面 (肥皂泡) 上也有很多研究工作，稱為博拉圖問題 (Pareto problem) (Jost, 2005)。

四、馬可夫鏈 (Markov chain)

馬可夫鏈 (Markov chain)，又稱離散時間馬可夫鏈 (Discrete-time Markov chain，縮寫為 DTMC)，因俄國數學家安德烈‧馬可夫 (АндрейАндреевич Марков) 得名，為狀態空間中經過從一個狀態到另一個狀態的轉換的隨機過程。該過程要求具備「無記憶」的性質：下一狀態的機率分布只能由當前狀態決定，在時間序列中它前面的事件均與之無關。這種特定類型的「無記憶性」稱作馬可夫性質。馬爾科夫鏈作為實際過程的統計模型具有許多應用。馬可夫鍊是一種馬可夫過程，具有離散狀態空間或離散索引集 (通常表示時間)，但馬可夫鏈的精確定義各不相同。 例如，通常將馬可夫鏈定義為具有可計數狀態空間的離散，或連續時間的馬可夫過程 (因此無論時間的性質如何)。在隨機過程理論中，在 1906 年之前和之後，在各種環境中反復獨立地被發現，連續時間的馬可夫過程，而隨機行走的整數，和賭徒的破產問題是馬可夫過程在離散的時間的例子。

馬可夫鏈作為現實世界過程的統計模型具有許多應用，例如研究機動車輛中的巡航控制系統，到達機場的排隊或客戶線，貨幣匯率，水壩等存儲系統以及某些人口增長、動物物種。稱為 PageRank 的演算法最初是為互聯網搜索引擎 Google 提出的，它是以馬可夫過程為基礎。馬可夫過程是一般隨機模擬方法的基礎，並且已經在貝氏統計 (Bayes statistics) 中得到廣泛應用。在馬可夫鏈的每一步，系統根據機率分布，可以從一個狀態變到另一個狀態，也可以保持當前狀態。狀態的改變叫做轉移，與不同的狀態改變相關的機率叫做轉移機率。隨機漫步 (Random walk theory) 就是馬可夫鏈的例子。隨機漫步中每一步的狀態是在圖形中的點，每一步可以移動到任何一個相鄰的點，在這裡移動到每一個點的機率都是相同的 (無論之前漫步路徑是如何的) (Bolch et al., 2006)。

16-4 資料探勘與機器學習發展

　　本書介紹了十種資料探勘的理論，以及分析方法的實例，包括：決策樹：C5.0；分類與迴歸樹：C&RT；因素分析:FA/PCA；類神經網路:NN；貝氏網路；支援向量機 (SVM)；關聯規則：Apriori；次序分析:Sequence；集群分析:K-Means；及類神經網路：Kohonen。這些方法與機器學習的發展是息息相關。本文以資料探勘理論為經，機器學習方法為緯，來說明資料探勘與機器學習的發展 (廖述賢，2008; 廖述賢與溫志皓，2011)。

一、決策樹 (Decision trees)

　　決策樹是一種決策支援工具，它使用類似樹的決策模型及其可能的後果，包括機會事件結果，資源成本和效用。它是顯示僅包含條件控制語句的一種方法。決策樹通常用於運營研究，特別是決策分析，幫助確定最有可能達到目標的策略，但也是機器學習中的流行工具。決策樹學習使用決策樹作為預測模型，從關於項目 (在分支中表示) 的觀察到關於項目的目標值 (在葉子中表示) 的結論。 它是統計，資料探勘和機器學習中使用的預測建模方法之一。目標變數可以採用一組離散值樹模型稱為分類樹；在這些樹結構中，葉子表示類標籤，分支表示導致這些類標籤的特徵的連接。目標變數可以採用連續值 (通常是實數) 的決策樹稱為迴歸樹。在決策分析中，決策樹可用於在視覺上和明確地表示決策和決策。在資料探勘中，決策樹描述資料，但是得到的分類樹可以是用於決策的輸入。

二、關聯規則 (Association rules)

　　關聯規則學習是一種基於規則的機器學習方法，用於發現大型資料庫中變數之間的關係。 它旨在使用一些「有趣」衡量來識別在資料庫中發現的強大規則。 這種基於規則的方法在分析更多資料時會生成新規則。假設資料集足

夠大，最終目標是幫助機器模擬人類大腦的特徵，提取和未分類資料的抽象關聯功能。基於規則的機器學習是任何機器學習方法的總稱，用於識別，學習或發展存儲，操縱或應用知識的「規則」。基於規則的機器學習演算法的定義特徵是識別和利用一組關係規則，這些關係規則共同表示由系統捕獲的知識。這與通常識別可以普遍應用於任何實例以進行預測的單一模型的其他機器學習演算法形成對比。基於規則的機器學習方法包括學習分類器系統，關聯規則學習和人工免疫系統。基於強有力規則的概念，Rakesh Agrawal，Tomasz Imieli ski 和 Arun Swami 介紹了關於發現超市中銷售點 (POS) 系統記錄的大規模交易資料中產品之間規律性的關聯規則。例如，規則 {onion，potatoes} {burger} {onion，potatoes}{\ 在超市的銷售資料中發現的 {burger} 表明，如果顧客一起購買洋蔥和馬鈴薯，他們也可能會購買漢堡肉。此類資訊可用作有關營銷活動 (如促銷定價或產品展示位置) 的決策的基礎。除了市場購物籃分析，目前在應用領域採用關聯規則，包括 Web 使用挖掘，入侵檢測，連續生產和生物資訊學。與序列挖掘相反，關聯規則學習通常不考慮事務內或跨事務的項目順序。

三、人工類神經網路 (Artificial neural networks, ANN)

人工神經網路 (ANN) 或連接系統是由構成動物大腦的生物神經網路模糊地啟發的計算系統。神經網路本身不是演算法，而是許多不同機器學習演算法的框架，它們協同工作並處理複雜的資料輸入。這些系統藉由考慮案例來「學習」執行任務，通常不用任何特定任務規則編程。ANN 是基於稱為「人工神經元」的連接單元或節點的集合的模型，其鬆散地模擬生物大腦中的神經元。每個連接，如生物大腦中的突觸，可以將資訊，即「信號」從一個人工神經元傳遞到另一個人工神經元。接收信號的人工神經元可以處理它，然後發信號通知與之相連的其他人工神經元。在常見的 ANN 實現中，人工神經元之間的連接處的信號是實數，並且每個人工神經元的輸出藉由其輸入之和的一些非線性函數來計算。人工神經元之間的聯繫稱為「邊緣」。人工神經元和邊緣通常具

有隨著學習進行而調整的權重。重量增加或減少連接處信號的強度。人工神經元可以具有閾值，使得僅在聚合信號超過該閾值時才發送信號。通常，人工神經元聚集成層。不同的層可以對其輸入執行不同類型的轉換。信號可能在多次遍歷各層之後從第一層 (輸入層) 傳播到最後一層 (輸出層)。人工神經網路方法的最初目標是以與人類大腦相同的方式解決問題。然而，隨著時間的推移，注意力轉移到執行特定任務，導致偏離生物學。人工神經網路已經用於各種任務，包括計算機視覺，語音識別，機器翻譯，社交網路過濾，遊戲板和視頻遊戲以及醫學診斷。深度學習 (Deep learning) 由人工神經網路中的多個隱藏層組成。這種方法試圖模擬人類大腦處理光和聲進入視覺和聽覺的方式，深度學習的一些成功應用是計算機視覺和語音識別，這也是資料探勘與機器學習未來重要發展的重點。

四、支援向量機 (Support vector machines, SVM)

在機器學習中，支援向量機 (Support vector machine，常簡稱為 SVM，又名支援向量網路) 是在分類與迴歸分析中分析資料的監督式學習模型與相關的學習演算法。給定一組訓練實體，每個訓練實體被標記為屬於兩個類別中的一個或另一個，SVM 訓練演算法建立一個將新的實體分配給兩個類別之一的模型，使其成為非機率二元線性分類器。SVM 模型是將實體表示為空間中的點，這樣對映就使得單獨類別的實體被儘可能寬的明顯的間隔分開。然後，將新的實體對映到同一空間，並基於它們落在間隔的哪一側來預測所屬類別。支援向量機 (SVM)，是一組用於分類和迴歸的相關監督學習方法。給定一組訓練案例，每個案例標記為屬於兩個類別之一，SVM 訓練演算法構建模型，該模型預測新案例是否屬於一個類別或另一個類別。SVM 訓練演算法是非機率的二元線性分類器，儘管存在諸如 Platt 縮放的方法以在機率分類設置中使用 SVM。除了執行線性分類之外，SVM 還可以使用所謂的內核技巧有效地執行非線性分類，將其輸入隱式映射到高維特徵空間。當資料未被標記時，不能進行監督式學習，需要用非監督式學習，它會嘗試找出資料到集群的自然集群，

並將新資料對映到這些已形成的集群。將支援向量機改進的集群演算法被稱為支援向量集群，當資料未被標記或者僅一些資料被標記時，支援向量集群經常在工業應用中用作分類步驟的預處理。支援向量機屬於資料探勘與機器學習的柔性運算 (Soft computing)。

五、貝氏網路 (Bayesian networks)

貝氏網路 (Bayesian network)，又稱信念網路 (belief network) 或是有向無環圖模型 (directed acyclic graphical model)，是一種機率圖型模型，藉由有向無環圖 (directed acyclic graphs, or DAGs) 中得知一組隨機變數 $\{x_1, x_2 x_3, ..., x_n\}$ 及其 n 組條件機率分配 (conditional probability distributions, or CPDs) 的性質。舉例而言，貝氏網路可用來表示疾病和其相關症狀間的機率關係；倘若已知某種症狀下，貝氏網路就可用來計算各種可能罹患疾病之發生機率。再者，雨水影響噴水器是否啟動，雨水和噴水器都會影響草地是否潮濕。貝氏網路，置信網路或有向無環圖形模型是機率圖形模型，其表示一組隨機變數及其與有向無環圖 (DAG) 的條件獨立性。例如，貝氏網路可以代表疾病和症狀之間的機率關係。鑑於症狀，網路可用於計算各種疾病存在的機率。存在執行推理和學習的有效演算法。模擬變數序列 (如語音信號或蛋白質序列) 的貝氏網路稱為動態貝氏網路 (Dynamic Bayesian network)，可以表示和解決不確定性下的決策問題的貝氏網路的推廣稱為影響圖。

六、基因演算法 (Genetic algorithms, GA)

基因演算法 (Genetic algorithm) 是計算數學中用於解決最佳化的搜尋演算法，是進化演算法的一種。進化演算法最初是借鑑了進化生物學中的一些現象而發展起來的，這些現象包括遺傳、突變、自然選擇以及雜交等。基因演算法 (GA) 是一種模擬自然選擇過程的搜索演算法和啟發式技術，使用諸如變異和交叉之類的方法來生成新的基因型，以期找到針對給定問題的良好解決方案。在機器學習中，遺傳演算法在 20 世紀 80 年代和 90 年代被使用。相反，

機器學習技術已被用於改進遺傳和進化演算法的性能。基因演算法通常實現方式為一種電腦類比。對於一個最佳化問題，一定數量的候選解（稱為個體）可抽象表示為染色體，使種群向更好的解進化。傳統上，解用二進位表示（即 0 和 1 的串），但也可以用其他表示方法。進化從完全隨機個體的種群開始，之後一代一代發生。在每一代中評價整個種群的適應度，從當前種群中隨機地選擇多個個體（基於它們的適應度），藉由自然選擇和突變產生新的生命種群，該種群在演算法的下一次疊代中成為當前種群。在遺傳演算法裡，最佳化問題的解被稱為個體，它表示為一個變數序列，叫做染色體或者基因串。染色體一般被表達為簡單的字串或數字串，不過也有其他的依賴於特殊問題的表示方法適用，這一過程稱為編碼。首先，演算法隨機生成一定數量的個體，有時候操作者也可以干預這個隨機產生過程，以提高初始種群的品質。在每一代中，都會評價每一個體，並藉由計算適應度函式得到適應度數值。按照適應度排序種群個體，適應度高的在前面。這裡的「高」是相對於初始的種群的低適應度而言。

下一步是產生下一代個體並組成種群。這個過程是藉由選擇和繁殖完成，其中繁殖包括交配 (crossover，在演算法研究領域中我們稱之為交叉操作) 和突變 (mutation)。選擇則是根據新個體的適應度進行，但同時不意味著完全以適應度高低為導向，因為單純選擇適應度高的個體，將可能導致演算法快速收斂到局部最佳解而非全局最佳解，我們稱之為早熟。作為折中，遺傳演算法依據原則：適應度越高，被選擇的機會越高，而適應度低的，被選擇的機會就低。初始的資料可以藉由這樣的選擇過程組成一個相對最佳化的群體。之後，被選擇的個體進入交配過程。一般的遺傳演算法都有一個交配機率（又稱為交叉機率），範圍一般是 0.6~1，這個交配機率反映兩個被選中的個體進行交配的機率。例如，交配機率為 0.8，則 80% 的「夫妻」會生育後代。每兩個個體藉由交配產生兩個新個體，代替原來的「老」個體，而不交配的個體則保持不變。交配父母的染色體相互交換，從而產生兩個新的染色體，第一個個體前半段是父親的染色體，後半段是母親的，第二個個體則正好相反。不過這裡的半

段並不是真正的一半,這個位置叫做交配點,也是隨機產生的,可以是染色體的任意位置。再下一步是突變,藉由突變產生新的「子」個體。一般遺傳演算法都有一個固定的突變常數 (又稱為變異機率),通常是 0.1 或者更小,這代表變異發生的機率。根據這個機率,新個體的染色體隨機的突變,通常就是改變染色體的一個位元組 (0 變到 1,或者 1 變到 0)。經過這一系列的過程 (選擇、交配和突變),產生的新一代個體不同於初始的一代,並一代一代向增加整體適應度的方向發展,因為總是更常選擇最好的個體產生下一代,而適應度低的個體逐漸被淘汰掉。這樣的過程不斷的重複:評價每個個體,計算適應度,兩兩交配,然後突變,產生第三代。周而復始,直到終止條件滿足為止 (Poli, 2008)。

參考文獻

1. 廖述賢 (2007)。**資訊管理**。台北市：雙葉書廊。

2. 廖述賢 (2008)。**知識管理**。台北市：雙葉書廊。

3. 廖述賢與溫志皓 (2011)。**資料探勘理論與應用**。台北市：博碩文化。

4. Alpaydin, E. (2010). *Introduction to Machine Learning*. London: The MIT Press.

5. Bertsekas, D. P. (2012). *Dynamic Programming and Optimal Control: Approximate Dynamic Programming*, Vol. II, Athena Scientific.

6. Bishop, C. M. (2006) Pattern Recognition and Machine Learning, Springer, ISBN 978-0-387-31073-2.

7. Bolch, G., Greiner, S., Meer, H., & Trivedi, K. S. (2001). *Queueing Networks and Markov Chains,* John Wiley, 2nd edition.

8. Chiswell, I. (2007). *Mathematical logic*, p. 34. Oxford University Press.

9. Harnad, S. (2008) *The Annotation Game: On Turing (1950) on Computing, Machinery, and Intelligence*. in Epstein, Robert; Peters, Grace, The Turing Test Sourcebook: Philosophical and Methodological Issues in the Quest for the Thinking Computer, Kluwer.

10. Jost, J. (2005). *Riemannian Geometry and Geometric Analysis*. (4th ed.), Berlin, New York: Springer-Verlag,

11. Manukian, H., Traversa, F.L., & Ventra, M. (2019). Accelerating deep learning with memcomputing. *Neural Networks*, 110, 1-7.

12. Mohri, M., Rostamizadeh, A., & Talwalkar, A. (2012). *Foundations of Machine Learning*. USA, Massachusetts: MIT Press.

13. Mogull, R. G. (2004). *Second-Semester Applied Statistics*. Kendall/Hunt Publishing Company.

14. Otterlo, M., & Wiering, M. (2012). *Reinforcement learning and markov decision processes*. Reinforcement Learning. Springer Berlin Heidelberg: 3-42.

15. Poli, R., Langdon, W. B., & McPhee, N. F. (2008). *A Field Guide to Genetic Programming*. Lulu.com, freely available from the internet.

16. Romesburg, H. C. (2004). *Cluster Analysis for Researchers*, New York: Springer.

17. Russell, S. J., & Norvig, P. (2010) *Artificial Intelligence: A Modern Approach*. Third Edition, Prentice Hall.

18. Trevor, H., Tibshirani, R., & Jerome, F. (2009). *The Elements of Statistical Learning: Data mining, Inference, and Prediction*. New York: Springer.

19. Ucci, D., Aniello, L., & Baldoni, R. (2019). Survey of machine learning techniques for malware analysis. *Computers & Security*, 81, 123-147.

20. Zhu, X. (2008). *Semi-supervised learning literature survey*. Computer Sciences, University of Wisconsin-Madison.